파브르 곤충기 8

초판 1쇄 발행 | 2010년 2월 10일
초판 2쇄 발행 | 2013년 8월 20일

지은이 | 장 앙리 파브르
옮긴이 | 김진일
사진찍은이 | 이원규
그린이 | 정수일
펴낸이 | 조미현

인쇄 | 영프린팅
제책 | 쌍용제책사
디자인 | 02

펴낸곳 | (주)현암사
등록 | 1951년 12월 24일 · 제10-126호
주소 | 121-839 서울시 마포구 서교동 481-12
전화 | 365-5051 · 팩스 | 313-2729
전자우편 | editor@hyeonamsa.com
홈페이지 | www.hyeonamsa.com

*지은이와 협의하여 인지를 생략합니다.
*잘못된 책은 바꾸어 드립니다.

ISBN 978-89-323-1396-2 04490
ISBN 978-89-323-1399-3 (세트)

이 도서의 국립중앙도서관 출판시도서목록(CIP)은
e-CIP 홈페이지(http://www.nl.go.kr/ecip)에서 이용하실 수 있습니다.
(CIP제어번호 : CIP2010000247)

파브르 곤충기 8

파브르 곤충기 ⑧

장 앙리 파브르 지음 | 김진일 옮김
이원규 사진 | 정수일 그림

🜨 현암사

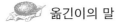

신화 같은 존재 파브르,
그의 역작 곤충기

『파브르 곤충기』는 '철학자처럼 사색하고, 예술가처럼 관찰하고, 시인처럼 느끼고 표현하는 위대한 과학자' 파브르의 평생 신념이 담긴 책이다. 예리한 눈으로 관찰하고 그의 손과 두뇌로 세심하게 실험한 곤충의 본능이나 습성과 생태에서 곤충계의 숨은 비밀까지 고스란히 담겨 있다. 그러기에 백 년이 지난 오늘날까지도 세계적인 애독자가 생겨나며, '문학적 고전', '곤충학의 성경'으로 사랑받는 것이다.

남프랑스의 산속 마을에서 태어난 파브르는, 어려서부터 자연에 유난히 관심이 많았다. '빛은 눈으로 볼 수 있다'는 것을 스스로 발견하기도 하고, 할머니의 옛날이야기 듣기를 좋아했다. 호기심과 탐구심이 많고 기억력이 좋은 아이였다. 가난한 집 맏아들로 태어나 생활고에 허덕이면서 어린 시절을 보내야만 했다. 자라서는 적은 교사 월급으로 많은 가족을 거느리며 살았지만, 가족의 끈끈한 사랑과 대자연의 섭리에 대한 깨달음으로 역경의 연속인 삶을 이겨 낼 수 있었다. 특히 수학, 물리, 화학 등을 스스로 깨우치는 등 기초 과학 분야에 남다른 재능을 가지고 있었다. 문학에도 재주가 뛰어나 사물을 감각적으로 표현하는 능력이 뛰어났다. 이처럼 천성적인 관찰자답게

젊었을 때 우연히 읽은 '곤충 생태에 관한 잡지'가 계기가 되어 그의 이름을 불후하게 만든 '파브르 곤충기'가 탄생하게 되었다. 1권을 출판한 것이 그의 나이 56세. 노경에 접어든 나이에 시작하여 30년 동안의 산고 끝에 보기 드문 곤충기를 완성한 것이다. 소똥구리, 여러 종의 사냥벌, 매미, 개미, 사마귀 등 신기한 곤충들이 꿈틀거리는 관찰 기록만이 아니라 개인적 의견과 감정을 담은 추억의 에세이까지 10권 안에 펼쳐지는 곤충 이야기는 정말 다채롭고 재미있다.

'파브르 곤충기'는 한국인의 필독서이다. 교과서 못지않게 필독서였고, 세상의 곤충은 파브르의 눈을 통해 비로소 우리 곁에 다가왔다. 그 명성을 입증하듯이 그림책, 동화책, 만화책 등 형식뿐 아니라 글쓴이, 번역한 이도 참으로 다양하다. 그러나 우리나라에는 방대한 '파브르 곤충기' 중 재미있는 부분만 발췌한 번역본이나 요약본이 대부분이다. 90년대 마지막 해 대단한 고령의 학자 3인이 완역한 번역본이 처음으로 나오긴 했다. 그러나 곤충학, 생물학을 전공한 사람의 번역이 아니어서인지 전문 용어를 해석하는 데 부족한 부분이 보여 아쉬웠다. 역자는 국내에 곤충학이 도입된 초기에 공부를 하고 보니 다양한 종류의 곤충을 다룰 수밖에 없었다. 반면 후배 곤충학자들은 전문분류군에만 전념하며, 전문성을 갖는 것이 세계의 추세라고 해야 할 것이다. 이런 시점에서는 적절한 번역을 기대할 수 없다.

역자도 벌써 환갑을 넘겼다. 정년퇴직 전에 초벌번역이라도 마쳐야겠다는 급한 마음이 강력한 채찍질을 하여 '파브르 곤충기' 완역이라는 어렵고 긴 여정을 시작하게 되었다. 우리나라 풍뎅이를 전문적으로 분류한 전문가이며, 일반 곤충학자이기도 한 역자가 직접 번역한 '파브르 곤충기' 정본을 만들어 어린이, 청소년, 어른에게 읽히고 싶었다.

역자가 파브르와 그의 곤충기에 관심을 갖기 시작한 건 40년도 더 되었다. 마침, 30년 전인 1975년, 파브르가 학위를 받은 프랑스 몽펠리에 이공대학교로 유학하여 1978년에 곤충학 박사학위를 받았다. 그 시절 우리나라의 자연과 곤충을 비교하면서 파브르가 관찰하고 연구한 곳을 발품 팔아 자주 돌아다녔고, 언젠가는 프랑스 어로 쓰인 '파브르 곤충기' 완역본을 우리나라에 소개하리라 마음먹었다. 그 소원을 30년이 지난 오늘에서야 이룬 것이다.

"개성적이고 문학적인 문체로 써 내려간 파브르의 의도를 제대로 전달할 수 있을까, 파브르가 연구한 종은 물론 관련 식물 대부분이 우리나라에는 없는 종이어서 우리나라 이름으로 어떻게 처리할까, 우리나라 독자에 맞는 '한국판 파브르 곤충기'를 만들려면 어떻게 해야 할까" 방대한 양의 원고를 번역하면서 여러 번 되뇌고 고민한 내용이다. 1권에서 10권까지 번역을 하는 동안 마치 역자가 파브르인 양 곤충에 관한 새로운 지식을 발견하면 즐거워하고, 실험에 실패하면 안타까워하고, 간간이 내비치는 아들의 죽음에 대한 슬픈 추억, 한때 당신이 몸소 병에 걸려 눈앞의 죽음을 스스로 바라보며, 어린 아들이 얼음 땅에서 캐내 온 벌들이 따뜻한 침실에서 우화하여, 발랑발랑 걸어 다니는 모습을 바라보던 때의 아픔을 생각하며 눈물을 흘리기도 했다. 4년도 넘게 파브르 곤충기와 함께 동고동락했다.

파브르 시대에는 벌레에 관한 내용을 과학논문처럼 사실만 써서 발표했을 때는 정신이상자의 취급을 받기 쉬웠다. 시대적 배경 때문이었을까? 다방면에서 박식한 개인적 배경 때문이었을까? 파브르는 벌레의 사소한 모습도 철학적, 시적 문장으로 써 내려갔다. 현지에서는 지금도 곤충학자라기보다 철학자, 시인으로 더 잘 알려져 있다. 어느 한 문장이 수십 개의 단문으로 구성된 경우도 있고, 같은 내용이 여러 번 반복되기도 하였다. 그래서 원문의 내용은 그대로 살리되 가능한 짧은 단어와 짧은 문장으로 처리해 지루함을 최대한 줄이도록 노력했다. 그러나 파브르의 생각과 의인화가 담긴 문학적 표현을 100% 살리기는 힘들었다기보다, 차라리 포기했음을 고백해 둔다.

파브르가 연구한 종이 우리나라에 분포하지 않을 뿐 아니라 아직 곤충학이 학문으로 정상적 궤도에 오르지 못했던 150년 전 내외에 사용하던 학명이 많았다. 아무래도 파브르는 분류학자의 업적을 못마땅하게 생각한 듯하다. 다른 종을 연구하거나 이름을 다르게 표기했을 가능성도 종종 엿보였다. 당시 틀린 학명은 현재 맞는 학명을 추적해서 바꾸도록 부단히 노력했다. 그래도 해결하지 못한 학명은 원문의 이름을 그대로 썼다. 본문에 실린 동식물은 우리나라에 서식하는 종류와 가장 가깝도록 우리말 이름을 지었으며, 우리나라에도 분포하여 정식 우리 이름이 있는 종은 따로 표시하여 '한국판 파브르 곤충기'로 만드는 데 힘을 쏟았다.

무엇보다도 곤충 사진과 일러스트가 들어가 내용에 생명력을 불어넣었다. 이원규 씨의 생생한 곤충 사진과 독자들의 상상력을 불러일으키는 만화가 정수일 씨의 일러스트가 글이 지나가는 길목에 자리 잡고 있어 '파브르 곤충기'를 더욱더 재미있게 읽게 될 것이다. 역자를 비롯한 다양한 분야의 전문가와 함께했기에 이 책이 탄생할 수 있었다.

번역 작업은 Robert Laffont 출판사 1989년도 발행본 파브르 곤충기 Souvenirs Entomologiques(Études sur l'instinct et les mœurs des insectes)를 사용하였다.

끝으로 발행에 선선히 응해 주신 (주)현암사의 조미현 사장님, 책을 예쁘게 꾸며서 독자의 흥미를 한껏 끌어내는 데, 잘못된 문장을 바로 잡아주는 데도, 최선의 노력을 경주해 주신 편집팀, 주변에서 도와주신 여러분께도 심심한 감사의 말씀을 드린다.

2006년 7월
김진일

8권 맛보기

『파브르 곤충기』 8권에서는 6권이나 7권에서와 같은 문학적, 철학적 문체는 상당히 줄어든 반면 자신의 과거 이야기를 심심치 않게 하고 있다. 25년 전에 폐렴에 걸려서 곤충을 관찰하는 것이 아니라 죽어 가는 자신을 관찰하는 처지였다는 이야기를 읽을 때는 참으로 가슴 아팠다(9장). 그런 처지에 오랑주를 떠나 세리냥으로 이사를 가게 된다. 이때 연구 중이던 꼬마꽃벌을 아들이 언 땅에서 캐내 따뜻한 방안으로 가져오자 깨난 벌들이 발랑발랑 돌아다니는 모습을 바라보며 작별인사를 한다. 그 모습이 눈에 훤히 보이는 듯하여 눈물 없이는 읽을 수 없었다.

집파리 계열의 구더기는 큰턱이 바닥을 찍는 갈고리로 변형되어 이동 기관으로 쓰이며, 먹이를 씹는 대신 소화효소를 체외로 분비하여 액화시킨 양분을 흡수한다는 점(14장), 알껍질에서 탈출하는 노린재는 특수 기구나 폭파 장치를 이용한다는 점(5장) 등을 발견한 것은 참으로 대단한 업적들이며, 그런 것을 찾아낸 끈기야말로 파브르가 아니고는 생각도 못할 일이다. 한편, 완두콩바구미가 공략하지 않는 강낭콩은 원산지가 구대륙도 아닌 남아메리카일 가능성을 추적해냈음(4장) 역시 정말로 대단한 추리력의 소유자임을 인정케 한다. 하

지만 자신의 추측이 맞았음을 확인한 파브르는 스스로 대단한 자부심을 갖게 된다. 아마도 이런 업적과 자부심이 누적되어 자칭 철학자이며 사상가라는 자만심을 부풀리게 된 것 같다.

한편, 바구미가 훌륭한 콩을 경험해서 전통적 관습으로 정착했다는 말(4장), 약삭빠른 검정파리가 사람의 감시를 따돌릴 기회를 엿보았다는 말, 쉬파리가 제집이 아님을 깨닫고 달아났다는 말(15장) 등이 있다. 이런 글들은 사실상 곤충의 진화와 지능적 행동을 인정한 문구로 보아야 할 것이다. 곤충의 행동은 오직 본능에 의할 뿐, 행동의 진화는 절대적으로 부정해 오던 파브르였는데, 그런 주장과는 상치되는 문구가 아닌가? 그의 사고방식이 바뀐 것인지, 아니면 실언한 것인지, 옮긴이로서는 정확히 판단할 수 없는 대목들이다.

전에도 가끔은 전혀 이해되지 않거나 잘못 쓰인 문장이 있었다. 그런데 제8권에 들어와서는 의심스러운 문구, 잘못 안 것(13장에서 바위가 광합성 재료라고 한 점 등)에서 온 오류 따위가 부쩍 늘어난 느낌이다. 1세기도 훨씬 이전에 80세라면 대단히 고령이다. 이런 나이에 쓰인 글이라 혹시 노쇠 현상과 관련된 실수는 아니었는지 의심되는 경우도 있다.

차례

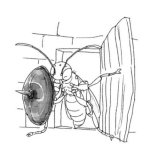

일러두기

* 역주는 아라비아 숫자로, 원주는 곤충 모양의 아이콘으로 처리했다.
* 우리나라에 있는 종일 경우에는 ●로 표시했다.
* 프랑스 어로 쓰인 생물들의 이름은 가능하면 학명을 찾아서 보충하였고, 우리나라에 없는 종이라도 우리식 이름을 붙여 보도록 노력했다. 하지만 식물보다는 동물의 학명을 찾기와 이름 짓기에 치중했다. 학명을 추적하지 못한 경우는 프랑스 이름을 그대로 옮겼다.
* 학명은 프랑스 이름 다음에 :를 붙여서 연결했다.
* 원문에 학명이 표기되었으나 당시의 학명이 바뀐 경우는 속명, 종명 또는 속종명을 원문대로 쓰고, 화살표(→)를 붙여 맞는 이름을 표기했다.
* 원문에는 대개 연구 대상 종의 곤충이 그려져 있는데, 실물 크기와의 비례를 분수 형태나 실수의 형태로 표시했거나, 이 표시가 없는 것 등으로 되어 있다. 번역문에서도 원문에서 표시한 방법대로 따랐다.
* 사진 속의 곤충 크기는 대체로 실물 크기지만, 크기가 작은 곤충은 보기 쉽도록 10~15% 이상 확대했다. 우리나라 실정에 맞는 곤충 사진을 넣고 생태 특성을 알 수 있도록 자세한 설명도 곁들였다.
* 곤충, 식물 사진에는 생태 설명과 함께 채집 장소와 날짜를 넣어 분포 상황을 알 수 있도록 하였다.(예: 시흥, 7. Ⅴ. '92 → 1992년 5월 7일 시흥에서 촬영했다는 표기법이다.)
* 역주는 신화 포함 인물을 비롯 학술적 용어나 특수 용어를 설명했다. 또한 파브르가 오류를 범하거나 오해한 내용을 바로잡았으며, 우리나라와 관련된 내용도 첨가하였다.

1 꽃무지

오막살이 내 집에는 라일락(Lilas: *Syringa vulgaris*)이 우거진 깊숙하고 넓은 산책로가 있다. 5월이 오면 두 줄로 늘어선 관목이 꽃송이 무게로 첨두아치처럼 늘어져 산책로는 하나의 작은 성당이 된다. 아침나절에는 따뜻한 햇살을 받아 1년 중 가장 아름다운 축제가 벌어진다. 하지만 창가에 펄럭이는 깃발도, 불꽃이 타오르는 화약도 없다. 물론 술주정 끝의 싸움질도 없는 조용한 축제이며, 무도회의 목쉰 금관악기도, 방금 세 번 만에 삼단 뛰어넘기를 한 아마추어에게 갈채를 보내는 군중의 환호성도 없다. 이렇게 아무런 방해도 없는 소박한 축제가 벌어진다. 폭죽을 터뜨리고 실컷 마셔대는 요란한 즐거움아, 너는 이 축제와 얼마나 거리가 멀더냐!

나는 라일락 성당을 충실하게 찾아가는 사람이다. 말로는 표현할 수 없는 내 기도는 조용한 움직임의 은밀한 감동뿐이다. 푸른 이 기둥, 저 기둥에서 경건하게 머물며 관찰자로서의 묵주 알을 센다. 오오! 내 기도는 오직 감탄하는 소리뿐이다.

봄의 면죄부를 얻은 순례자들이 즐거운 축제에 한 모금 마시러 달려왔다. 바로 같은 꽃 성수반(聖水盤)에 번갈아 혀를 담그는 청줄벌(*Anthophora*)과 그 폭군인 알락꽃벌(Mélecte: *Melecta*→ *Crocisa*)들이다. 강도와 강탈당하는 녀석이 마치 의좋은 이웃처럼 조금씩 마신다. 녀석들이 서로 아는 사이는 아니며, 원한도 없는 것 같고 각자 조용히 제 일만 한다.

검은색과 붉은색 우단 옷을 절반씩 걸친 뿔가위벌(*Osmia*)이 근처 갈대(Roseaux: *Phragmites*)에서 배의 브러시(bross) 털에 꽃가루분을 발라 가며 가루를 수확한다. 햇빛을 받아 운모 비늘처럼 반짝이는 날개로 시끄럽게 덤벙대는 녀석은 꽃등에(Éristales: *Eristalis*)이다. 시럽에 취한 녀석이 잔치에서 물러나 어느 나뭇잎 그늘에서 취기가 사라지기를 기다린다.

성미 급한 싸움꾼은 땅벌(Guêpe: *Vespula*)[1]과 쌍살벌(Poliste: *Polistes*)이다. 너그럽지 못한 이 녀석들이 다가오면 양순한 곤충은 물

> [1] 사나운 벌도, 녀석들의 대표도 말벌(Frelon)이 더 어울릴 것 같은데, 파브르는 주로 Guêpe를 쓰고 있다.

네줄벌 배의 등판에 검은 줄무늬가 있는 것 말고는 전신에 흰색 털이 나 있는 점이 네줄벌의 형태적 특징이다. 한여름에 야생화의 꽃가루받이에 큰 역할을 한다. 옥천, 10. V. '96

꽃등에 꽃등에와 배짧은꽃등에를 꿀벌로 잘못 알고 겁을 먹는 사람이 많으나 녀석들은 파리의 일종이니 그럴 필요가 없다. 평지에는 조금 작은 배짧은꽃등에가 많고, 더 큰 꽃등에는 높은 산에서 가을에 더 많이 나타난다. 시흥, 10. V. '94

말벌 요즘 우리나라에서는 말벌이 갑자기 대번성하여 사람에게 위험한 일이 자주 생긴다. 그러나 이 책의 19장과 20장을 읽어 보면 녀석들에게도 불쌍한 생애가 있다. 시흥, 20. X. '89

뱀허물쌍살벌 다른 쌍살벌이나 말벌과 달리 집을 연한 밀랍으로 가늘고 길게 지어 마치 뱀이 허물을 벗어 놓은 모습이라 얻어진 이름이다. 시흥, 10. IV. '90

러나 다른 곳에 자리 잡는다. 숫자가 더 많고 칼도 쉽게 뽑는 꿀벌 (Abeille: *Apis*)마저 녀석들에게 양보한다. 꿀벌은 그만큼 수확에 열중한 것이다.

얼룩덜룩 화려한 복장을 한 뚱뚱한 저 녀석은 유리나방(Sésies: *Sesia*)이다. 하지만 날개는 미처 가루를 골고루 다 입히지 못해 비늘이 벗겨진 모습이다. 비늘이 없어 투명한 부분은 덮인 부분과 대조를 이루어 또 하나의 아름다움이 된다.

갔다가 다시 오고, 내려왔다 올라가며 소용돌이 발레를 추는 무리는 나비목(Lépidoptère: Lepidoptera) 곤충이다. 하얀 날개에 검은 눈알 모양 무늬를 가진 녀석은 양배추흰나비(Piérid du chou: *Pieris brassicae*)이다. 공중에서 서로 놀려 대고, 쫓고 쫓기며 희롱한다. 때로는 춤추던 녀석이 놀기에 지쳐, 라일락 꽃병에 내려앉아 한 모금 마신다. 대롱입을 좁은 병목 밑창까지 깊숙이 꽂고 빠는 동안, 등에서는 날개를 부드럽게 세웠다 내려 접고 또다시 세운다.

호랑나비 누런색 바탕에 검은 줄무늬가 꼭 호랑이 같지는 않아도 매우 큰 나비로서 힘 있고 활기차게 날아서 사람들의 호기심을 불러일으킨다. 시흥. 10. V. '96

비슷한 숫자에 덩치가 크고 점잖게 나는 녀석은 산호랑나비(Machaon: *Papilio machaon*)[*]로서, 주황색 깃털장식과 파란색 반달무늬로 화려하게 치장했다.

모든 아이가 내게로 와서 합세했다. 멋진 곤충을 보자 황홀해서 넋을 잃는다. 그러고는 매번 덮쳐 보는 손길을 녀석은 잘도 피해서 조금 먼 꽃으로 간다. 거기서 흰나비처럼 날개를 흔들며 꿀 공장을 조사한다. 햇볕 아래서 대롱입을 조용히 작동시켜 시럽이 잘 올라오면 부드러운 날갯짓이 계속된다. 녀석들 모두가 만족하다는 표시이다.

잡았다! 하지만 산호랑나비는 식구 중 제일 어린 안나(Anna)의 작은 손을 결코 기다려 주지 않는다. 안나는 단념한다. 하지만 제 취향에 더 맞는 점박이꽃무지(Cétoine: *Cetonia*)를 발견했다. 황금빛 아름다운 곤충이 아침나절의 신선한 공기에서 아직 깨나지 않았다. 위험조차 깨닫지 못하고 졸다가 도망치지도 못한다. 꽃무지는 아주 많아서 금방 대여섯 마리가 잡힌다. 다른 녀석은 놔두라며 내가 참견한다. 전리품을 상자에 넣고 꽃침대를 마련해 준다. 따뜻해진 오후에는 긴 실에 다리를 묶인 꽃무지가 아이의 머리 위를 빙빙 돌며 날 것이다.

그만한 나이에는 아는 것이 없어서 무자비하다. 세상에서 무지만큼 잔인한 것도 없다. 그러니 덤벙거리는 내 아이들은 모두 비참하게 쇠구슬을 끌고 다니는 도형수 곤충의 불행을 생각지 않을 것이다. 천진난만한 애들이 형벌을 재미있어 할 것이다. 비록 경험으로 성숙해졌고, 문명에 약간 눈을 떠서 좀 알기 시작한 나부터 내 죄를 인정하기에, 언제나 바로잡아 줄 엄두를 못 낸다. 아이들은 재미로 괴롭히고, 나는 배우겠다고 괴롭힌다. 따지고 보면 양쪽 모두가 같은 게 아닐까? 지식의 실험과 어린애의 유치한 놀음 사이에 분명한 경계선이 있을까? 내게는 그런 것이 보이지 않는다.

미개한 옛날 인간은 피고에게 자백을 받으려고 고문을 가했다. 곤충을 조사하면서 어떤 비밀을 알아내겠다고 고문을 가하는 나 역시 죄수 고문꾼이 아니고 무엇이더냐? 게다가 더 나쁜 짓을 궁리하고 있지 않더냐. 그러니 안나가 제 포로를 멋대로 즐기게 놔두자. 꽃무지는 무엇인가 우리에게 알려 줄 게 있을 것이다. 의심의 여지가 없는 흥밋거리일 테니, 그것을 얻도록 힘써 보자. 물론 녀석에게 대단히 난처한 일 없이는 성취되지 않을 것이다. 그럴망정 그대로 진행하자. 당연히 평화를 사랑해야겠지만 이야깃거리를 찾자니 억제하자.

라일락 잔치에 초대받은 곤충 중 꽃무지는 아주 명예로운(Très honorable) 등급의 평가를 받을 만하다. 녀석은 상당히 커서 관찰하기도 좋다. 네모꼴에 땅딸막한 형태라 멋진 몸매는 못 되어도 화려하다는 장점이 있다. 붉은 구릿빛, 황금빛, 제련공의 혹독한 연마로 얻은 청동색 광택이 바로 그 화려함이다. 울타리 안의 단골손님이라 지금은 내 이웃이 되었으니, 부담스런 뜀박질을 안 해도 된다. 더욱이 누구나 다 아는 곤충이라 모든 사람이 이해하는 데

풀색꽃무지 우리나라의 풍뎅이 중 연중 가장 많이 볼 수 있는 종이며, 특히 늦봄에서 초여름 사이에 각종 야생화에 모여들어 이 계절에 풍뎅이 대표 노릇을 한다. 평창, 10. VI. '95

도 훌륭한 조건을 갖췄다. 널리 통용되는 호칭은 몰라도, 적어도 눈에 설지는 않은 곤충이다.

장미(*Rosa*)꽃에 화려한 보석 세공품인 꽃무지가 들어앉아, 은은한 분홍 꽃을 돋보이게 한다. 커다란 에메랄드 모습의 그 녀석을 못 본 사람도 있을까? 수술과 꽃잎으로 쾌감을 주는 침대에 꼼짝 않고 틀어박혀, 독한 향기에 취하고 달콤한 음료에 취하며, 거기서 밤을 지새우고 낮을 보낸다. 뜨거운 햇볕에 자극을 받아야 비로소 도취에서 깨어나 윙윙 날아간다.

시바리스(sybarite, 나태한 자)의 침대에 누워 있는 게으름뱅이 꽃무지를 보고 녀석이 대식가임을 아는 사람은 별로 없을 것이다. 물론 다른 것도 모른다. 녀석은 장미꽃이나 산사나무(Aubépine: *Crataegus*)의 산방화서에서 무엇을 영양분으로 찾아낼까? 기껏해야 달콤한 몇 모금이겠지. 꽃은 안 먹고 잎은 더욱 안 먹으니 말이다.[2] 그러면 그것이, 별것 아닌 그것이, 그렇게 큰 몸집을 유지하는 데 충분할까? 믿기가 망설여진다.

8월 첫 주, 표본병의 고치(번데기 껍데기)에서 탈출한 청동점박이 꽃무지(Cétoine métallique: *Cetonia*→ *Protaetia metallica*) 15마리를 사육장에 넣었다. 청동색 등판에 배 쪽은 보랏빛인 녀석들의 식단은

---

2 꽃무지과의 큰턱은 이빨 모양이 아니라 솜털 뭉치처럼 생겨서 핥거나 빨아먹는다.

그날 얻어지는 배, 자두, 멜론, 포도 등이다.

청동점박이꽃무지

녀석들이 즐겁게 먹는 것을 보여 주니 참으로 고마운 일이다. 식탁에 자리 잡은 녀석은 움직이지 않는다. 발끝 하나도 까딱하지 않는다. 아무것도 움직이지 않는다. 밤이고 낮이고, 그늘져도 해가 나도, 마멀레이드 속에 머리를 처박고 끊임없이 삼켜 댄다. 단것에 취한 식충이가 잡은 것을 놓지 않는다. 녹아 버린 과일 밑 식탁에 주저앉아, 마치 잼 바른 빵조각을 입에 물고 행복하게 잠드는 어린애 모습으로 여전히 핥고 있다.

먹다가 뛰노는 일도 없다. 사육장에 햇볕이 뜨겁게 내리쪼여도 마찬가지다. 모든 시간이 배의 즐거움뿐 다른 활동은 중단되었다. 이런 삼복더위에는 시럽이 스미는 서양자두, 푸른 레인크라우드(Prune reine-Claud) 밑이 얼마나 좋더냐! 이런 즐거움을 누리고 있는데 모든 것이 타 들어가는 들판으로 가서 무얼 하겠나? 어느 녀석도 그럴 생각이 없다. 사육장 철망으로 기어오름도 없고, 탈출하겠다고 갑자기 날개를 펼치는 일도 없다.

대향연의 삶이 벌써 보름째인데 싫증을 내지 않는다. 곤충에게 잔치가 이렇게 오래 계속되는 일은 흔치 않다. 그 억척스럽게 먹어 대던 소똥구리(Bousiers)도 이렇게 오래 먹는 경우는 없었다. 창자 찌꺼기로 끊임없이 가는 끈을 자아냈던 진왕소똥구리(*Scarabaeus sacer*)가 가장 좋은 뭉치에 하루 종일 매달렸을 때도 이렇게까지 식탐하지는 않았는데, 내 꽃무지는 자두나 배(Poire) 제품 캔디를 먹기 시작한 게 두 주일이나 계속되었다. 그래도 아직 만족했다는 표시가 없다. 실컷 먹기는 언제 끝나고, 짝짓기와 미래 걱정은 언제 하려나?

자, 그런데 짝짓기와 가족 걱정은 다음 해로 미루고 올해는 없을 것이다. 곤충의 통상적인 관례는 중대한 번식 문제를 재빨리 해치우는 것인데, 이상하게도 반대로 지연시킴 현상을 보인다. 과일의 계절인 지금은 열정적 미식가 점박이꽃무지가 산란 걱정보다는 맛있는 것 즐기기에 유혹되려 한다. 정원에는 입에서 살살 녹는 배가 있다. 주름진 무화과(Ficus) 시럽은 눈을 축축하게 적셔준다. 그런 것들을 차지한 미식가는 제 임무를 잊어버린다.

그동안 삼복더위는 점점 더 기승을 부린다. 이곳 농부의 말처럼 매일매일 나뭇단 하나가 벌겋게 타는 장작불에 보태진다. 더위도 추위처럼 생명을 정지시킨다. 얼든 구워지든, 그때는 시간을 적당히 보내려고 잠을 잔다. 사육장의 꽃무지도 깊이 2인치(2pouces＝약 54mm)가량의 모래 속에 틀어박힌다. 너무 더워서 이제는 아주 단 과일도 녀석을 유혹하지 못한다.

녀석들을 혼수상태에서 끌어내려면 9월의 온화한 기후가 필요하다. 그때는 지상으로 다시 나와, 내가 준 멜론 껍질과 작은 포도송이로 목을 축인다. 하지만 잠시 검소하게 먹을 뿐, 처음에 보여주던 심한 공복감과 끝없는 배 채우기는 사라졌다. 더욱이 다시는 식욕이 회복되지도 않는다.

추위가 온다. 포로가 다시 땅속으로 사라져, 겨우 손가락 몇 마디의 모래층으로 보호된 곳에서 겨울을 난다. 사육장 판자의 보호를 받지만 바람은 여전히 사방에서 들어온다. 그래도 된서리를 맞을망정 그렇게 얇은 담요를 덮고도 위험하지는 않다. 녀석들이 추위를 탈 것으로 생각했었지만 혹독한 겨울을 훌륭히 견뎌 내는 것을, 즉 굼벵이 시절의 그 튼튼한 체질을 그대로 보존하는 것을 본 일이 있다. 전에 녀석이 눈 속에서 꽁꽁 얼어 단단해졌는데, 얼음을 녹여 주자 다시 살아나는 것을 보고 감탄했었다.

3월이 끝나기도 전에 활발한 움직임이 다시 시작된다. 해가 따뜻해지면 땅속에 머물던 녀석이 다시 나와 철망으로 기어올라 돌아다니고, 공기가 식으면 다시 모래 속으로 들어간다. 지금은 과일이 없다. 녀석에게 무엇을 주어야 할까? 종이컵에 꿀을 담아 준다. 녀석이 접근은 해도 뚜렷한 열성을 보이지는 않았다. 녀석들 입맛에 더 맞는 것을 찾아보자. 대추야자(Datte: *Phoenix dactylifera*) 열매를 주어 본다. 외국산 과일이니 처음 보는 것인데도 얇은 껍질 속 과육이 맛있어서 마음에 썩 들어 한다. 배나 무화과도 이보다 더 좋아하지는 않을 것 같다. 대추야자를 먹이다 보니 서양버찌가 익어 가는 계절인 4월 말이 되었다.

이제는 규정에 맞는 식품인 이 고장 과일을 다시 줄 수 있다.[3] 하지만 아주 검소하게 먹는다. 위장이 만용을 부리던 시기가 지난 하숙생이 머지않아 먹는 일에 무관심해진다. 산란이 임박했음을 알리는 전조인 짝짓기를 보았다. 사육장 안에 절반쯤 썩어서 누레진 나뭇잎을 가득 채운 항아리를 지표면과 나란하게 놓아두었다. 하지 무렵, 수시로 이 녀석 저 녀석이 들어가서 얼마 동안 머문다. 일이 끝나면 다시 땅으로 올라온다. 대략 1~2주 동안 계속 드나들더니 마침내 별로 깊지 않은 모래 속에 엎드려서 죽었다.

3 점박이꽃무지에게 규정에 맞는 식품이란 표현, 더욱이 이 고장 과일이란 표현은 적당치가 않다. 녀석들은 단 과일이나 발효 중인 수액은 다 좋아하는데, 마치 어느 특정 지방의 특정 과일만 좋아하는 것처럼 풀이해서는 안 될 일이다.

녀석들의 후손은 썩은 잎이 가득한 항아리에 들어 있다. 6월이 끝나기 전에 낳은 알과 아주 어린 애벌레가 따뜻한 부식토 더미에서 매우 많이 발견된다. 이제 나의 초기 연구 때 꽤나 혼란스러웠던 이상한 일의 해답을 얻었다. 정원의 그늘진 구석에 해마다 많은 꽃무지 집단을 공급하는 커다란 부식토 더미가 있는데, 7, 8월에 더미 속 벌레를 모종삽으로 파내다가 아직 말짱한 껍데기를 자주 만났다. 머지않아 안에 든 꽃무지가 밀어서 깨질 껍데기였다.

그날 껍데기에서 나온 성충을 만났고, 바로 옆에서 갓 태어난 어린 애벌레도 채집되었다. 즉, 나는 눈앞에서 어미보다 먼저 태어난 새끼라는 비상식적인 모순을 보았던 것이다.

이렇게 애매모호했던 사실을 사육장이 훤하게 밝혀 주었다. 꽃무지는 한 여름에서 이듬해 여름까지의 한 해를 성충 상태로 살아감을 사육장이 보여 준 것이다. 곤충의 일반적인 관례는 여름 더위가 한창인 7, 8월이 알의 부화에 적절한 계절이다. 그래서 이때 몇 번 짝짓기 행사를 치르고 즉시 가족 염려를 한다. 일반적으로 다른 곤충은 이렇게 하며, 이런 형태로 그 뒤의 3주간을 아주 빨리 이용한다. 결국 이때가 잠깐 지나가는 개화시기인 것이다.

하지만 꽃무지는 그렇게 서두르지 않는다. 녀석은 통통한 애벌레 시절에도 대식가였는데 화려한 갑옷을 입고 성충이 된 다음에도 그랬다. 더위가 너무 심하지 않은 계절에는 살구, 배, 복숭아, 무화과, 자두 따위의 과일 공장에서 산다. 진수성찬 가운데서 늑장을 부리다가 뒷일은 잊어버리고 알 낳기마저 다음 해로 미룬다.

어느 은신처에서 겨울잠을 잔 다음 봄이 시작되자마자 다시 나타난다. 하지만 아직은 과일이 없다. 지난해 여름에는 대식가였다가 필요에 의해서든, 체질에 의해서든, 소식가로 변한 녀석에게 인색한 꽃 약수터 말고는 다른 식량자원이 없다. 6월이 되면 부식 토에 산란하는데, 그 옆에는 얼마 후 성충으로 우화할 껍데기가 있다. 이런 사정을 몰랐던 시절에 산모보다 먼저 태어난 알이라는 터무니없는 모습을 보았던 것이다.

따라서 같은 해에 출현한 꽃무지는 두 세대로 구별된다. 장미꽃 손님인 봄 꽃무지는 겨울을 난 녀석으로서 6월에 알을 낳고 죽는다. 과일을 대단히 좋아하는 가을 꽃무지는 최근에 번데기에서 나온 세 대이며, 겨울잠을 자고 난 뒤에 맞는 여름의 하지 때 산란한다.

낮 길이가 제일 긴 지금이 제철이다. 소나무 그늘이 드리워진 담벼락에 기대서 몇 세제곱미터의 죽은 잎 더미가 있는데, 특히 낙엽 철에 정원의 쓰레기를 긁어모은 것이다. 이것은 사육용 화분 을 채워 줄 부식토 공장이다. 느리게 분해되면서 발효되어 따뜻해 진, 즉 이렇게 썩은 잎 더미가 애벌레 상태의 꽃무지에게는 낙원 이다. 식물성 물질이 발효한 여기서 풍부한 먹이를 얻고, 한겨울 에도 따뜻한 온도를 얻어 통통한 벌레가 아주 많이 우글거린다.

여기서 4종이 사는데, 내 호기심에 고통을 받아도 아주 잘 자라 는 녀석들이다. 가장 흔한 종은 자료의 대부분을 제공한 청동점박 이꽃무지이고, 나머지는 유럽점박이꽃무지(C. dorée: *C. aurata* → *Protaetia aeruginosa*), 지중해점박 이꽃무지(C. d'un noir mat: *C.* → *P. morio*), 그리고 상복꽃무지(C. drapmortuaire: *C. stictica* → *Oxythyrea funesta*)이다.

상복꽃무지
실물의 1.3배

오전 9, 10시경 부식토 더미를 지켜보자.

어미 꽃무지의 출몰은 변덕이 심해서 자주 허탕을 치니 끈기와 인내력을 갖도록 하자. 운이 좋았다. 한 녀석이 갑자기 나타나 더미 위에서 넓은 원을 그리며 날고 또 난다. 장소를 시찰하고 접근하기 쉬운 곳을 찾는 중이다. 푸르륵! 내려앉아 이마[4]와 다리로 파내, 곧 뚫고 들어간다. 어느 쪽으로 갔을까?

녀석이 들어가는 방향을 처음에는 청각이 알려 준다. 바깥의 마른 낙엽층을 지날 때 스치는 소리가 들리는 것이다. 다음은 아무 소리도 없이 조용하다. 꽃무지가 두껍고 축축한 층에 도달한 것이다. 산란 장소는 갓 부화한 어린것이 멀리 찾지 않고도 연한 먹이가 이빨에 닿는 곳이라야 한다. 산란하게 놔두었다가 두 시간 후에 다시 와 보자.

그런데 방금 전에 일어난 일을 곰곰이 생각해 보자. 살아 있는 금은세공의 보석처럼 아름다운 곤충이 고운 천 같은 장미꽃 속의 꽃잎과 달콤한 향기 속에서 졸고 있었다. 그런데 로마 황제의 금빛 의상을 걸친 호화로운 곤충, 맛좋은 요리를 톡톡히 먹어 보았던 그 곤충이 갑자기 꽃을 버리고 썩은 것에 파묻힌다. 녀석은 향유의 향기와 호화판 그물침대를 버리고 구역질 나는 오물 속으로 내려갔다. 이렇게 갑작스레 타락한 이유가 무엇일까?

그것이 어미 자신은 몹시 싫어도, 새끼는 아주 잘 먹는 물질임을 알기에 혐오감을 억제하며 뚫고 들어간 것이다. 애벌레 시절의 기억에 자극되었을까? 1년이라는 긴 간격 뒤에, 특히 기관이 완전히 다시 만들어진 다음에, 녀석에게 먹은 것에 대한 기억이란 도대체 어떤 것일까? 꽃무지를 장미꽃에서 썩고 있는 더미로 유인한

---

4 이마는 머리의 뒷부분이므로 땅을 팔 수 없다. 머리방패를 이마로 잘못 표현한 것이다.

것에는 배의 기억력보다 더 훌륭한 것이 있다. 즉 비상식적인 겉모습 안에 매우 논리적인 것을 실현하는 맹목성과 저항할 수 없는 충동이 존재하는 것이다.

부식토 더미로 다시 가 보자. 파야 할 위치는 마른 잎 스치는 소리로 대략 알았다. 어미의 발자취를 따라가는 것이니 꼼꼼하게 더듬으며 파내야 한다. 어쨌든 녀석이 지나가면서 밀어낸 것에 인도되어 목적지에 도달했다. 알을 발견했는데 특별한 조작 없이 여기저기에 한 개씩 흩어져 있었다. 그래도 적당히 발효된 식물성 물질이 근처에 놓였으면 되는 것이다.

알은 공과 별로 다르지 않은 모양의 상앗빛 알맹이로서 지름은 3mm가량이다. 부화에는 약 12일이 걸린다. 어린 굼벵이는 흰색이며 짧은 강모(剛毛= 센털)가 드문드문 나 있다. 부식토 바깥에 내놓자 누워서 기어간다. 제 종족 특유의 희한한 이동 방식을 가진 것이다. 몸을 처음 움직일 때부터 다리를 공중으로 들고 누워서 기는 기술이 나타난 것이다.

굼벵이 사육은 아주 쉽다. 식량의 증발을 막아 신선하게 보존될 양철 상자에다 녀석과 함께 부식토에서 골라 온 발효 물질을 넣는 것으로 충분하다. 가끔씩 식량 갈아 주기만 조심하면 하숙생들이 순조롭게 자라서 다음 해에 탈바꿈을 한다. 어느 곤충도 식욕이 왕성하고 체질이 튼튼한 꽃무지보다 쉽게 사육되지는 않는다.

성장도 빠르다. 부화한 지 4주 뒤인 8월 초에는 애벌레가 다 자랐을 때의 절반 크기가 된다. 처음 먹기 시작한 때부터 양철통에 쌓인 똥무더기로 녀석이 얼마나 먹었는지를 어림잡아 볼 생각이 났다. 11,978mm³의 똥이 수집되었다. 애벌레가 한 달 만에 최초

몸 부피의 수천 배에 달하는 물질을 소화시킨 것이다.

꽃무지 굼벵이는 죽은 식물성 물질을 계속 빨아 가루로 만드는 제분기였다. 이미 발효되어 상한 것을 거의 일 년 내내 밤낮으로 부수어 가루로 제조하는 훌륭한 자격을 가진 분쇄기였다. 썩었어도 잎의 섬유질과 잎맥은 끝없이 저항하겠지만, 그런 찌꺼기를 차지하여 잘 드는 가위로 올을 풀고 매우 잘게 자른다. 그러고는 창자에서 녹여 반죽을 만들어 이제부터는 땅의 보물(비료)로 이용되게 해놓았다.

꽃무지 애벌레

꽃무지가 굼벵이 상태에서는 가장 활발한 부식토 제조가였으나, 탈바꿈 시기가 되어 마지막으로 사육 상자를 검토했을 때는 이 식충이들이 평생 먹은 것을 보고 눈살이 찌푸려진다. 똥이 수북이 몇 사발은 되었으니 말이다.

굼벵이는 다른 면에서도 주목거리였다. 길이가 1인치가량 되는 통통한 녀석인데, 등은 볼록하고 배는 평평하다. 등에는 굵은 주름이 잡혔고, 각 주름에는 센털이 나 있어 짧은 솔 같다. 배 쪽은 피부가 얇고 매끈한데 몸속의 넓은 오물 주머니(창자)가 갈색 무늬처럼 비쳐진다. 다리는 아주 잘 만들어졌으나 작고 허약해서 몸 전체와는 균형이 맞지 않았다.

활처럼 둥글게 휘어 몸의 양끝이 맞닿은 자세는 휴식이 아니라 녀석이 불안해서 방어 자세를 취한 것이다. 이렇게 고리 모양일 때는 어찌나 강하게 수축했던지, 구부린 것을 억지로 폈다가는 내장이 터질 것을 염려할 정도였다. 가만 놔두면 몸을 펴고 급히 도망친다.

그때 뜻밖의 행동이 당신을 기다린다. 괴롭힘 당하던 벌레를 탁자에 내려놓으면 공중으로 들어 올린 다리는 움직이지 않고 누워서 기어간다. 일반적인 이동법과는 반대로, 이렇게 이상야릇한 방식이 처음에는 사고로 얼이 빠진 동물의 우발적 조작인 줄 알았다. 그런데 그게 아니었다. 그게 정상적인 행동이며, 이 벌레는 다른 방법을 모른다. 규정대로 전진하기를 바라 배가 아래쪽을 향하게 뒤집어 보시라. 쓸데없는 시도가 된다. 녀석은 한사코 누운 자세로 전진한다. 아무리 해도 녀석을 다리로 걷게 하지는 못한다. 활처럼 휘어서 꼼짝 않든가, 몸을 펴고 다른 벌레와 반대 방식으로 전진한다. 이것은 녀석의 독특한 방식이다.

굼벵이를 그냥 놔두면 박해자로부터 벗어나려고 부식토로 파고든다. 전진이 무척 빠르다. 강한 근육으로 움직이는 고리 모양의 등 쪽 융기 부분에 솔처럼 난 센털이 매끈매끈한 표면에서도 받침점이 되어 준다. 센털의 수가 많아서 힘찬 견인력을 전개하는 보대(步帶)[5]가 된 것이다.[6]

움직이는 기계가 좌우로 흔들림이 있고, 녀석의 등마루가 둥글어서 가끔 뒤집힌다. 하지만 심각한 사고는 아니다. 넘어진 벌레는 허리힘으로 곧 균형을 잡고 누운 자세로 다시 기기 시작함과 동시에 좌우로 조금씩 흔들린다. 앞뒤로도 흔들린다. 쪽배의 뱃머리 같은 머리가 쳐들렸다 내려오고, 규칙적인 요동질로 다시 오르내린다. 큰턱이 열리면서 허공 씹는 시늉을 하는데, 아마도 있지도 않은 받침점을 잡으려고 그러는 것 같다.

---

5 띠 모양의 걷는 다리
6 지금까지의 이동 방법은 『파브르 곤충기』 제3권 3장 내용과 중복된다.

녀석에게 의지할 곳을 제공해 보자. 하지만 불투명해서 보이지 않는 부식토가 아니라 투명한 환경을 주어 보자. 마침 내게는 적당한 것이 있다. 어느 정도 길고 양끝은 뚫렸으며, 안지름이 점점 좁아지는 유리관이다. 넓은 끝에서는 벌레가 쉽게 들어가는데 좁아진 쪽에서는 아주 옹색해진다.

유리관이 넓은 곳에서는 등으로 전진한다. 다음 안지름이 벌레의 굵기와 같은 부분으로 들어가는데, 이제부터는 비정상적 이동 특성을 잃는다. 배가 위로 가든, 밑으로 가든, 옆으로 가든, 어떤 자세로도 전진한다. 고리 모양인 등근육 물결이 훌륭하게 규칙적으로 내닫는 것도 보인다. 마치 고요한 수면에 조약돌 하나가 떨어져 퍼지는 물결 같다. 센털이 바람에 물결치는 밀 이삭처럼 누웠다가 다시 일어나는 것도 보인다.

머리는 규칙적으로 흔들고, 큰턱은 목발처럼 버팀대를 만들어서 전진하는 걸음을 조절하며, 내벽에 의지해 안정성을 유지한다. 내 손이 멋대로 바꾸어 놓은 어떤 자세에서도, 더욱이 다리가 의지할 바닥에 닿았어도, 다리는 움직이지 않는다. 이동할 때 다리의 역할은 전혀 없는 상태였다. 도대체 다리는 무엇에 쓰일까? 조금만 기다리면 알게 될 것이다.

벌레가 비집고 들어가는 투명한 통로가 부식토 속에서 전진하는 방법을 설명해 준다. 지나치는 덩어리 사이에 끼여 사방에 의지할 곳이 생긴 벌레는 바른 자세라도 누운 자세의 경우처럼 기어간다. 어쩌면 더 자주 그렇게 전진할 것이다. 녀석은 배를 아래쪽으로 두었든, 위쪽으로 두었든, 또 어떤 방향이든, 접촉 부분에다 등의 센털 물결을 이용해서 전진한다. 배가 아래쪽일 때는 이상한 예외가 없어지고 통상적인 질서로 돌아간다.[7] 굼벵이가 부식토 속에서 전진하는 것을 엿볼 수 있다면 녀석에게서 이상한 점을 전혀 발견하지 못할 것이다.

하지만 우리는 굼벵이만 달랑 탁자에 올려놓아 바닥밖에 의지할 곳이 없었다. 그래서 엉뚱한 비정상을 보았던 것이다. 고리 모양 등마루의 보대가 유일한 받침점인 바닥과 접촉하자 벌레는 누운 자세로 전진했다. 다시 심사숙고해 보니, 녀석의 환경 밖에서만 관찰하고는 이상한 이동 방식에 놀랐던 것이다. 이제 비정상이란 생각은 사라졌다. 수염풍뎅이(*Polyphylla*), 장수풍뎅이(*Oryctes*), 검정풍뎅이(*Anoxia*) 굼벵이도 다리가 짧고 뚱뚱하게 살찐 갈고리 배를 활짝 펼칠 수 있다면, 녀석들 역시 그렇게 전진할 것이다.

월동한 늙은 굼벵이는 산란기인 6월에 탈바꿈 준비를 한다. 번데기 집(고치)과 새 세대의 상앗빛 알이 같은 시기에 존재한다. 거

7 앞 문장과 이 문장의 설명이 상당히 모호하다. 서로 다른 두 문장 중 뒷문장이 맞는 경우라면 바로 놓인 벌레는 다리로 걷는 것이 정상적인 이동 방식이라는 이야기가 된다. 하지만 이 장 끝에서 또 다시 이동에는 쓸모가 없는 다리라고 한다. 아마도 너무 짧은 다리가 이동에 주된 역할을 하지는 못할 것이다. 그렇다고 해서 전혀 못 걷는 다리도 아닐 것이라는 유권해석이 필요한 부분인 것 같다.

장수풍뎅이 아무리 크고 억센 장수풍뎅이라도 애벌레는 굼벵이에 지나지 않으며, 녀석의 성장 방식이나 인간에게 약용으로 쓰이는 점은 꽃무지 굼벵이와 다를 게 없다. 지리산, 14. VIII. '93

유럽점박이꽃무지

의 비둘기 알만 한 꽃무지의 타원형 고치는 촌스럽게 만들어졌어도 멋이 없는 것은 아니다. 내 부식토에 정착한 4종 중 제일 작은 상복꽃무지 고치는 훨씬 작아서 서양버찌만 했다.

한편, 모든 고치는 겉모습이 같아서 작은 상복꽃무지 고치 말고는 서로를 구별할 수가 없을 정도였다. 여기서는 제작된 고치가 제작자를 알려 주지 않아, 녀석의 정확한 이름을 알려면 성충이 나오길 기다려야 한다. 하지만 유럽점박이꽃무지 고치는 대개 옆에 무질서하게 널린 애벌레 똥으로 덮여 있다. 물론 예외는 많다. 청동점박이꽃무지와 지중해점박이꽃무지 고치 역시 썩은 잎 조각으로 좍 덮인 것이 많다.

이런 차이는 고치를 지을 때 주변에 있던 재료의 차이에서 온 것이지, 미장일의 어떤 특기 차이로 보아서는 안 된다. 내 생각에 유럽점박이꽃무지는 오래되어 단단해진 똥 알갱이 가운데서 고치를 지었고, 다른 두 종은 덜 더럽혀진 지점을 택한 것이다.

대형인 3종의 꽃무지 고치는 자유로워서 어느 일정한 자리에 고정되지도, 특별한 바탕이 없이도 지어졌다. 하지만 상복꽃무지의

유럽점박이꽃무지의 고치

상복꽃무지의 고치

청동점박이꽃무지의 고치

방법은 좀 달랐다. 부식토 가운데서 손톱만 한 돌을 만나면 주로 거기서 작은 방을 지었다. 하지만 그런 돌이 없어도 얼마든지 해결하며, 다른 꽃무지처럼 단단히 고정되는 받침이 없어도 지을 줄 안다.

고치 내벽에는 처음에 애벌레, 다음은 번데기의 연약한 피부가 요구해서 고운 회반죽을 발랐다. 균질의 갈색 물질인 벽은 단단해서 손가락으로 눌러도 깨지지 않는다. 그런데 처음에는 벽의 성질을 판단

점박이꽃무지 애벌레(굼벵이) 부엽토를 먹고 성장이 끝난 굼벵이는 주변의 부스러기를 자신의 똥으로 엮어서 집을 짓고, 그 안에서 번데기와 어른벌레가 되기를 기다린다. 『파브르 곤충기』 제7권 5장 참조 시흥, 10. Ⅵ. 06

하기가 어려웠다. 어쩌면 옹기장이가 진흙으로 가공하듯이 굼벵이도 제 나름대로 가공한 부드러운 반죽일 것이다.

꽃무지가 도자기를 제조할 때도 진흙을 사용할까? 책들은 일제히 수염풍뎅이, 장수풍뎅이, 꽃무지, 그리고 다른 풍뎅이의 고치도 흙으로 만들었다고 했으니 그럴 것 같다. 하지만 이 말은 대개 직접 관찰한 사실을 실은 게 아니라 맹목적으로 수집해서 편집한 것이다. 그래서 별로 미덥지가 않다. 꽃무지 굼벵이는 제 주변의 좁은 범위 안에 있는 썩은 나뭇잎만 얻을 뿐, 고치에 쓰일 진흙을 구할 수는 없을 것이다. 그래서 내 의혹은 더욱 커져만 갔다.

나에게 부식토 더미를 파헤쳐서 골무 하나를 채울 탄력성 물질을 수집하라면 무척 당황할 것이다. 그런 판인데, 자리를 옮기지 않는 벌레가 고치에 들어갈 시기가 왔을 때 어쩌겠는가? 녀석이

주변에서 무엇을 발견할 수 있을까? 접착력이 없는 잎 부스러기와 부식토뿐이다. 절실하게 요구되는 결론은, 굼벵이에게 다른 수단이 있을 거라는 점이다.

그 수단을 말했다가 어쩌면 내가 파렴치한 현실주의적 얼간이라는 비난을 받을지도 모른다. 하지만 우리 생각에는 놀라운 수단이라도 그것이 사물의 진실성을 간단명료하고 성스럽게 하기에는 적합할 수도 있다. 자연은 인간의 환영이나 혐오와는 상관없이, 그리고 망설임도 없이 곧장 목표로 향한다. 벌레들의 아름다운 재주의 조화를 이해하고 싶다면 쓸데없는 예민함을 억제하고 좀 어리석어지자. 가능한 한 얼버무리자. 하지만 진실 앞에서는 뒷걸음질 치지 말자.

꽃무지 굼벵이가 탈바꿈할 집을 지을 때 무엇보다도 가장 까다로운 문제는 재료 구하기이다. 녀석의 울타리 치기는 거의 고치를 짓는 격이다. 고치를 짜려면 명주실 저장 창고와 실을 분출하는 관이나 출사돌기가 필요한데, 녀석에게 그런 것은 고사하고 바깥에서 이용할 물건조차 없어 보인다. 하지만 그런 생각은 틀렸고 빈곤함도 표면적일 뿐이다. 녀석에게는 은밀히 비축해 둔 건축자재와 출사돌기가 있다. 즉 녀석의 뒤쪽에 있는 창자가 접착제 창고였다.

녀석은 자랄 때 그 자리에 남겨 놓은 갈색 알갱이가 수북했듯이, 배설을 많이 하는 벌레였다. 탈바꿈 시기가 다가오자 녀석은 배설을 자제하여 탄력성과 섬세함의 최고급품인 보물 반죽을 모아 두었다. 굼벵이가 애벌레 시대를 떠날 때의 뚱뚱한 배 끝을 보시라. 그곳의 넓고 칙칙한 무늬는 시멘트 창고가 비쳐진 것이다.

물자가 그렇게 가득한 창고는 일꾼의 특기를 분명히 말해 준다. 즉 굼벵이는 순전히 제 오물만으로 미장일을 하는 것이다.

증거가 필요하다면 여기에 있다. 완전히 성숙해서 고치 지을 준비가 된 굼벵이를 한 마리씩 작은 병에 넣고, 건축에 필요한 받침으로 가벼워서 옮기기 쉬운 물건을 각각 넣어 준다. 즉 병마다 가위로 잘게 자른 솜뭉치, 완두콩 넓이의 종이쪽, 파슬리 씨앗, 무씨앗 따위를 주었다. 녀석들은 어느 한 가지를 더 좋아하는 게 아니라 손닿는 곳의 물건을 썼다.

굼벵이는 자기 종족이 한 번도 들어가 본 적 없는 환경 속으로 서슴없이 파고든다. 거기는 고치 짓기에 쓰였을 것이라는 흙도, 어디서 퍼올 흙도 없는, 모두가 깨끗한 것뿐이다. 또 미장일을 하고 싶다면 자기 공장에서 가져온 시멘트로 할 수밖에 없는데 일을 할까?

물론 한다. 그것도 매우 잘한다. 며칠 뒤 부식토에서 꺼낸 고치만큼 훌륭하고 튼튼한 고치를 얻었는데 이것들이 훨씬 예뻤다. 솜뭉치 속 고치는 복슬복슬한 털이 덮였고, 종잇조각 침대에는 표면에 눈이 온 것처럼 흰 기와가 입혀졌으며, 무나 파슬리 씨앗에서 만들어진

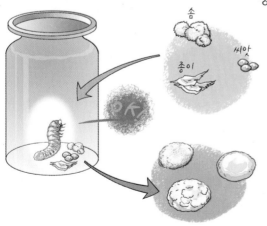

고치는 표면이 골고루 깔깔한 육두구(肉荳蔲, Muscade: *Myristica fragrans*) 열매 모습이었다. 작품들이 정말 아름답다. 오물로 일하는 재주꾼을 사람의 간계로 도와주자 결과가 멋진 장난감으로 나타난 것이다.

비늘 모양의 종이쪽, 씨앗, 솜뭉치 담요는 아주 잘 달라붙었고, 그 밑에는 순전히 갈색 회반죽뿐인 진짜 벽이 있다. 표면이 너무도 규칙적이라 처음에는 의도적으로 그렇게 정리했다는 생각이 들 정도였다. 가끔 깨진 자갈 모양의 똥으로 예쁘게 장식한 유럽 점박이꽃무지의 고치를 볼 때도 그런 생각이 들었다. 벌레가 주변에서 석재를 구하는 즉시 회반죽에 박아 넣어 제작물을 더 튼튼하게 하려고 그런 것 같았다.

하지만 결코 그렇지는 않다. 모자이크 작업은 전혀 하지 않았다. 벌레는 둥근 엉덩이로 유동성 물질을 둘레로 밀어내 배열하며, 단순히 누르기만으로 평평하게 만든다. 그다음, 회반죽으로 한 점, 또 한 점 고정시킨다. 이렇게 해서 타원형 집이 생겼는데, 비축한 오물이 모두 소진될 때까지 계속 초벽을 입히며 서서히 굳힌다. 스며든 접착제는 모두 콘크리트처럼 굳어서 이제는 건축기사의 조작 없이도 울타리가 된다.

녀석은 신중하지 못한 우리 눈을 피해, 지붕 밑에서 전 작업 과정을 실행하므로 직접 관찰은 안 된다. 하지만 적어도 녀석의 방법 중 중요한 부분은 알 수 있다. 아직 미완성 상태의 말랑말랑한 고치를 골라 별로 크지 않은 구멍을 뚫는다. 너무 넓게 뚫리면 벌레가 낙담할 것이다. 게다가 뚫린 하늘창은 재료가 부족해서가 아니라 받침대가 없어서 수리하지 못할 것이다.

주머니칼로 조심해서 뚫고 안을 들여다보자. 벌레는 거의 고리처럼 구부리고 있다. 불안해진 녀석이 방금 뚫린 하늘창으로 머리를 내밀고 상황을 알아본다. 곧 사고가 알려졌다. 이제 건축기사는 고리가 완전히 감겨 양끝이 맞닿는다. 그리고 오물 공장이 즉각 제공하는 접합제 뭉치를 얻는다. 이렇게 빨리 대응하려면 창자가 특별한 친절을 베풀어야 한다. 고도의 친절성을 가진 굼벵이의 창자는 작동 요청을 받자마자 즉시 작동한다.

이제 다리의 진짜 역할이 나타난다. 걷기에는 전혀 쓸모없었던 다리가 고치를 짤 때는 중요한 조수가 된다. 큰턱이 물어 온 물건을 붙잡아 계속 돌리거나, 그냥 들고 있는 작은 손이 되는 것이다. 미장이는 접합제 뭉치를 경제적으로 잘게 나누어 제자리에 가져다 놓는다. 큰턱 집게가 뭉치에서 한 조각씩 떼어 내 씹고 반죽한 다음, 벌어진 틈의 둘레로 가져가 펼치는 흙손 역할을 한다. 이마는 그때그때 밀어서 판판하게 한다. 재료가 떨어지면 다시 잠긴 고리처럼 구부린다. 그러고는 언제나 명령에 잘 복종하는 창고에서 새 재료를 얻어 온다.

상당히 빨리 수선되는 틈 사이로 잠깐 볼 수 있어서 일상적 조건에서 어떻게 일하는지를 알 수 있었다. 눈으로 직접 보지 않고도 벌레가 가끔씩 오물을 내보내 접착제로 씀을 알았다. 큰턱으로 뭉치를 물어다 다리로 껴안고, 원하는 대로 나누어서 입과 이마로 담의 약한 부분을 땜질하는 모습을 계속 지켜본 셈이다. 엉덩이를 한 번 돌려서 윤을 낸다. 외부에서 자재를 전혀 얻지 않고 집을 짓는 벌레는 자신 안에서 필요한 석재를 얻는 것이다.

배에 넓은 갈색 띠를 직분의 표지로 가진 다른 굼벵이도 이렇게

똥을 쓰는 재주를 물려받았다. 녀석들도 창자에 들어 있는 것으로 탈바꿈할 방을 만들어 소유한다. 모두가 천한 것을 세공해서 품위 있는 것으로 만든다. 장미꽃의 손님이며 봄의 영광인 유럽점박이꽃무지가 오물 상자에서 내보낼 줄 아는 고도의 경제학을 우리 모두에게 보여 주었다.

2 완두콩바구미 – 산란

인간은 완두(Pois: *Pisum*)를 높이 평가한다. 고대부터 점점 올바른 방법으로 정성들이며 재배하여, 콩알이 더 굵고 연하며 당분도 많아지게 노력해 왔다. 양순한 완두는 자극을 기꺼이 받아들이며 순순히 따라 주었다. 오늘날 우리는 바로(Varron)[1]나 콜루멜라(Columelle)[2] 시대 사람보다 얼마나 많이 수확하더냐! 특히 맨 처음 땅에 파묻을 생각을 한 사람의 콩인 최초의 딱딱한 야생 완두 알맹이와는 얼마나 거리가 멀더냐! 아마도 동굴 속 곰의 반쪽짜리 턱뼈에 꽂힌 단단한 송곳니가 그의 보습이지 않았겠더냐!

그런데 자생식물계에서 완두의 기원식물은 어디에 있을까? 이 고장에는 그런 것과 비슷한 것조차 없다. 다른 곳에서는 찾을 수 있을까? 이 점에 관해 식물학은 말이 없거나 그저 막연한 가망성만 답변할 뿐이다.

물론 대부분의 식료품 식물에 대해서도 무지하다. 우리에게 축복의 빵을 주는 풀(Gramen)인 밀(Fromen: *Triticum vulgare*)은 어디서

1 Marcus Terentius Varro. 기원전 116~27년. 로마 철학자, 초대 국립도서관장
2 Lucius Junius Moderatus Columella. 1세기의 로마 군인, 농학자

왔을까? 아무도 모른다. 여기서는 사람이 가꾼다는 것 말고는 그 기원을 찾지 말자. 외국에서도 찾지 말자. 식물 채집가는 농업이 태어난 동양에서조차도 쟁기로 갈아 보지 않은 땅에서 자생하는 신성한 이삭을 만난 적이 한 번도 없다.

호밀(Seigle: *Secale cereale*), 보리(Orge: *Hordeum vulgare*), 귀리(Avoine: *Avena*), 순무(Rave)와 붉은 무(Radis: *Raphanus sativus*), 사탕무(Betterave: *Beta vulgaris*), 당근(Carotte: *Daucus carota*), 호박(Potiron: *Cucurbita*), 그 밖에 많은 것이 비슷한 불분명 속에 남겨져, 그 출발점은 알려지지 않았고, 기껏해야 헤아릴 수 없는 오랜 세월의 장막 뒤에서 추측만 할 뿐이다. 자연은 그것들을 잎만 대단히 무성하고 영양가는 별로 없는 상태로 우리에게 넘겨주었다. 마치 오늘날 숲이 오디(Mûre)나 버찌(Prunelle)를 주는 것과 같다. 자연은 인색하게도 우리에게 시초 상태의 것을 주었고, 그것을 둘러싼 우리의 노고와 연구심이 그야말로 땅 파는 농부의 은행에서 점점 이자가 불어났다. 자본 중 첫째 자본인 영양가 있는 식물의 연한 조직을 우리는 참을성 있게 기다릴 수밖에 없었다.

식량 창고의 낟알이나 채소의 대부분은 인간이 만든 것이다. 우리는 최초 상태가 하찮던 자원, 즉 자연의 식물 창고에 있던 그대로의 기초 자원을 얻어 왔다. 영양 물질이 풍부하게 완성된 품종은 우리네 기술의 결과였다.

그러나 밀이나 완두, 그 밖의 식물들이 우리에게 없어서는 안 되나, 그것들도 이제는 자체 유지에 우리의 보살핌이 당연한 것으로 돌아섰다. 우리 필요에 따라 개량된 식물은 생존경쟁자와의 치열한 권력 다툼에서 저항할 능력을 잃었다. 이런 식물을 가꾸지 않고 제멋대로 자라게 놔두면, 씨앗이 엄청나게 많음에도 불구하고 재빨리 소멸될 것이다. 마치 인간이 마련해 준 우리가 없는 양(Ovis)은 자신을 보호할 능력이 미비하여 머지않아 사라지게 되는 격이다.

개량식물은 우리가 만들었어도 언제나 우리만의 독점물은 아니었다. 먹을 게 쌓이는 곳은 어디든 소비자가 사방에서 달려든다. 먹을 게 많은 잔칫상에는 불청객이 스스로 몰려오는데 풍부할수록 더 많이 온다. 인간만이 밭을 풍성하게 일굴 수 있다는 사실 자체가 수많은 식솔이 정착할 엄청난 잔칫상을 마련하는 셈이다. 인간은 더 맛있고 더 풍성한 식량을 만들어 내, 본의 아니게 수천수만의 굶주린 자를 비축물로 불러들인다. 굶주린 녀석의 이빨에 출입 금지령으로 맞서 싸워 봤자 소용없다. 사람이 많이 생산하면 그만큼 더 많은 세금이 부과된다. 대규모 농업의 화려한 창고는 소비의 경쟁자인 곤충에게도 유리하게 작용한다.

이것은 내재(內在)의 법칙이다. 자연은 모든 입에다 똑같은 열성으로, 즉 남의 재물을 악용하는 녀석에게도 생산자와 똑같이 커다란 젖을 물려 준다. 우리는 고생에 지쳐 가며 밭을 갈아 씨를 뿌리고 거두어들인다. 자연은 그런 우리를 위해 알갱이가 여물도록 해주지만 작은 (쌀)바구미(Calandre: *Sitophilus*)를 위해서도 여물게 한다. 바구미는 밭일이 면제되고도 우리 곡식 창고에 자리 잡아 뾰족한 주둥이로 산더미처럼 쌓인 밀을 한 알, 한 알 깨물어 밀기울로 바꾸어 놓는다.

자연은 피로에 지치고 햇볕에 타면서 땅을 파, 김매고 물을 주는 우리에게 완두콩 꼬투리를 부풀려 주었다. 그런 자연이 콩바구

야생 콩바구미류 콩바구미는 모습이나 이름을 보면 코벌레 종류인 바구미과의 일종으로 알기 쉽다. 하지만 녀석들의 친척 관계를 따져 보면 바구미가 아니라 잎벌레나 하늘소와 가깝다. 우리나라에는 10종가량이 살고 있는 것 같다. 서울 개화산, 28. Ⅶ. 07, 강태화

미(Bruche: *Bruchus*)에게도 부풀려 준다. 콩바구미는 밭일과 무관하면서도 제철인 봄이 오면 즐거이 제 몫의 수확을 미리 받아간다.

푸른 완두콩에서 열심히 십일조를 거두어 가는 완두콩바구미(B. du pois: *B. pisorum*)의 술책을 지켜보자. 나는 관대한 납세자가 되어 녀석의 뜻대로 놔두련다. 더욱이 녀석이 좋아하는 식물 몇 줄을 울타리 안에 파종했다. 하찮은 씨뿌리기 말고는 별도의 소집장이 없었는데, 5월에는 녀석들이 어김없이 찾아왔다. 채소 재배에 부적당한 돌투성이 땅에 처음으로 완두꽃이 피었음을 알아낸 곤충세무서 직원이 제 권리를 행사하겠다고 부리나케 달려왔다.

어디서 왔을까? 정확히는 알 수 없고 겨울을 동면(冬眠) 상태로 보낸 어느 은신처에서 왔다. 한창 더울 때 저절로 허물이 벗겨져 들처진 플라타너스의 코르크 껍질 밑이 집 없는 가난뱅이들의 훌륭한 피신처인 다락방을 제공한다. 그런 겨울숙소에서 완두콩 약탈자를 자주 만났었다. 악천후가 기승을 부리는 동안 플라타너스의 죽은 껍질 밑에서 지냈든, 달리 보호되었든, 첫 따사로운 햇살이 녀석을 어루만지자 겨울잠에서 깨어났다. 본능의 달력이 알려주어 완두꽃이 피는 시기를 농부처럼 잘 알게 된 녀석들이 그 시기에 사방에서 좋아하는 식물을 찾아온다. 걸음걸이는 종종걸음

이라도 나는 것은 빠르다.

작은 머리, 가는 주둥이(부리), 여기저기 갈색 점이 찍힌 회색 옷, 짧은 딱지날개, 미절판(尾節板)[3]에 커다란 검정 점무늬 2개, 땅딸막한 몸집, 이런 것이 내 손님에 대한 개략적인 묘사이다. 5월 중순이 지나면 선두 부대가 찾아온다.

완두콩바구미
실물의 4배

녀석은 흰나비 날개 모양인 꽃에 자리 잡는다. 기판(旗瓣) 밑에 앉은 녀석도 보이고, 용골(龍骨)꽃잎의 작은 상자 속에 숨어든 녀석도 있다.[4] 더 많은 녀석은 화관을 차지하고 조사한다. 아침나절에는 따뜻한 햇볕이 뜨겁지 않을 정도로 내리쬐지만 아직은 산란기가 아니다. 지금은 짝짓기 놀이와 찬란한 햇빛 속에서 행복을 누리는 시기이다. 녀석들은 그래서 생을 조금 즐긴다. 짝이 이루어지고, 헤어지고, 곧 또다시 합친다. 정오 무렵, 더위가 심해지면 각자가 꽃의 주름 속 그늘로 물러간다. 꽃의 은밀한 구석구석을 잘 알고 있는 녀석들인 것이다. 내일은 축제를 다시 시작할 것이고, 모레도 또다시 할 것이다. 열매가 용골꽃잎을 뚫고 밖으로 나타나서 나날이 부풀어 오를 때까지 계속할 것이다.

다른 녀석보다 산란이 급한 몇몇 어미는 꽃주머니에서 나올 때 생겨나는 납작하고 작은 꼬투리에 알을 낳는다. 아마도 난소의 요구를 기다릴 수 없어서 밀려 나온 조산아들이 중대한 위험에 놓일 것 같다. 콩바구미 애벌레는 콩이 여물 때까지 참아야 할 것이다. 그런데 어린 애벌레가 정착해야 할 씨앗이 아직

3 엉덩이에 해당하는 마지막 배마디 등판
4 기판과 용골꽃잎은 콩과 식물의 접형화관(蝶形花冠) 꽃차례의 기관 이름이다.

은 밀도가 낮고 녹말도 축적되지 않아 허약한 알갱이에 불과하다. 이런 것에서는 체력 회복에 필요한 물질을 결코 얻지 못할 것이다.

혹시 알에서 깨어난 애벌레가 오랫동안 먹지 않고 견딜 수 있을까? 의심스럽다. 내가 본 사례가 많지는 않아도 갓 난 애벌레는 아주 빨리 먹기 시작한다. 그래서 못 먹으면 죽는다고 단언하겠으며, 아직 성숙하지 않은 꼬투리에 낳은 알은 끝장이라는 생각이다. 콩바구미는 다산하는 녀석이니 조금 죽었다고 해서 종의 번영에 영향을 받지는 않을 것이다. 더욱이 조금 뒤에는 대부분 죽을 알임에도 아랑곳 않고, 얼마나 헤프게 깔겨 대는지를 보게 될 것이다.

어미의 가장 중요한 임무는 5월 말에 꼬투리가 콩알에 밀려서 부풀었을 때 이루어진다. 그때는 콩알이 완전히 또는 거의 굵게 자랐다. 나는 완두콩바구미도 우리가 바구미과로 분류하는 곤충의 자격으로 작업하는 것을 보고 싶었다. 녀석과 달리 꼬챙이 부리를 가진 바구미상과(Rhynchophores→ Curculionoidea) 곤충은 부리로 알집을 준비한다. 그런데 콩바구미는 부리가 짧아서 달콤한 먹이 끌어오기에는 훌륭해도 구멍 파는 연장으로는 전혀 가치가 없다.[5]

그래서 가족을 정착시키는 방법이 완전히

5 세 번째 문장은 파브르의 커다란 오류이다. 시대적 차이까지 겹쳐서 네 번째 문장도 틀렸다. 콩바구미 무리는 겉모습뿐만 아니라 이름까지 바구미를 닮았어도 분류학적으로는 하늘소(Cerambycidae)가 포함된 잎벌레(Chrysomelidae) 무리이다. 이 점은 파브르도 알았을 것 같은데, 어째서 콩바구미를 바구미 자격으로 취급하려 했는지 전혀 이해되지 않는다. 사실상 앞에서 제4장까지가 콩바구미 이야기인데, 계속 바구미(Curculionid 또는 Charançon)로 쓴 점으로 보아 파브르는 정말로 올바른 소속을 몰랐던 것 같다. 번역은 원문에 구애됨 없이 문맥에 맞추어 콩바구미로 한다. 한편, 바구미 무리는 6만 종 이상이 보고되어 지상의 모든 생물군 중 가장 큰 분류군이다. 이렇게 커서 과거에 바구미과로 분류되던 종류를 현재는 바구미상과의 여러 과로 나눈다. 『파브르 곤충기』 제7권에 등장한 바구미도 여러 과에 속했었다. 옛날에는 Rhynchophores가 바구미 전체를 포함한 이름, 즉 딱정벌레목의 한 아목 이름으로 쓰인 적도 있다. 그래서 네 번째 문장이 잘못 쓰였을 수 있다. 어쨌든 지금은 이 이름이 왕바구미과(Dryophthoridae)의 한 아과인 참왕바구미에 해당한다.

밤바구미류 밤바구미류의 주둥이는 누가 보아도 희한함을 금치 못할 것이다. 그렇지만 『파브르 곤충기』 제7권 8장과 9장을 보면 왜 그렇게 가늘고 길어야 하는지를 알 것이다. 횡성, 23. IX. 06, 강태화

다르다. 여기는 밤바구미(*Balaninus*), 길쭉바구미(*Larinus*), 복숭아 거위벌레(*Rhynchites*) 등이 보여 준 기술이 없다. 시추기를 갖추지 못한 어미는 뜨거운 햇볕과 불순한 일기에도 보호 대책 없이 드러내 놓고 알을 깔겨 댄다.[6] 이보다 간단한 방법은 있을 수가 없다. 따라서 알은 더위와 추위, 건조와 습기가 교대되는 시련을 견뎌낼 만큼 특수 체질을 타고나지 않는 한 이보다 위험한 일을 당할 수는 없을 것이다.

아침 10시경, 어미는 선택한 꼬투리에서 따뜻한 햇살을 받으며 멋대로 돌아다닌다. 위에서 아래로, 아래에서 위로, 이쪽저쪽 표면으로 무질서하게 옮겨 다니는 발작적인 걸음걸이이다. 변변찮은 산란관을 줄곧 내민다. 좌우로 흔들며 마치 피부를 스치듯 알이 나오는 즉시 그곳에 버린다.

산란관을 급하게 초록색 꼬투리 껍질의 여기저기에 가져다 대면 끝이다. 해가 쨍쨍 내리쬐는 곳에 보호 대책도 없이 알을 놔둔다. 장차 어린것이 나와 식량 창고로 뚫고 들어갈 때 돕거나 찾는 시간을 줄여 주려는 자리 고름조차 없다. 씨가 부풀어서 솟아오른 곳에도, 씨앗끼리 나뉜 골

6 이상은 파브르가 잘못 알고 쓴 말이니 의미가 없다.

짜기에도 낳는다. 전자는 식량에 거의
닿지만 후자는 멀리 떨어졌으니
새끼가 그리 찾아가야 한다. 결
국, 콩바구미의 산란은 마치 씨
앗 흩어 뿌리기 같다.

더 중대한 결점이 있다. 같
은 꼬투리에 낳은 알의 수와
속에 든 콩의 수가 비교되지 않
는 점이다. 우선 각 애벌레에게
배당된 몫은 완두콩 한 알임을
알아 두자. 배당된 몫은 한 마리가
안락하기에는 충분하고도 남지만,
소비자가 여럿이라면 그것이 겨우 두
마리뿐일지라도 부족하다. 애벌레 한 마
리에는 더도 덜도 아닌 완두콩 한 알이다.
이것은 철칙이다.

히히힛~
마구 갈기자.

산란할 어미는 오랜 생식의 조화로 방금 조사된 꼬투리의 수를
알 것이며, 그 속에 든 콩의 수가 산란수의 한계임을 대강이라도
정했을 것 같은데도 한계가 없다. 정열적인 난소가 한 몫에 항상
많은 소비자를 대립시켰다.

이 점은 내 목록이 밝혀 준다. 어느 꼬투리에 낳은 알의 수는 언
제나 콩의 수보다 많았고, 곧잘 터무니없이 많았다. 식량 주머니
가 아무리 빈약해도 식솔의 수는 넘칠 만큼 많았다. 여기저기의
꼬투리에서 알아본 알의 합계를 안에 든 콩알의 수로 나눠 보면

완두콩 한 알에서 5~8마리의 지망생끼리 만나게 되어 있다. 10개까지도 발견했지만 그보다 많은 경우는 없다고 말할 수도 없다. 불려 온 자는 얼마나 많으며 당선될 자는 얼마나 될지, 자리가 모자라 잔치에서 필연적으로 제외될 나머지의 저 모든 애벌레는 무엇하러 여기에 왔을까?

알은 밝은 호박색이 감도는 노란색으로 반들거리며 양끝이 둥근 원통 모양이다. 길이는 기껏해야 1mm, 엉긴 점액성 실그물로 꼬투리에 고정되어 비바람에도 부착에는 영향이 없다.

알 위에 다른 알이 겹쳐서 두 개가 낳아진 경우도 잦았고, 둘 중 위쪽 것은 부화하나 밑의 알은 말라서 죽는 경우도 잦았다. 아래쪽 알은 무엇이 부족해서 애벌레가 나오지 못했을까? 어쩌면 자기 조합원에 가려서 따듯한 알 품기의 일광욕을 받지 못해 죽었을지도 모른다. 나쁜 동생의 그늘에 가려서 그랬든, 다른 이유로 그랬든, 쌍으로 된 경우는 형이 제대로 발생할 때가 드물었다. 그 알은 꼬투리 위에서 말라, 살아 보지도 못하고 죽는 것이다.

이런 요절(夭折)에도 예외가 있어서 한 쌍이 둘 다 발생하는 수도 있다. 하지만 매우 드문 일이다. 어쨌든 이런 이원적 방식이 계속 남겨진다면 콩바구미 가족은 거의 절반으로 줄어들 것이다. 완두콩이 우리에게는 불리하고 바구미에게는 유리하려면 파멸의 원인을 임시방편이 완화시켜 주어야 한다. 즉 알을 하나씩 따로 분리시켜서 낳아야 한다.

갓 부화한 표시는 알껍질 바로 옆의 꼬투리 껍질 조직이 조금 떠들려서 죽어, 창백하게 희끄무레하며 구불구불한 리본처럼 된 것이다. 이것은 갓 태어난 애벌레의 흔적으로 녀석이 뚫고 들어간

갱도이다. 이 지점에서 찾아보면 길이가 겨우 1mm밖에 안 되며, 까만 투구를 쓴 아주 창백한 애벌레가 껍질을 뚫고 꼬투리의 넓은 집으로 들어간다.

콩에 도달한 애벌레는 가까운 곳에 자리 잡는다. 제 구역인 자기 세계를 탐험하는 애벌레를 돋보기로 조사해 보자. 둥근 콩에 수직 구멍을 뚫고 절반쯤 내려가서, 밖에 남아 있는 뒷몸을 흔들어 충동시킬 때도 있다. 잠시 작업하던 광부가 제집으로 들어가 사라진다.

입구가 작기는 해도 연초록이나 금빛 바탕인 콩에서 갈색을 띠어 쉽게 구별된다. 정해진 장소는 없다. 그래서 콩의 표면 어디에서든 입구를 찾을 수 있다. 다만 끈 모양 배아가 위치한 하반부의 아래쪽은 대체적으로 예외이다.

벌레가 콩을 먹을 때 싹은 건드리지 않으니 아래쪽에서는 싹이 틀 것 같다. 성충이 되어 탈출할 때 씨앗에 커다란 구멍을 뚫어 놓아도 새싹은 여전히 돋아날 수 있겠다. 이 부분은 왜 무사할까? 무슨 이유로 파먹는 콩에서 싹은 그냥 놔둘까?

콩바구미가 이 정원사[7]를 염려하지 않는다는 말은 할 필요도 없다. 콩은 제 것이고 저만의 것이다. 몇 입 덜 먹으면 씨앗이 죽지 않아, 애벌레가 피해를 줄일 생각으로 그런 것은 아니다. 녀석이 안 먹는 동기는 다른 데 있다.

콩 쪽은 한 면끼리 꼭 끼여 맞닿은 점에 유의하자. 그래서 애벌레가 공격 지점을 찾아 두 쪽을 왕래하는 게 쉽지는 않다. 겨우 껍질로 보호된 아래쪽 끝의 혹 같은 종제(種臍)[8]

---

7 파브르는 가끔 자신을 정원사나 농부라고 했다.

8 동물의 배꼽에 해당하며, 앞에서 말했던 배아를 가리킨 용어이다.

안에 무엇이 들어 있는지 모른다는 점에도 유의하자. 어쩌면 종제가 특수 조직으로 구성되어 있어서 꼬마 마음에 안 드는 특별한 즙을 가졌을지도 모른다.

　다음과 같은 비밀들로 완두콩은 콩바구미가 파먹었어도 싹이 틀 만큼 보존되었음은 의심의 여지가 없다. 즉 그런 콩은 침입이 단번에 쉽게 이루어지든, 덜 쉽게 당하든, 반구(半球) 지역이 손상을 입어도 죽지는 않는다. 게다가 물건 전체를 한 마리가 먹기에는 너무 푸짐해서, 먹힌 물질은 소비자가 좋아하는 부분뿐이다. 그런데 그 부분이 씨앗의 핵심은 아니다.

　부피가 너무 작거나 지나치게 큰 씨앗처럼 조건이 다르면 결과도 전혀 달라질 것이다. 작다면 너무 시시하게 대접받은 이빨이 싹마저 갉아먹을 것이고, 크다면 식량이 풍부하니 여러 식솔을 먹일 것이다. 이런 예는 선호하는 채소, 완두콩이 없을 때 이용되는 재배 살갈퀴(Vesce: *Vicia sativa*○)와 굵은 잠두(Fève: *Vicia faba*)가 보여 준다. 껍질까지 다 먹어치워 형편없어진 씨앗은 폐물이 되어, 싹트길 바라는 것은 소용없는 짓이다. 하지만 부피가 큰 콩은 여러 콩바구미가 차지했어도 싹이 틀 적성이 보존된다.

　꼬투리에는 항상 안에 든 콩의 수보다 훨씬 많은 알이 들어 있다는 점, 반면에 완두콩 한 알은 오직 애벌레 한 마리의 독점물인 점이 확인되었는데, 나머지 알은 어떻게 되는지 의심이다. 각 애벌레가 제 식품 창고에 자리 잡고 나면 나머지는 밖에서 죽을까? 먼저 차지한 녀석의 아량 없는 이빨에 물려 쓰러질까? 이것도 저것도 아닌 사실을 이야기해 보자.

　성충이 된 콩바구미가 넓은 구멍을 남기고 나간 완두콩은 이미 말랐다. 이런 콩을 돋보기로 보면 다양한 숫자의 가는 구멍이 점무늬처럼 뚫려 있다. 콩 하나에 5~6개 또는 더 많이 보이기도 하는 반점은 무엇일까? 그런 것을 잘못 판단할 수는 없다. 그 수만큼 어린것이 뚫고 들어간 것이다. 여러 개척자가 콩으로 들어갔는데, 그 팀에서 오직 한 마리만 살아남아 자라고 살쪄 성년에 이른 것이다. 그러면 다른 녀석들은 어찌되었을까? 어디 보자.

산란기인 5월 말부터 6월 말, 퍼렇지만 아직은 연한 완두콩을 검사해 보자. 침범당한 콩의 거의 모두에서 앞의 마른 콩에서 관찰했던 것처럼 많은 점무늬가 보인다. 많은 식솔이 모였었다는 표시가 분명할까? 그렇다. 그 콩의 껍질을 벗기고 떡잎을 떼어 내 보자. 필요하다면 잘게 갈라 보자. 그러면 활처럼 구부리며 움직이는 여러 마리의 어리고 통통한 애벌레가 드러난다. 녀석들은 각자 제 식량 가운데 파인 작고 둥근 집 안에 들어 있다.

공동체가 마치 평화와 안락으로 넘치는 것 같다. 이웃끼리 싸움도, 경쟁의 시기심도 없는 것 같다. 소비가 시작되었으나 아직은 식량이 풍부하다. 식사 중인 벌레는 아직 건드리지 않은 떡잎과자 칸막이로 서로 떨어져 있다. 이렇게 각방에 떨어져 있으니 싸움은 전혀 염려할 필요가 없다. 식구 사이에 부주의든, 의도적이든, 큰턱으로 깨무는 일도 없다. 모든 점령자에게 같은 소유권, 같은 식욕, 같은 힘이 있다. 그러면 공동 개척의 결과는 어떻게 될까?

갈라서 애벌레가 많이 들어 있음을 확인한 콩을 유리관으로 옮겼다. 다른 콩도 매일 쪼개 본다. 이 방법으로 녀석들의 진행을 알았다. 처음에는 특별한 것 없이 좁은 집에 분리된 어린것이 제 둘레를 갉아먹는다. 녀석은 매우 절약하며 조용히 먹는다. 아직 너무 작아서 원자 하나면 배가 부르다. 그러나 한 알의 콩떡이라도 그렇게 많은 식구에게 끝까지 넉넉할 수는 없다. 기근의 위협이 닥쳐와 한 마리만 남고 모두 죽게 된다.

사실상 상황이 곧 달라진다. 녀석들 중 콩알의 중앙에 자리 잡은 한 마리가 먼저 빨리 자란다. 녀석의 몸집이 경쟁자의 먹기를 중단시키고, 더 파 나가지도 못하게 한다. 그때는 모든 경쟁자가 단념하고 움직이지 않는다. 무의식 상태의 생명을 거둬 가는 조용한 죽음을 맞는다. 즉 녹아서 사라지는 것이다. 불쌍하게 희생된 녀석들은 참으로 작지 않더냐! 이제는 완두콩 전체가 오직 살아남은 한 마리의 것이 되었다. 무슨 일이 있었기에 행운아 주변에 있던 식구들이 전멸했을까? 정확한 해답이 없으니 추측 하나를 제안하겠다.

콩의 가운데는 태양 화학이 둘레보다 정성들여 요리하여 어린 것에 적합한 양질의 유아용 파이나 과육이 아닐까? 아마도 거기는 양념이 잘 되어, 더 달고 연한 양식에 자극된 위장이 튼튼해졌을 것이다. 그래서 소화하기 힘든 음식에도 적합해졌을 것이다. 젖먹이는 어른용 죽이나 빵을 먹기 전에 젖을 먹는다. 완두콩의 가운데 부분은 콩바구미의 젖이 아닐까?

콩을 차지한 모든 애벌레가 똑같은 야심과 똑같은 권리로 맛있는 부분을 향해 전진한다. 갈 길은 험난하고, 임시 집 안에 머물기가 반복된다. 녀석들은 쉬면서 보다 양질의 식량을 기다리는 동안 둘레에서 여문 물질을 조금씩 깨물어 먹는다. 먹기 위한 것보다는 오히려 통로를 뚫기 위해서 더 이빨을 놀린다.

굴을 파던 녀석 중 하나가 가던 방향의 혜택을 입어, 중앙 우유

보관소에 도착해서 마침내 거기에 자리 잡았다. 그러면 끝이다. 다수의 다른 녀석은 죽을 수밖에 없다. 자리가 점령되었음을 녀석들은 어떻게 알았을까? 친구가 큰턱으로 제 방의 벽 두드리는 소리를 들었을까? 갉아먹는 소리의 충격이 다른 방까지 전해질까? 그때부터 전진하려는 시도가 중단되는 것으로 보아 틀림없이 그와 비슷한 일이 있는 것 같다. 지각생은 행운의 벼락출세자와 싸움도 하지 않고, 그 녀석을 몰아내려는 시도도 하지 않으며 죽어간다. 나는 이 지각생들의 순박한 단념을 좋아한다.

3 완두콩바구미 – 애벌레

여기에 또 다른 조건인 공간 문제도 있다. 완두콩바구미(*Bruchus piso-rum*)˚는 이 지방의 콩바구미 중 가장 커서, 성년이 되면 씨앗을 파먹는 다른 종에 비해 넓은 주택이 필요하다. 완두콩이 아주 넉넉한 방을 제공하지만 두 마리가 살기에는 부족해서, 서로 거북하며 끝내는 함께 살지 못한다. 결국 침범당한 씨앗에서는 한 마리 외의 모든 경쟁자를 없애야 하는 냉혹한 솎음질의 필요성이 나타난다.

완두콩바구미는 잠두(*Vicia faba*)도 완두(*Pisum*)와 거의 같은 정도로 선호하는데, 넓은 그 덩이는 공동체를 수용한다. 앞에서는 은둔자였으나 여기서는 공동생활을 하는 수도자가 되며, 이웃의 소유지를 침범하지 않아도 5~6개, 혹은 더 많은 자리가 있다.

더욱이 각 애벌레는 손닿는 곳에서 처음에 먹었던 과자와 같은 층을 발견하게 된다. 표면에서 먼 곳의 내용물이 천천히 굳어서 훌륭한 맛이 더 오래 보존되는 층을 발견하게 되는 것이다. 안쪽 층 빵은 부드러운 부분을 의미하며 나머지는 단단한 껍데기가 될 것이다.

알맹이가 시원찮은 완두콩에서는 콩바구미가 한가운데를 차지하는데, 거기는 어렸을 때 도달해야지 그렇지 못하면 죽음으로 끝나게 되어 있었다. 넓고 둥근 잠두콩 빵은 넓게 펼쳐진 떡잎 두 장이 연접되었다. 각 애벌레가 커다란 씨앗을 어느 쪽에서 공격하든, 앞을 곧장 뚫고 들어가면 머지않아 원하는 양식을 만나게 된다.

　　그러면 어떻게 되었을까? 잠두콩 꼬투리에 붙은 알과 그 안의 콩 수를 참작해 보니, 콩 한 알에 식구가 5～6마리라도 넉넉한 자리가 있음을 알 수 있었다. 여기서는 알에서 나오자마자 정원 초과로 굶어 죽는 애벌레가 거의 없다. 이 푸짐한 덩어리에서는 어미의 낭비성에도 불구하고 모두가 제 몫을 얻어 잘 자란다. 풍성한 식량이 모두에게 자리를 잡게 한 것이다.

　　가족을 정착시키는 완두콩바구미가 항상 잠두콩을 택한다면 같은 꼬투리에 알이 넘치도록 낳는 것도 잘 이해가 되겠다. 풍성한 식량을 얻기가 쉬우니 식구가 많은 가족을 부른다. 하지만 완두콩이 나를 혼란시킨다. 어미는 무슨 착각으로 넉넉지 못한 꼬투리에서 새끼들을 굶어 죽게 할까? 왜 단 한 마리

몫인 씨앗 하나에 그토록 많은 알을 보냈을까?

곤충의 일반적 생활의 종합 평가는 이런 식으로 발전하지 않았다. 어떤 선견지명이 난소를 조절해서, 소비 대상의 풍부도에 따라 소비자 수를 균형 잡게 했다. 가족을 위해 식량 통조림을 준비하는 왕소똥구리(*Scarabaeus*), 조롱박벌(*Sphex*), 곤봉송장벌레(*Necrophorus→Nicrophorus*) 등은 자신의 생식력에 엄격한 제한을 받는다. 빵공장의 연한 빵, 사냥감 광주리, 썩는 동물 따위를 얻기가 고생스럽기만 할 뿐 생산성은 별로 없어서 이렇게 제약을 받는 것이다.

이와 반대로 검정파리(Mouche bleue de la viande: *Calliphora vomitoria*)⁕는 배아를 무더기로 쌓아 놓는다. 녀석은 무진장한 시체 자원을 믿어서 숫자는 고려치 않고 구더기를 마구 깔겨 댄다.[1] 식량을 교활하게 약탈해서 얻었으나 수많은 갓난이가 치명적 사고의 위험에 놓이는 수도 있다. 이럴 때 알을 과도하게 낳아 섬멸 가능성에서 균형 잡히게 한 것이다. 가뢰(Meloidae)의 경우도 무척 위험한 상황에서 남의 재물을 도둑질해야 하므로 놀라운 생식력을 가진 것이다.

콩바구미는 고된 노동에 지쳐서 가족에 제한이 필요함도, 기생충 때문에 과도할 만큼 많아야 하는 불행함도 모른다. 제가 원하는 식물을 힘들이지 않고 찾아내, 편안히 햇살을 받으며 거닐기만 해도 새끼에게 넉넉한 재산을 남겨 줄 수 있다. 하지만 어리석은 어미는 새끼의 대다수가 굶어 죽을 만큼 빈약한 유모인 완두콩 꼬투리에다 엄청난 수의 알을 낳는다. 모성 본능의 통상적인 선견지

1 쉬파리과 모두, 기생파리과와 검정파리과 일부는 구더기를 낳는 태생 곤충이다. 한편 이 문장이나 『파브르 곤충기』 제10권을 보면 검정파리는 알을 낳는다고 하였는데, 이 문단에서는 파리의 이름을 잘못 썼거나 두 번째 종류의 파리 이름이 누락된 것이다.

명과는 너무나도 어울리지 않는 이런 우둔함을 이해할 수가 없다.

그래서 콩바구미가 지분을 할당받을 때, 원래의 몫은 완두콩이 아니었을 것이라는 생각이다. 완두보다는 콩알 하나에 6마리나 더 많은 식솔을 수용할 수 있는 잠두콩이었을 것이다. 부피 큰 씨앗이었다면 곤충의 산란과 식량 사이에 언어도단의 불균형은 없었을 것이다.

더욱이 우리가 얻은 여러 채소 중 시대적으로 제일 빠른 것이 잠두이다. 아주 오랜 옛날부터 유별나게 큰 부피와 훌륭한 맛이 확실하게 인간의 주의를 끌었다. 잠두콩은 굶주린 부족에게 다 만들어진, 그리고 가치가 큰 식료품이었다. 그래서 나뭇가지로 엮고 진흙으로 틈을 메운 오막살이 옆의 작은 뜰에서 열심히 그 수를 불린 것이 농사의 시초였다.

둥근 통나무로 구르는 짐수레를 만들어 수염 난 황소(Bœuf)에게 메워서 끌고, 긴 여정을 거쳐서 온 중앙아시아의 이주민은 미개한 이 고장에 먼저 잠두콩, 다음 완두콩을 가져왔다. 마지막에 굶주림을 훌륭히 막아 주는 곡물을 가져왔고, 양 떼(Troupeau)도 데려왔다. 연장 제작에 제일 먼저 쓰인 청동도 알려 주었다. 이렇게 해서 우리 사이에 문명의 발단이 나타났다.

옛날 선각자들이 본의 아니게 콩바구미와 잠두를 함께 가져왔을까? 의심스럽다. 게다가 녀석은 토박이 곤충 같다. 나는 적어도 이곳의 각종 콩과 식물(Légumineuses: Fabaceae)에서, 특히 탐욕스런 인간마저 유혹된 적이 없는 자생 식물에서도 세금을 거두는 완두콩바구미를 보았다. 특히 멋진 총상화서(總狀花序)의 아름답고 긴 꼬투리를 맺는 숲 속의 큰 연리초(Lathyrus latifolius)에 많다. 이 씨앗은 완두콩보다 훨씬 작아도, 껍질까지 먹으면 씨 하나가 애벌레 한 마리 몫으로는 넉넉하다. 역시 이곳 애벌레는 껍질까지 모두 먹는다.

연리초는 씨앗의 수가 무척 많음도 주목거리이다. 꼬투리 하나에 콩이 20개가 넘는 것도 있는데, 완두콩은 생식력이 가장 강할 때도 이렇게 많지는 않다. 그래도 양질의 연리초는 찌꺼기가 별로 남지 않을망정 제 꼬투리에 맡겨진 가족을 대체로 먹여 살린다.

콩바구미는 연리초가 없으면 맛이 비슷한 다른 꼬투리에도 산란하는데, 그 꼬투리가 모든 애벌레를 먹여 살리지 못할망정 통상적으로 낳는 수의 알을 낳는다. 예를 들어 꼬투리가 넉넉지 못한 갈퀴나물(*Vicia peregrina*)과 재배종 갈퀴덩굴(*Vicia sativa* = 살갈퀴) 따위에도 역시 많은 산란을 했다. 이 현상은 처음에 식물이 열매가 많든가, 아니면 씨앗이 굵어서 푸짐한 먹이를 제공했다는 이야기가 된다. 콩바구미가 외국에서 들어온 종이라면 처음에 이용한 잠두콩을, 토박이였다면 큰 연리초를 이용한 것으로 인정해 두자.

아주 오랜 옛적의 어느 날 완두콩이 우리에게 왔다. 역시 유사 이전인데 먼저 온 잠두콩이 뜰에서 먼저 수확되어 인간은 많은 혜

갈퀴나물 평창, 5. IX. 03

갈퀴덩굴 시흥, 25. V. 00

택을 받았다. 그러나 오늘날은 맛이 더 좋은 완두콩 덕분에 버려졌다. 콩바구미도 같은 생각이라 세월이 흐름에 따라 점점 더 많이 재배하게 된 완두콩을 전반적인 야영지로 정했다. 물론 채소잠두콩(Gourgane = fève des marais: *Vicia faba*)과 연리초를 완전히 잊은 것은 아니다. 오늘날 우리는 두 몫을 만들어야 한다. 그래서 콩바구미가 먼저 제 형편대로 정하고, 나머지가 우리에게 남는다.

다른 각도에서 보면, 우리가 생산물을 늘리고 질을 향상시키자 번영하던 곤충이 쇠퇴했다. 우리든 콩바구미든 식량의 진보가 언제나 완전한 것은 아니다. 절제하면 종족이 더 잘 발육한다. 알이 굵은 채소잠두나 연리초에서는 모두에게 자리가 있었기에, 콩바구미는 유아 사망률이 낮은 집단을 형성했었으나 맛있는 제당 공장인 완두콩에서는 초청된 애벌레의 대부분이 굶어 죽는다. 배급 물자는 충분치 않은데 지망자는 많아서 그렇다.

계속 이 문제에 머물 게 아니라 형제가 죽어 주어서 완두콩의 유일한 소유주가 된 어린 애벌레에 대해 알아보자. 녀석은 단지 운이 좋았던 것뿐, 저들의 죽음과 관계되지는 않았다. 녀석의 유일한 임무는 풍성한 은신처인 씨앗의 가운데서 먹는 것이다. 제 둘레를 갉아서 집을 늘리지만, 언제나 자신의 뚱뚱한 배로 꽉 채워진다. 그래도 잘 생긴 모습에 포동포동하고 건강으로 빛난다. 내가 괴롭히면 집 안에서 꿈적인다. 몸을 돌리거나 머리를 가볍게 흔들기도 한다. 이것이 귀찮게 군 것을 불평하는 행동의 전부였다. 그냥 조용히 놔두자.

은둔자 애벌레는 아주 빨리 자라서 삼복더위가 오면 벌써 해방 준비에 몰두한다. 성충은 완전히 굳은 완두콩을 뚫어 출구를 만들

연장이 없다. 하지만 미래의 무능함을 아는 애벌레가 더 완전한 기술로 거기에 대비한다. 튼튼한 큰턱으로 완전히 둥글며 매끈한 출구를 뚫는 것이다. 우리가 상아를 가공할 때 쓰는 훌륭한 끌도 이보다 매끄럽게 뚫지는 못할 것이다.

탈출용 하늘창을 마련했다고 해서 모든 게 끝난 것은 아니다. 번데기에게 필요한 안전 문제도 그 못지않게 중요하다. 뻥 뚫린 하늘창으로 침입자가 들어와 무방비 상태의 번데기에게 손상을 입힐 수도 있다. 그래서 구멍이 닫혔어야 하는데 어떻게 해야 할까? 기교는 이렇다.

해방용 통로를 파는 애벌레는 녹말이 포함된 물질을 부스러기 하나 남기지 않고 갉는다. 하지만 씨앗 껍질에 도달하면 갑자기 멈춘다. 반투명한 껍질은 탈바꿈할 내실의 보호용 차폐물이 되며, 음흉한 외부 침입자로부터 방을 보호하는 뚜껑이 된다.

뚜껑은 성충이 이사 갈 때 만날 유일한 걸림돌이 되므로, 애벌레가 장애물을 쉽게 무너뜨리는 것에 유념했다. 그래서 뚜껑 둘레의 안쪽을 빙 돌아가며 저항력이 약하게 가는 홈을 새겨 놓았다. 성충이 이마로 조금 받고, 어깨로 밀면 둥근 창이 들려서 상자 뚜껑처럼 떨어질 것이다. 이런 출구가 반투명한 콩 껍질을 통해서 둥글고 넓은 무늬처럼 보인다. 하지만 집 안이 어두워서 안쪽은 흐리다. 그래서 안에서 일어나는 일은 보이지 않는다.

하늘창은 침입자에 대한 방호벽이었다가 안에 갇힌 녀석이 적당한 때에 어깨로 밀어서 떠들 뚜껑으로서 훌륭한 발명품이다. 이 발명을 콩바구미의 명예로 돌려야 할까? 영리한 곤충이 스스로 구상해 내, 계획을 세우고 자신의 견적에 따라 만들었을까? 콩바구미의 뇌가 그렇게 했다면 대단히 훌륭한 일이다. 결론을 내리기 전에 경험에게 발언권을 주어 보자.

벌레가 들어 있는 완두콩의 껍질을 벗긴 다음 빠른 건조를 방지하려고 유리관에 넣었다. 말짱한 콩 속에서 잘 자란 애벌레는 적당한 시기가 되자 해방 준비를 한다.

만일 광부가 자신의 착상에 인도되어 일했다면, 그리고 천장이 아주 얇음을 알고 있어서 굴 늘리기를 중단했다면, 그렇게 껍질이 벗겨진 상황이 어떻게 진행될까? 필요한 수준의 표면에 가까이 왔음을 느낀 애벌레는 파기를 중단할 것이다. 그래서 껍질이 벗겨진 콩에서도 마지막 층은 건드리지 않을 것이다. 그래야만 반드시 필요한 방호벽을 얻을 수 있다.

하지만 그런 중단은 없이 구멍이 완전히 뚫렸다. 입구가 껍질로 보호되었을 때처럼 넓고 정성스럽게 손질되어 밖으로 뻥 뚫렸다. 늘 하던 일이 안전 문제 때문에 바뀌지는 않았으니, 애벌레가 출입이 자유로운 집에 외적이 들어오는 문제는 상관하지 않았다는 이야기이다.

껍질이 덮인 완두콩에서 끝까지 뚫기를 중단했을 때도 이런 생각을 하지는 않았다. 녀석의 갑작스런 중단은 껍질에 녹말이 없어서, 제 입맛에 안 맞아 중단한 것뿐이다. 우리도 퓌레[2] 요리에서 맛이 없고 성가실 뿐 가치가 없는 껍질은 걷어 낸다. 콩바구미 애벌레도 우리 같아서, 양피지처럼 질긴 씨앗 껍질을 싫어했을 것이다. 그래서 기분 나쁜 음식을 만나자 멈췄는데, 이 혐오 덕분에 약간 놀라워 보이는 일이 일어난 것이다. 곤충은 추리하지 못하고 더 높은 논리에 피동적

2 삶은 채소를 짓이겨서 거른 걸쭉한 음식

으로 복종할 뿐이다. 결정체가 될 물질의 수많은 원소를 모으고, 세련되게 배치하는 기술처럼 무의식적으로 복종한 것이다.

8월 중, 혹은 좀더 이르거나 늦게, 콩에 어두운 동그라미가 나타난다. 거의 예외 없이 씨 하나에 동그라미 하나가 있다. 출구인 하늘창이며 다수가 9월에 열린다. 천공기(穿孔機)로 뚫린 것처럼 원반 모양인 뚜껑은 아주 깨끗하게 탈락되어 땅으로 떨어진다. 집 입구가 휑하니 열려 새 옷으로 갈아입은 최종 모습의 콩바구미가 밖으로 나온다.

더없이 기분 좋은 계절에 소나기로 잠이 깬 꽃들이 풍성하다. 완두콩에서 이사 온 몇몇 콩바구미가 가을의 환희 속에서 꽃을 찾아간다. 그리고 추위가 닥치면 어느 은신처를 찾아가 겨울잠을 잔다. 태어난 씨앗에서 그렇게 급히 떠나지 않은 나머지는 밀어내길 삼갔던 뚜껑 뒤에서 꼼짝 않고 온 겨울을 보낸다. 대문이 경첩에 놀아나지 않다가 다시 더위가 찾아오면 그때서야 저항력이 약한 홈을 따라 열린다. 이때는 지각생도 이사해서 일찍 나간 녀석과 합류한다. 완두꽃이 필 때는 모두가 일할 준비가 되어 있다.

곤충 세계는 무진장 다양하게 나타나는 본능을 관찰자가 사방에서 조금씩 살필 수 있어서 대단히 매력적이다. 생명 현상이 어디서도 그보다 기묘하게 정돈되어 나타나지 않는다. 관찰자에게는 이렇게 이해된 곤충학을 모든 사람이 음미하지 않음을 나도 안다. 그들은 하찮게 곤충의 행동에 골몰하는 자를 바보로 평가한다. 무섭게 타산적인 사람에게는 즉석에서 이득이 없는 관찰 개요보다는 콩바구미가 건드리지 않은 완두콩 1/4 파운드가 더 중요하다.

믿음이 부족한 인간아, 누가 그대에게 오늘 무익한 것은 내일도 무익하다고 말하던가? 곤충 습성에서 지식을 얻으면 우리 재산을 더 잘 보호할 수 있으니, 이해관계를 초월한 사고를 업신여기지 말라. 곧 후회할 것이다. 적용이 당장 가능한 것이든 아닌 것이든, 인류는 생각을 쌓아 올려서 옛날보다 지금이 더 나아졌다. 앞으로 도 계속해서 현재보다 미래가 더 나을 것이다. 콩바구미는 완두콩 과 잠두콩을 우리와 경쟁하며 먹고 살지만, 우리는 진보가 이겨지며 발효하는 강력한 반죽의 지식으로도 산다. 생각은 분명히 잠두 콩만큼 가치가 있다.

생각은 무엇보다도 이렇게 말한다.

곡물 상인은 콩바구미와의 전쟁에 많은 노력을 들일 필요가 없다. 완두 콩이 상점에 도착했을 때는 이미 돌이킬 수 없는 불행이 저질러졌다. 하지 만 그런 불행이 전염되지는 않는다. 말짱한 콩이 침해당한 콩과 아무리 오 랫동안 섞여 있어도 전혀 무서워할 필요가 없다. 침입한 완두콩에서 해방 될 때가 된 콩바구미는 도망칠 수 있으면 창고에서 날아갔을 것이고, 그렇 지 못하면 죽었을 것이다. 건강한 상태의 콩에는 어떤 수단으로도 침입하 지 못해서 그렇다. 말려서 저장한 완두콩에는 산란하는 일이 결코 없으며, 따라서 번식도 결코 없다. 성충이 먹어서 손해를 보는 일도 결코 없다.

콩바구미는 창고에 우두커니 앉아 있는 손님이 아니다. 녀석에 게는 대기와 태양, 그리고 들판의 자유가 필요하다. 무척 절제된 콩바구미라도 단단한 콩은 완전히 무시한다. 가는 부리가 꽃에서 빨아들인 달콤한 것 몇 모금이면 충분하다. 꼬투리 속에 들어 있는 애벌레는 한창 자라는 파란 콩의 부드러운 빵과자를 요구한다. 곡물 창고에는 이미 들어온 약탈자 이상은 없다. 즉 곡물 창고에서의 번식은 없는 것이다.

불행의 근원은 밭에 있다. 우리가 콩바구미와의 전쟁에서 완전히 무장해제시키려면 언제나 거기, 특히 밭에서 녀석의 못된 짓을 감시해야 한다. 하지만 몸집이 작고 교활한 꾀로 박멸할 수 없는 많은 수의 꼬맹이가 인간의 분노를 비웃는다. 채소 경작자는 욕설을 무더기로 퍼붓지만, 녀석은 흥분하지도 않고 계속 태연히 십일조를 거둬들이는 게 직업이다. 다행히 우리보다 끈질기고 통찰력도 더한 조수가 우리를 돕는다.

성충 콩바구미가 이사하기 시작한 8월 첫 주, 우리네 완두콩 보호자인 좀벌(Chalcidien)을 만난다. 이 조수들이 사육용 표본병의 바구미 집에서 무더기로 나오는 게 보인다. 암컷은 머리와 가슴이 갈색, 배는 검은색이며 긴 산란관이 달려 있다. 좀 작은 수컷의 복장은 검다. 암수 모두가 다리는 불그레하고, 더듬이는 실처럼 가늘다.

좀벌은 콩바구미 애벌레가 콩에서 해방되려고 준비한 껍질의 하늘창을 뚫고 안에 든 녀석을 전멸시킨다. 결국 먹힐 녀석이 먹을 녀석의 통로를 마련해 준 셈이다. 이런 세부 사항에서 나머지도 짐작할 수 있다.

탈바꿈의 예비 행위가 끝나고 콩 표면의 얇은 뚜껑인 출구를 뚫을 때, 꼬마벌이 부지런히 찾아와 아직 꼬투리 속에 있는 완두콩을 조사한다. 더듬이로 들어보고 꼬투리 속에 숨어 있는 약한 지점, 즉 얇은 껍질의 하늘창을 발견한다. 그러면 탐사기를 들어 올려 얇은 뚜껑에 박고는 구멍을 낸다. 아직 애벌레나 번데기 상태의 콩바구미가 비록 씨앗의 한가운데 깊숙이 틀어박혔어도 긴 탐사기가 녀석에게 도달한다. 어린 콩바구미는 연한 살에 알 하나를 받는다. 이때는 애벌레든 번데기든 졸고 있어서 방어하지 못하고 끝장난다. 포동포동하게 살쪘던 벌레는 바싹 말라서 껍질만 남게 된다.

열렬히 전멸시키는 곤충을 마음대로 불어 나도록 도울 수가 없으니 얼마나 애석한 일이더냐! 하느님 맙소사! 우리 밭의 조수가 우리를 옥죄며 실망시키는 악순환이로다. 우리가 완두콩을 탐사하는 좀벌을 많이 조수로 두고 싶다면 먼저 많은 콩바구미가 있어야 한다.[3]

3 이런 순환 문제가 제2권 이후 벌써 네 번째로 취급되었다. 파브르는 매번 악순환일 수밖에 없다고 결론지었으나, 이는 그 시대의 지식의 한계성 때문이다. 지금은 반드시 절망적인 순환에만 얽매이지는 않는다. 여러 익충에 대한 인공 먹이를 개발하여 자연먹이가 없이도 길러 낼 수 있다. 가령 뽕나무 잎이 없어도 실험실에서 제조한 묵이나 설탕 덩이 모습의 먹이로 누에를 기를 수 있다. 해충의 천적 역시 인공먹이로 길러 내고 있다.

4 강낭콩바구미

지상에 하느님의 채소가 있다면 그것은 분명히 강낭콩(Haricot: *Phaseolus vulgaris*)이다. 강낭콩은 모든 장점을 다 지녔다. 즉 이빨에 닿는 반죽의 유연성, 기쁨을 주는 맛, 풍족함, 싼값에 높은 영양가, 불쾌하게 피를 흘리지 않고도 푸줏간 도마에서 소름끼치게 썰리는 것과 맞먹는 식물성 고기인 셈인 장점을 모두 다 지녔다. 이런 강낭콩을 프로방스 방언은 활력을 준다는 의미로 궁풀로 구(*Gounflo-gus*)라고 한다.

값싸서 거지를 위로해 주는 신성한 강낭콩, 그래 너는 착하고 재주가 있어도 생활의 미련한 제비뽑기에서 당첨 번호를 뽑지 못한 노동자의 배를 불려 준다. 착하고 어진 강낭콩아, 너는 나의 젊은 시절에도 기름 세 방울과 약간의 식초만 있으면 맛있는 요리가 되어 주었다. 인생 말년에 이른 지금도 내 초라한 밥상에서 환영을 받는다. 끝까지 친하게 지내자.

오늘의 내 의도는 네 공로를 찬양하려는 게 아니라 이상한 질문 하나를 하려는 것이다. 너는 원산지가 어디냐? 잠두(*Vicia*), 완두

(*Pisum*)와 함께 중앙아시아에서 왔느냐? 최초로 농사를 개척한 사람의 텃밭에서 가져온 여러 씨앗 중 하나였느냐? 고대에도 알려졌느냐?

여기서 공정하고 사정을 잘 알아서 증인이 된 곤충의 답변은 이렇다.

아니오, 옛날에는 이 고장에 강낭콩이 알려지지 않았습니다. 이 귀중한 채소는 잠두콩과 같은 길을 거쳐서 여기로 온 게 아닙니다. 이 꼬투리는 뒤늦게 구대륙으로 들어온 외국산입니다.

곤충의 답변은 아주 그럴듯한 이유가 뒷받침해 주니 진지하게 조사해 볼 만하다. 사실은 이렇다. 아주 오래전부터 농사일에 주의를 기울여 온 나는 강낭콩이 곤충 족속의 약탈자, 특히 꼬투리 속의 씨앗에 유인되는 약탈자인 콩바구미에게 공격받은 것을 결코 본 일이 없다.

수확에 문제가 생기면 무척 경계하는 이웃의 농부들에게 약탈에 관해 물어보았다. 그들 재물에 손을 대는 몹쓸 짓을 했다가는 즉시 발각된다. 게다가 여기에는 냄비에 들어갈 강낭콩을 한 알씩 접시에 까놓으면서, 악당을 틀림없이 찾아낼 꼼꼼한 주부의 손가락까지 있다.

자, 그런데 내 질문에 모두가 한결같이 미소로 답변한다. 내 곤충 지식이 별로 미덥지 않다는 뜻의 웃음 속 답변은 이렇다.

선생님, 강낭콩에는 벌레가 절대로 없다는 걸 아세요. 축복받은 그 씨

앗은 바구미가 건드리지 않습니다. 완두콩, 잠두콩, 렌즈콩(Lentille: *Lens esculenta*), 재배 연리초(Gesse: *Lathyrus latifolius*), 이집트콩(Pois chiche: *Cicer arietinum*)에는 벌레가 있어도 궁풀로 구에는 절대로 없습니다. 만일 꾸르꾸순(Courcoussoun, 바구미의 프로방스 방언)이 강낭콩과 싸우러 온다면 불쌍한 우리는 어떻게 되겠습니까?

 콩바구미는 실제로 강낭콩을 무시한다. 다른 꼬투리는 그렇게도 심하게 약탈하는 점을 생각하면 그런 무시가 더욱 이상하다. 모든 콩, 심지어는 아주 빈약한 렌즈콩까지도 열심히 약탈하는데, 부피와 맛이 충분히 유혹감인 강낭콩은 무사하니 정말로 이해할 수 없다. 훌륭한 것에서 시시한 것으로, 시시한 것에서 훌륭한 것으로 서슴없이 옮겨 다니는 콩바구미가 어째서 맛있는 씨앗을 무시할까? 녀석은 연리초를 버리고 완두콩을, 완두콩 대신 잠두콩을 찾아가 변변찮은 알맹이도 푸짐한 케이크처럼 만족해한다. 그런데 강낭콩의 유혹에는 이끌리지 않는다. 왜 그럴까?
 분명히, 강낭콩 꼬투리는 콩바구미에게 알려지지 않아서 그럴 것이다. 다른 콩은 토박이든, 동양에서 온 뒤 순화되었든, 수세기 전부터 녀석에게 익숙하다. 그것들의 훌륭함을 매년 경험했기에, 과거의 교훈을 믿고 미래를 배려하여 전통적인 관습으로 정착시켰다. 하지만 강낭콩은 새로 출현한 것이라 여태까지 그 유용성을 알지 못하는, 아직은 수상한 물건이다.

곤충이 분명하게 단언한다. 이 나라에서 강낭콩이 알려진 것은 얼마 안 된다. 이 콩은 매우 멀리서 왔다. 분명히 신대륙에서 왔을 것이다. 먹을 수 있는 것은 무엇이든 그것을 이용할 담당자를 불러들이는 법이다. 만일 강낭콩의 원산지가 구대륙이었다면 완두콩, 렌즈콩, 그리고 다른 콩들처럼 소비자를 끌어들였을 것이다. 핀 머리보다 별로 크지 못한 여러 꼬투리 속 씨앗은 아무리 작아도 곧잘 그 나름의 난쟁이 바구미를 기른다. 그렇게 작아도 바구미가 끈질기게 파먹으며 주거로 이용하는데, 살지고 맛 좋은 강낭콩을 왜 안 건드렸겠더냐!

이런 이상한 면역 문제에는 다음과 같은 설명밖에 할 수가 없다. 강낭콩도 옥수수(Maïs: *Zea mays*)와 감자(Pomme de terre: *Solanum tuberosum*)처럼 신대륙의 선물인데, 본고장에서의 상시 약탈 곤충을 데려오지 않았다. 여기서는 어떤 곡물 해충을 만나도 이 해충이 강낭콩을 알지 못하니 무관심할 수밖에 없다. 옥수수와 감자도 아메리카 대륙의 소비자가 뜻하지 않게 우연히 수입되어 오지 않는 한 역시 무사할 것이다.

곤충의 말은 옛날 고전작가의 부정적 증언으로도 확인된다. 베르길리우스(Vergilius)의 『제2목가』에서 테스틸리스(Thestylis)[1]가 추수하는 농부의 식사를 준비하는데,

---

1 요리하는 여자

테스틸리스는 이른 더위에 지친 추수꾼에게 마늘과 백리향[2]을 다져 넣은 렌즈콩을 대접한다.

이 비빔밥은 프로방스 사람의 목구멍이 좋아하는 아이올리(aï-oli)[3]와 맞먹는다. 시(詩)에서는 그것이 아주 잘 어울렸지만 영양가는 별로 없다. 여기서는 주 요리로 잘게 다진 양파로 양념한 붉은 강낭콩을 원한다. 잘됐군, 이것은 촌티가 나면서도 마늘 못지않게 배를 채워 준다. 들에서 매미의 노래를 들으며 배불리 먹은 추수꾼은 곡식단 그늘에서 잠깐 낮잠을 즐기며 조용히 소화시킨다. 옛날 자매와 별로 다르지 않은 현대의 테스틸리스도 식욕을 돋우는 경제적 자원인 강낭콩을 잊지 않도록 조심했을 것이다. 시인의 테스틸리스가 강낭콩을 생각하지 못한 것은 그것을 알지 못해서였다.

그 작가가 이번에는 옥타비아(Octave) 병사에게 재산을 잃고 쫓겨나서, 염소(Chèvre: *Capra aegagrus hircus*) 떼를 앞세우고 다리를 끌며 가는 친구 멜리브(Mélibée, 양치기)에게 하룻밤 쉴 곳을 제공하는 티티르(Tityre)[4]를 보여 준다. 티티르가 말했다. "우리는 밤, 치즈, 그리고 과일을 먹겠네." 멜리브가 이 말에 귀가 솔깃했는지는 표현하지 않아서 아쉽다. 이렇게 검소한 식사는 옛날 양치기에게 강낭콩이 없었다는 것을 더욱 분명하게 알려 준다.

오비디우스(Ovidius)[5]는 필레몬과 바우키

2 Allia Serpyllum= *Allium sativum*과 *Thymus serpyllum*
3 다진 마늘과 올리브유, 레몬 따위로 만든 프랑스 남부 지방의 마요네즈
4 멜리브와 대화하는 헬렌의 아버지. 『파브르 곤충기』 제2권 63쪽 참조
5 Publius Ovidius Naso. 기원전 43~기원후 17년경 로마 시인. 『파브르 곤충기』 제7권 298쪽 참조

스(Philémon et Baucis)[6]가 자기네 오막살이로 찾아온 손님, 즉 알지 못하는 신들에게 접대한 이야기를 감미롭게 한다. 노부부는 깨진 오지그릇으로 괴어 균형 잡은 세 다리 식탁에 양배추와 썩은 냄새가 나는 돼지비계로 끓인 국, 한동안 뜨거운 재 속에서 굴린 달걀, 소금물에 절인 산수유(Cornouiller: Cornus) 열매, 꿀, 과일 등을 차려 놓는다. 시골의 이 호화판 요리에 하나가, 그들이 결코 잊지 않았을 주요 요리 하나가 빠졌다. 비계를 넣은 수프 다음에는 반드시 강낭콩 한 접시가 나왔어야 하는데, 그렇게도 자세한 오비디우스가 왜 식단에 꼭 어울리는 채소를 말하지 않았을까? 답변은 같다. 강낭콩을 알지 못했을 것이다.

책에서 고대 농부의 식단에 대해 조금 알게 된 지식을 몽땅 동원해 봐도 강낭콩에 대한 기억은 전혀 없다. 포도 경작자와 추수한 농부의 냄비에 층층이부채꽃(Lupin: Lupinus), 잠두콩, 완두콩, 렌즈콩 이야기는 있어도 제일 훌륭한 강낭콩 이야기는 한 번도 나오지 않는다.

강낭콩은 다른 면에서도 인기가 있다. 속된 사람이 좋아하는 야한 농담에도 적합한 콩이었다.

그것은 기쁘게 한다. 다른 사람의 말처럼 식사 때 기쁘게 한다. 다음은 너에게 가거라.

특히 그런 농담이 파렴치의 천재 아리스토파네스(Aristophane)[7]나 플라우투스(Plaute)[8] 식으로 표현될 때는 더욱 그렇다.[9] 잠두

6 신화에 나오는 착한 노부부. 『파브르 곤충기』 제5권 206쪽 참조

7 Aristophanes. 기원전 456~기원전 386년경 아테네 시인, 희극작가

8 Titus Maccius Plautus. 기원전 254~기원전 184년경. 로마 희극작가

9 농담의 내용을 잘 모르겠다.

콩 소리의 암시만 있었어도 단순한 무대에서 얼마나 효과가 있었 겠으며, 아테네의 뱃사공과 로마의 짐꾼 사이에서 얼마나 깔깔대 는 웃음이 터져 나왔겠더냐! 미친 것처럼 명랑한 그들이 우리보다 조심성 적은 말투를 쓰면서 웃을 때 희극의 두 대가는 강낭콩의 효력에 대해 얼마나 썼을까? 전혀 안 썼다. 우레와 같은 소리를 내 는 이 채소에 대해서는 완전히 침묵했다.

아리코(Haricot = 강낭콩)란 단어 자체가 프랑스 말과는 유사성이 없는 이상한 단어라 생각을 좀 끄집어내게 한다. 우리 음의 배합 에는 생소한 표현인 카우추(Caoutchouc = 고무)나 코코아(Cacao = 카 카오)처럼 카리브 지방의 어떤 특수 용어를 머리에 떠올리게 한다. 이런 표현이 실제로 아메리카 인디언에게서 왔을까? 그 채소가 원 산지에서는 강낭콩을 가리키며, 그 이름이 얼마간 보존된 상태로 우리가 물려받았을까? 그럴지도 모른다. 하지만 그런 것을 어떻게 알아낼까? 강낭콩, 엄청난 강낭콩아, 너는 언어학의 이상한 문제 를 제기하는구나.

프랑스 사람은 강낭콩을 파세올(faséole) 또는 플라졸레(flageolet) 라고 한다. 프로방스에서는 페우(faioù)나 파비우(favioù), 카탈루 냐(Catalan)에서는 파욜(fayol), 스페인에서는 파세올로(faseolo), 포 르투갈에서는 페야우(feyâo), 이탈리아에서는 파주올로(fagiuolo)라 고 부른다. 여기서 나는 사정이 어떻게 된 것인지를 알 것 같다. 라틴 어족의 말에서 피할 수 없는 어미(語尾)의 변질이 있었지만 파세올루스(faseolus)라는 옛날 이름은 보존된 것이다.

그런데 내 용어 사전을 찾아보면 파셀루스(faselus), 파세올루스 (faseolus, phaseolus)는 강낭콩이라고 되어 있다. 유식한 용어 사전아, 감히 네게 말하는데 너는 잘못 번역했다. 파셀루스나 파세올루스는 강낭콩일 수가 없다.[10] 여기 반항할 수 없는 증거가 있다. 베르길리우스는 그의 농경시(農耕詩)※에서 파세올루스 씨앗은 어느 계절에 뿌리는 것이 좋은지를 알려 준다. 그는 이렇게 말했다.

> 그대가 잠두콩이나 값싼(vilemque) 파세올루스를 심으려면……
>
> 목동좌(牧童座)가 끝날 때쯤 시작해서,
>
> 서리가 오는 시기 중간까지 계속하게나.

농사일에 대해 기막히게 잘 알고 있는 이 시인의 교훈보다 더 분명한 것은 없다. 목동좌 별자리가 서쪽으로 사라질 때인 10월 말경에 시작해서 겨울 중간까지 계속하라는 것이다.

이런 조건이라면 강낭콩은 문제의 밖에 있다. 강낭콩은 추위를 많이 타서 서리가 조금만 내려도 못 견디는 식물이다. 이탈리아의 남부 기후라도 겨울에는 치명적일 것이다. 태어난 고장이란 이유로 추위에 잘 견디는 완두콩, 잠두콩, 연리초, 그 밖의 콩들은 반대로 씨가 가을에 뿌려져도 겁내지 않는다. 날씨가 조금 따듯하면 겨울에도 계속 순조롭게 유지된다.

그러면 라틴 어족의 말에서 강낭콩이란 이름을 넘겨준 수수께끼의 야채, 즉 베르길리우스 농경시의 파세올루스는 무엇을 가리켰을까? 시인이 거기에 붙인 경멸스런 형용사(vilemque→ vilis)를 고려해서 나는 그것을 프로방스의 농부가 쟈잇소(jaïsso)라고 부르며 별로 인정해 주지 않는 거친 네모꼴의 재배 연리초인 것으로

10 하지만 강낭콩의 속명은 *Phaseolus*이다.
※ 『Géorgiques』 제1권 227쪽부터 나오는 내용

보고 싶다.

　나는 순전히 곤충의 증언으로 아리코(강낭콩) 문제를 거의 이 정도까지 밝혔는데, 마침 예기치 않은 자료가 수수께끼를 푸는 결정적인 열쇠를 주었다. 이번에도 아주 유명한 시인, 조세 마리아 드 에레디아(José-Maria de Heredia)[11]가 이 박물학자를 도와준 것이다. 친구 중 한 사람인 마을의 교사가 팸플릿* 하나를 내게 주었는데, 그 자신은 얼마나 큰 봉사를 했는지 꿈에도 생각지 못한다. 팸플릿에서 나는 대가와 그의 작품 중 어느 것을 더 좋아하느냐고 묻는 여기자 사이의 다음과 같은 대화를 읽었다.

　시인이 말했다.

　"어떻게 대답하란 말입니까? 도무지 어찌해야 할지 모르겠군요.……내가 더 좋다고 생각하는 소네트(sonnet, 4행시)가 어느 것인지 모르겠습니다. 나는 그것 모두를 무척 힘들어서 썼습니다.…… 그러면 부인은 어떤 걸 더 좋아하십니까?"

　"선생님, 하나하나가 완전히 아름다운 보석인데 어떻게 고를 수 있겠어요? 선생님은 감탄하는 제 눈앞에서 진주, 에메랄드, 루비를 반짝이게 만드셨는데, 제가 어떻게 진주보다 에메랄드가 더 좋다고 판단할 수 있겠습니까? 목걸이 전체가 저를 감탄시킵니다."

　"아, 그렇군요! 나의 모든 소네트보다 더 사랑스럽게 생각하는 것, 즉 내 영광을 위해서 시보다 훨씬 큰일을 한 것 한 가지가 있습니다."

　나는 눈을 동그랗게 뜨고 물었다.

　"그게 무엇인데요?"

---

11 1842~1905년. 쿠바 시인. 프랑스 4행시의 거장
✻ 「정치와 문학의 성탄 연보: 제 아버지에게 심판받는 아이들」, 1901년

선생님은 장난기 섞인 눈으로 나를 바라보더니, 젊은 그 얼굴을 빛나게 하는 아름다운 정열을 눈에 띠고 자랑스럽게 외쳤다.

"아리코(강낭콩)라는 단어의 어원을 찾아냈답니다!"

나는 너무 놀라서 웃음조차 잃어버렸다.

"내가 말하는 건 매우 진지한 겁니다."

"선생님, 저는 매우 박식하시다는 선생님의 평판을 잘 알고 있었습니다만, 그것과 선생님이 아리코라는 단어의 어원을 찾아내서 자랑스러워하실 거라는 상상과는, 아! 정말, 정말로, 그런 것은 기대 밖이었어요! 어떻게 그런 발견을 하셨는지 말씀해 주시겠습니까?"

"기꺼이 해드리지요. 이랬습니다. 16세기 에르난데스(Hernandez)[12]의 훌륭한 박물학 서적 『신대륙 식물지(De Historia plantarum novi orbis)』를 연구하다가 강낭콩에 관한 자료를 발견했습니다. 프랑스에서는 17세기까지 Haricot(아리코)란 단어가 알려지지 않았습니다. 패브(fèves)나 파세올(phaséols)이라고 했지요. 멕시코 말로는 아야코트(ayacot)라고 했고요. 멕시코에서는 정복되기 전에 강낭콩을 서른 가지나 재배했답니다. 오늘날까지도 아야코트라고 부르는데, 특히 검정이나 보랏빛 반점이 있는 붉은 강낭콩을 그렇게 부릅니다. 어느 날 나는 파리(Paris)의 가스통(Gaston) 씨 댁에서 유명한 학자 한 분을 만났어요. 그는 내 이름을 듣고 달려와서 내가 아리코라는 단어의 어원을 찾아낸 사람이냐고 묻더군요. 그 사람은 내가 발행한 시집 『전리품(Trophées)』은 모르고 있었어요.……"

아아! 채소 하나를 보호해 준 주옥 같은 소네트의 훌륭한 재담! 나 역시 아야코트로 기분이 무척 좋아졌다. 아리코라는 이상한

12 Francisco Hernández de Toledo. 1514~1587년. 스페인 박물학자, 물리학자

단어가 아메리카 인디언의 표현이겠지라고 추측했던 것이 옳지 않았더냐! 귀중한 씨앗이 신대륙에서 왔다고 제 나름대로 단언했던 곤충은 또 얼마나 진실을 말해 주었더냐! 최초의 제 이름을 거의 그대로 간직한 몬테수마(Montezuma)[13]의 강낭콩, 즉 아스텍의 아야코트가 멕시코에서 우리네 채소밭으로 건너온 것이다.

하지만 강낭콩이 벌레를 동반해 오지는 않았다. 원산지에는 이렇게 푸짐한 꼬투리에서 십일조를 거둬 가는 콩바구미가 분명히 있을 것이다. 마치 당당한 권리라도 가진 듯이 꼬투리를 소비하는 녀석들 말이다. 여기서 씨앗을 갉아먹는 토박이 곤충은 외국에서 온 꼬투리를 무시했다. 외국산 씨앗과 친해지고 그 공적을 평가할 시간이 아직 없었기 때문에 새것이라 수상한 아야코트 건드리기를 조심했다. 그래서 멕시코 강낭콩은 아직까지 무사했으며, 모두가 콩바구미에게 열심히 약탈당하는 이곳 꼬투리와는 이상한 부조화를 이루었던 것이다.

이런 상태가 오래가지는 못한다. 강낭콩을 좋아하는 녀석이 우리 밭에는 없어도 신대륙에는 있다. 언젠가는 통상 무역이 벌레가 든 콩 부대를 들여올 것이다. 그래서는 안 되겠으나 피할 수는 없는 일이다.

침입이 없지는 않았다. 내가 참고한 자료를 보면 아주 최근의 일인 것 같다. 3~4년 전에 부슈뒤론(Bouches-du-Rhône) 현[14]의 마이안느(Maillanne) 주변에서 내가 찾았어도 얻지 못했던 것을 받았다. 주부와 농부에게 물어보았으나 내 질문을 아주 이상하게 생각했던 녀석이다. 강낭콩을 약탈하는 곤충은 아무도 보지 못했고,

_____

13 1466~1520년. 아스텍 종족의 황제
14 아비뇽 남부의 넓은 현

그런 말을 들어보지도 못했다고 했었다. 그런데 내 이야기를 들은 친구들이 거기서 이 박물학자의 호기심을 만족시키고도 남을 만한 것을 보내왔다. 지나치게 침범당해서 구멍이 뻥뻥 뚫려 일종의 해면처럼 변한 강낭콩 한 말(boisseau, 약 13*l*)이 왔다. 그 속에는 아주 작아서 렌즈콩의 콩바구미를 연상시키는 콩바구미가 무수히 우글거리고 있었다.

그런 강낭콩을 본 사람들이 마이안느에서 입은 피해를 말해 주었다. 지긋지긋한 벌레가 수확물의 대부분을 망쳤다는 것이다. 아직 전례가 없었던 진짜 재앙이 강낭콩을 덮쳐 주부들의 냄비를 겨우 채울 만큼만 남긴 정도라고 했다. 못된 그 녀석의 습성과 침투 방식은 모른다며, 나더러 실험해서 알아봐 달라는 것이었다.

빨리 실험해 보자. 상황은 내게 유리하다. 지금은 6월 중순이고 텃밭에는 집에서 먹으려고 씨를 뿌려 놓은 벨기에(Belgique)산 검은 강낭콩 한 두둑이 있다. 소중한 채소를 못 먹는 한이 있어도 이 무서운 파괴자를 푸른 식탁보 위에 풀어 주자. 완두콩바구미(*Bruchus pisorum*)가 보여 준 것을 기준해서 보면 강낭콩은 줄기가 적당할 만큼 발육했다. 꽃이 많이 피고 꼬투리도 많이 달렸는데 아주 푸르고 알의 굵기도 다양했다.

마이안느에서 온 강낭콩 두세 줌을 접시에 담아 우글거리는 집단을 해가 잘 났을 때 두둑 옆에 가져다 놓았다. 나는 어떤 일이 일어날지 알아맞힐 것이라고 생각했었다. 자유롭게 해방된 곤충을 햇볕이 곧 날아오르게 할 것이고, 바로 옆에서 먹고 살 식물을 발견하여 거기를 차지할 것이다. 녀석이 꼬투리와 꽃을 탐색하는 것을 볼 수 있을 것이고, 머지않아 산란하는 것도 볼 것이다. 완두콩바구미였다면 이 상황에서 이렇게 했다.

자, 그런데 예상이 빗나갔다. 창피스럽게도, 상황은 예측한 대로 벌어지지 않았다. 녀석들은 몇 분 동안 햇볕을 받으며 분주히 움직인다. 날기 장치를 부드럽게 하려고 딱지날개를 조금 폈다가 다시 접는다. 이윽고 이 녀석, 저 녀석이 한 마리씩 날아서 밝게 비치는 공중으로 올라간다. 녀석들이 멀어져서 곧 보이지 않는다. 나의 끈질긴 주의가 미미한 성공조차 거두지 못한다. 날아간 녀석 중 강낭콩에 내려앉는 녀석은 한 마리도 없다.

해방의 기쁨을 실컷 누리고 오늘 저녁이나 내일, 아니면 모레는 돌아오지 않을까? 아니다. 안 돌아온다. 일주일 내내 적당한 시간에 줄지어 서 있는 강낭콩 꽃을 하나씩, 꼬투리도 하나씩 살펴보지만 콩바구미는 한 마리도 없고, 물론 산란된 것도 없다. 그렇지만 표본병 안에 잡혀 있는 어미는 마른 콩 위에 알을 무더기로 낳는다. 이것을 보면 분명히 계절은 맞다.

다른 계절에도 시험해 보자. 조금은 집에서 먹으려고, 하지만 무엇보다도 콩바구미를 위해서 늦되는 붉은 강낭콩(Cocot rouge) 씨앗을 뿌려 놓은 두둑이 있다. 적당한 간격을 두고 뿌려진 두 파종으로 8월에 한 번 수확하고, 9월이나 좀더 늦게 또 한 번 수확할 예정이었다.

검은 강낭콩으로 했던 실험을 붉은 콩으로 다시 해본다. 전체 창고인 표본병에서 여러 번 적당한 때 꺼낸 콩바구미 떼를 푸른 콩 줄기가 우거진 곳에 놓아 준다. 하지만 매번 결과는 분명히 부정적이다. 두 군데의 수확이 끝날 때까지 온 계절 내내, 거의 매일 탐구를 계속했으나 허사였다. 벌레가 들어 있는 꼬투리 하나, 줄기에

팥에 알을 낳으러 온 팥바구미 우리에게 귀중한 곡식의 하나인 팥을 파먹고 자라는 팥바구미도 콩바구미과의 일종이다. 즉 주둥이가 긴 바구미 종류는 아닌 것이다. 시흥, 20. Ⅵ. '96

머문 녀석 하나도 보이지 않았다.

감시가 부족하지는 않았다. 주변 사람에게 보존해 둔 콩 대 몇 줄기를 절대로 건드리지 말라고 일러두었고, 수확한 꼬투리 위에 붙어 있을지도 모를 알에도 주의하라고 충고해 두었다. 우리 텃밭이나 이웃 채소밭에서 온 콩꼬투리를 까라고 가정부에게 넘겨주기 전에 나 자신도 돋보기로 찾아보았다. 헛수고였다. 산란한 흔적은 어디에도 없다.

밭에서의 조사뿐만 아니라 유리병 안의 실험도 병행했다. 긴 표본병에다 생생한 줄기에 붙어 있는 푸르거나 진홍빛 얼룩무늬의 씨앗이 거의 익은 꼬투리를 넣었다. 병마다 여러 마리의 콩바구미를 넣었는데 이번에는 알을 얻었다. 하지만 콩꼬투리에 낳은 게 아니라 유리벽에 낳았으니 미덥지가 않다. 어쨌든 알이 부화했다. 애벌레가 며칠 동안 계속 유리벽과 꼬투리를 열심히 찾아다니는 게 보인다. 하지만 제공한 꼬투리는 첫째부터 꼴찌까지 모두 전혀 건드리지 않았고, 끝내는 불쌍하게도 모두 죽었다.

결론은 분명하다. 녀석은 연하고 싱싱한 강낭콩에는 관심이 없다. 강낭콩바구미(Bruche des Haricots)[15]는 완두콩바구미와 달리 오

15 파브르는 이제야 완두콩바구미가 아님을 알았다. 몸의 색깔이 약간 다르고 뒷다리의 모양도 다른 점을 미리 점검했다면 서로 다른 종임을 알았을 것이며, 그래서 연구 방법도 다양화했을 것이다. 그런데 아직도 강낭콩바구미의 학명은 제시하지 않고 프랑스 어 이름만 썼다. 이 모두가 분류학을 이해하지 못한 파브르의 실수였다. 프랑스 어 이름에 해당하는 종의 학명은 *Acanthoscelides obtectus*이다.

래전에 말라 단단해진 콩에만 가족을 맡긴다. 내가 제공한 강낭콩 줄기에서는 필요한 식량을 찾을 수 없었으니 거기에 머물기가 달갑지 않았다.

그러면 녀석은 무엇이 필요했을까? 오래되고 단단해서 땅에 떨어지면 작은 조약돌 소리가 나는 콩알이 필요했다. 녀석을 만족시켜 주자. 완전히 여물어서 단단하고 햇볕에 오래 말린 꼬투리를 사육조 안에 넣어 주었다. 이번에는 가족이 번성했다. 어린 애벌레가 마른 껍질을 뚫고 씨앗에 도달하자 속으로 들어갔다. 다음은 모든 게 순조롭게 진행되었다.

십중팔구는 이래서 콩바구미(Bruche)[16]가 농부의 창고로 침입한다. 강낭콩은 줄기와 꼬투리가 햇볕에 익고 완전히 마를 때까지 밭에 남겨 두어서 콩을 털어 내기가 훨씬 쉬워진다. 이때는 강낭콩바구미가 제 뜻대로 되었다고 생각하며 알 낳기를 실행한다. 결국 좀 늦게 수확하는 농부는 약탈자까지 함께 거둬들이게 된다.

이 콩바구미는 특히 창고 안의 낟알을 약탈한다. 곡물 창고의 밀은 갉아먹어도 이삭에서 흔들리는 낟알은 거들떠보지 않는 쌀바구미(Calandre: *Sitophilus* sp.)[17]를 본뜬 것이다. 그래서 연한 씨앗은 아주 싫어하는 대신 강낭콩을 쌓아 둔 곳, 특히 어둡고 조용한 곳에 가서 자리 잡는다. 이 행위는 농부보다 미곡상에게 한층 더 무서운 일이 된다.

약탈자가 우리 보물인 곡식에 자리 잡으면 얼마나 열성적으로 파괴하더냐! 사육병이 그

16 이 경우는 분명히 종을 밝혀서 '강낭콩바구미'로 썼어야 하는데 공통 명칭인 '콩바구미'로 표기해서 어느 종의 이야기인지 혼란스럽다.

17 *Sitophilus*속은 바구미 무리인 왕바구미과의 쌀바구미속인데, 많은 종이 세계적인 분포를 하며 각종 저장 곡물을 해친다. *S. oryzae*(쌀바구미)°는 우리나라를 비롯한 모든 더운 지방에서 쌀과 옥수수를 해치며, 유럽에서는 *S. granarius*(그라나리아바구미)°가 밀을 해치는 것으로 유명하다.

것을 명백히 증명한다. 강낭콩 한 알에 많은 가족이 들어 있다. 흔히 20마리를 넘기도 한다. 더욱이 한 해에 한 세대만 약탈하는 것이 아니라 3~4세대까지도 이용한다. 껍질 속에 먹을 게 남아 있는 한 새 소비자가 들어와서 자리 잡는다. 그래서 끝내는 강낭콩이 벌레 똥으로 가득 찬 사롯감 잡곡이 되고 만다. 애벌레에게 공격당한 콩 껍질은 침투한 녀석 숫자만큼의 둥근 하늘창이 뚫린 자루 같다. 손가락으로 눌러 보면 내용물이 부서져서 가루 같은 배설물과 함께 구역질나는 반죽처럼 된다. 콩이 완전히 파괴된 것이다.

완두콩바구미는 씨 속에 혼자 머물며 좁은 번데기의 집이나 겨우 보유할 만큼 파먹어서, 말짱한 나머지는 씨가 싹트기까지 한다. 그래서 근거도 없는 불쾌감을 우리 정신에서 빼내면 식용도 가능하다. 하지만 아메리카 곤충은 이런 예약이 안 된다. 녀석은 강낭콩을 철저히 파먹어 오물로 만들어 놓는다. 돼지마저 거절하는 것을 보았다. 아메리카가 재앙 곤충을 보낼 때는 조용하지가 않다. 녀석들은 큰 재햇거리 이(蝨), 뿌리혹벌레(Phylloxera, 진딧물아목 곤충)도 보내와 포도 경작자들과 끊임없이 싸우고 있다. 그런데 오늘은 미래의 중대한 위협거리로 강낭콩바구미를 보내왔다. 몇 가지 실험이 그 위험을 설명해 줄 것이다.

거의 3년 전부터 실험실 탁자 위에 수십 개의 표본병과 작은 유리병이 즐비하게 늘어섰는데, 입구는 성긴 헝겊으로 막아 도망을 방지함과 동시에 환기도 시켜 준다. 이 병들이 내 맹수들의 우리였다. 거기서 강낭콩바구미를 기르는데 먹이는 내 마음대로 조절한다. 병은 특히 녀석들이 정착할 곳으로 삼는 데도 배타적이 아님은 말할 것도 없고, 몇몇의 드문 예외가 아니고는 이곳의 여러 다른 콩에도 만족함을 알려왔다.

흰 것, 검은 것, 붉은 것, 알록달록한 것, 작은 것, 굵은 것, 이번에 수확한 것, 끓는 물에도 거의 붇지 않을 만큼 여러 해 묵은 것 등 모든 강낭콩이 녀석의 취미에 맞았다. 침입에 힘이 덜 드는 알곡 상태의 강낭콩이 특히 공격당한다. 그러나 알곡이 없으면 깍지 속에 들어 있는 콩도 똑같은 열성으로 공격한다. 흔히 어린 애벌레가 단단하고 주름투성이인 꼬투리를 아주 잘 뚫고 알맹이로 들어가며, 밭에서 침입하는 경우도 마찬가지였다.

깍지가 길며, 검은 배꼽 무늬가 마치 멍든 눈처럼 보여 여기서 애꾸눈콩(faioù borgné)이라고 부르는 까치콩(Haricot borgne)도 양질로 인정된다. 특히 이 콩을 내 하숙생이 좋아하는 것 같아 보였다.

여기까지는 비정상적인 게 전혀 없다. 콩바구미는 파세올루스라는 식물을 벗어나지 않았다. 하지만 더 크게 위험하며 예기치 않은 파세올루스 애호가임을 보여 주는 녀석이 있다. 이 아메리카콩바구미는 전혀 서슴없이 마른 콩, 잠두콩, 연리초, 살갈퀴, 이집트콩을 접수하며, 언제든 이 콩, 저 콩으로 만족스럽게 옮겨 다닌다. 녀석의 가족은 이런 여러 꼬투리에서도 강낭콩에서처럼 잘 자란다. 렌즈콩만 거절하는데 아마도 크기가 모자라서 그런 것 같다. 이 녀석은 얼마나 무서운 착취자이더냐!

내가 처음에 염려한 것처럼 이 곤충이 (벼과)곡물에까지 탐욕스럽게 옮겨 가는 날이면 재난은 더욱 커질 것이다. 하지만 녀석은 콩과 식물(Légumes→ Fabaceae) 말고는 어느 것도 맞지 않았다. 밀, 보리, 쌀, 옥수수를 담은 표본병으로 들여보낸 강낭콩바구미는 언제나 후손을 남기지 못하고 죽었다. 각질 씨앗인 커피에서도, 지방질 씨앗인 아주까리(Ricin: *Ricinus communis*), 해바라기(Grand Soleil: *Helianthus annuus*) 씨에서도 결과는 같았다. 이렇게 콩과 식물의 콩으로 한정되었어도 녀석의 몫은 역시 가장 넓은 축에 속한다. 그 몫을 극성스럽게 이용하고 또한 남용한다.

산란할 자리를 고르지도 않고 아무 데나 무질서하게 분산시킨 알은 흰색의 작고 갸름한 원기둥 모양이다. 한 개씩이나 작은 무더기로 표본병 벽이나 강낭콩에 낳지만 옥수수, 커피, 아주까리, 그 밖의 식물에도 아무렇게나 낳는다. 하지만 이런 것에서는 입에 맞는 먹이를 찾지 못해서 죽는다. 이 경우 어미의 선견지명이 무슨 소용일까? 콩 무더기에 버려진 알은 좋은 자리에 놓인 셈이니, 갓 난 애벌레가 스스로 침입할 지점을 찾아낼 테니 말이다.

알은 아무리 늦어도 닷새면 부화한다. 머리는 갈색, 몸통은 흰색인 예쁜 벌레가 알에서 나온다. 크기는 겨우 보일까 말까 한 점 같다. 어린 녀석이 나무만큼 단단한 콩알을 뚫어야 할 연장인 큰턱 끝에 힘을 더 주려고 몸의 앞쪽을 부풀렸다. 나무줄기를 파 들어가는 비단벌레(Buprestidae)나 하늘소(Cerambycidae) 애벌레도 이렇게 부풀렸다. 녀석은 태어나자마자 무턱대고 기어 다니는데, 그토록 어린 시절에는 기대하지 못했던 활기가 있었다. 숙소와 식량을 최대한 빨리 찾아야 하는 불안한 마음에서

버들하늘소 애벌레 단단한 나무를 뚫고 나와야 하는 하늘소는 어릴 때 큰턱의 근육을 강화시키려고 몸의 앞쪽을 크게 부풀렸다. 대형 하늘소로서 아직까지 서울 근교에 남아 있는 종은 버들하늘소뿐인 것 같다.
서울 용마산, 6. Ⅵ. 06, 강태화

방황하는 것이다.

대개는 그날이나 다음 날 찾아낸다. 어린 녀석이 질긴 껍질을 뚫느라고 애쓰는 모습도 보이고, 굴 입구에 몸이 절반쯤 들어간 녀석도 보인다. 굴 어귀에는 파낸 찌꺼기인 흰 가루가 흩어져 있다. 녀석은 굴속으로 들어가 씨앗의 가운데 틀어박힌다. 거기서 5주가 지나면 성충의 형태가 되어 나올 것이다. 그만큼 성장 속도가 빠른 것이다.

이렇게 진행이 빨라서 1년에 여러 세대가 발생할 수 있다. 내게는 4세대까지의 발생이 있었고, 한 쌍씩 따로 기른 것에서 80마리의 가족이 나왔다. 암수를 세어 보니 각각 절반씩으로 암수가 평형을 이룸을 인정할 수 있겠다. 그러면 연초에 한 쌍의 기원에서 1년이 지나면 암컷 40마리의 4제곱이 나올 테니, 녀석들 전체는 500만 마리 이상이라는 무서운 숫자의 애벌레가 된다.[18] 이렇게 큰 군단이라면 얼마나 엄청난 강낭콩 더미를 휩쓸겠더냐!

애벌레의 기술은 완두콩바구미가 알려 준 것을 그대로 재연했다. 녀석 역시 녹말 덩이를 파고 집을 지으며, 둥글게 남겨진 껍질은 성충이 나올 때 밀려 쉽게 떨어진다. 애벌레 생활의 말기에는 강낭콩 표면에서 어두운 공 모양 집들이 비쳐진다. 애벌레의 생애가 끝나면 마침내 뚜껑이 떨어지며 고향을 떠난다. 강낭콩에는 먹여 살린 애벌레 수만큼 구멍이 뚫렸다.

이용할 콩이 남아 있는 한 거기에 만족할 성충은 무더기에서 떠날 생각이 전혀 없다. 짝짓기는 쌓인 무더기 틈에서 이루어지고, 어미는 알을 아무렇게나 깔겨 댄다. 어린것은 말짱한 콩에도, 구멍이 뚫렸어도 아직은 모두

[18] 암컷과 수컷을 합산한 숫자이다.

먹히지는 않은 콩에도 자리 잡는다. 온화하거나 더운 계절에는 5주씩 5주 간격으로 우글거림이 다시 시작된다. 마침내 마지막 세대인 9월이나 10월 세대는 더위가 돌아올 때까지 집 안에서 졸며 기다린다.

언젠가 강낭콩 약탈자 곤충의 위협이 너무 심해져도 녀석들을 박멸할 전쟁이 대단히 어렵지는 않을 것이다. 습성을 알았으니 써먹을 전술도 알게 된다. 녀석은 수확해서 곡물 창고나 미곡상에 쌓아 놓은 마른 콩을 약탈한다. 밭에서는 녀석을 걱정하기도 어렵지만 할 필요도 없다. 주요 활동 무대는 다른 곳인 창고 안에 있다. 적이 우리 집, 즉 우리 손이 닿는 곳에 자리 잡았다. 그렇다면 살충제로 비교적 쉽게 방제할 수 있을 것이다.

5 노린재

생명이 제 작품에게 줄 수 있는 형태 중 가장 단순하면서도 가장 멋진 것의 하나는 새의 알 모양이다. 유기체(생명체)의 기하학적 기초인 원과 타원의 우아함이 이보다 정확하게 합쳐진 것은 어디에도 없다. 공 모양인 한쪽 끝은 최소의 면적으로 최대 부피를 둘러쌀 수 있는 훌륭한 싸개이다. 반대쪽의 넓은 젖통 같은 타원형은 소박한 단조로움을 완화시켜 준다.

아주 단순한 색조가 또 다시 우아한 형태에 멋을 보탠다. 어떤 알은 분필처럼 광택 없는 흰색이며, 다른 알은 반들반들한 상아처럼 반투명한 흰색이다. 딱새(Motteux: *Oenanthe*) 알은 방금 소나기에 씻긴 파란 하늘처럼 연한 파란색이며, 유럽울새(Rossignol: *Luscinia*, 나이팅게일) 알은 간장에 담근 올리브색인 암녹색이다. 어떤 휘파람새(Fauvettes: Sylviidae) 알에는 아직 봉오리 상태의 장밋빛을 닮은 연분홍색의 아주 매력적인 무늬가 있다.

멧새(Bruants: Fringillidae)는 알껍질에 줄과 두꺼운 칠로 알아볼 수 없는 글씨를 멋지게 섞어서 대리석 무늬처럼 그려 놓았다. 때

까치(Pie-grièches: *Lanius*)는 굵은 쪽에 얼룩 왕관을 그려 놓았고, 지빠귀(Merles: *Turdus merula*)와 까마귀(Corbeau: *Corvus*)는 청록색에다 갈색 무늬를 아무렇게나 튕겨 놓았다. 마도요(Courlis: *Numenius*)와 갈매기(Goéland: *Larus*)는 넓은 얼룩의 표범 털 무늬 흉내를 냈다. 다른 새도 마찬가지로 제 특기와 제 상표가 있고, 언제나 검소한 빛깔을 곁들였지만 정돈된 상태만 우리가 취할 점이다.

새알은 전혀 훈련이 안된 사람에게도 기하학적 구조와 장식으로 눈을 즐겁게 해준다. 나는 가끔 열렬한 탐구자인 이웃의 꼬마 몇 명을, 나를 도와준 조그마한 봉사에 대한 보상으로 연구실에 들어와 보게 한다. 천진난만한 꼬마들은 무슨 희한한 이야기가 들리는 이 작업장에서 무엇을 보았을까? 이상한 물건이 수없이 많이 정리된, 그리고 유리를 끼운 넓은 선반을 본다. 그것들은 돌, 식물, 짐승을 조사하는 사람이면 누구나 둘러싸여 있는 혼잡한 무더기이다. 그 중 조가비가 제일 많다.

수줍은 방문객은 서로를 격려하려고 어깨를 맞대고는, 모양도 빛깔도 가지가지인 아름다운 바다 고둥(Escargot: Pulmonata)을 바

라보며 감탄한다. 반짝이는 나선, 크기, 이상한 갈라짐 등으로 전체 중 두드러진 이런저런 조가비를 서로 손가락으로 가리킨다. 아이들은 내 귀중품을 바라보고, 나는 그 애들의 얼굴을 바라본다. 그 얼굴에서는 오직 놀라움과 경탄만 보일 뿐이다.

형태가 너무 복잡해서 초보자에게는 강한 인상을 주지 못하는 저 바다의 물건들은 이름이 알려지지 않은 수수께끼이다. 덤벙대는 꼬마들은 너무 이해하기 어려운 기하학적 구조의 나선 계단, 나선층, 감긴 상태, 소라고둥 따위를 보고 어리둥절해한다. 해양의 귀중품 진열대 앞에서 거의 무감각해진다. 내가 만일 이 어린이들의 속마음을 들어볼 수 있다면 '이상해요'라고 할 뿐, '아름다워요'라는 말은 하지 않을 것이다.

이 지방의 새알을 종류별로 광선을 피한 솜 위에 진열해 놓은 상자를 보자 사정이 달라졌다. 이제는 뺨이 흥분으로 빛나고, 어떤 상자의 것이 가장 아름다운지 선택하는 말이 귀에서 귀로 속삭인다. 이제는 깜짝 놀라는 게 아니라 천진스럽게 감탄한다. 물론 새알은 어린 시절의 비할 데 없는 기쁨이며, 새둥지와 새끼 새까지 연상시켜 준다. 그래도 얼굴에는 아름다움에 대한 신성한 충격이 엿보인다. 바다의 보석은 어린 방문객을 경탄시켰지만 알의 단순미는 기분이 좋도록 감동시킨다.

곤충 알은 거의 대부분이 초보자의 눈에도 인정되는 저 고도의 완전함과는 거리가 멀다. 일반적인 곤충 알은 둥글거나, 물렛가락 모양이거나, 원기둥 모양일 뿐, 조화 있게 짜 맞춰진 곡선이 없어서 별로 우아한 맛이 없다. 많은 알이 색깔도 시원찮다. 그런가 하면 어떤 것은 지나치게 호화로워 안에 든 배아의 연약함과는 너무도 대조적이다. 어떤 나비의 알은 청동이나 니켈 구슬 같다. 그런 것은 마치 생명이 딱딱한 금속 상자에서 싹트는 것 같다.

하지만 곤충 알도 돋보기를 이용해 보면 세밀한 장식이 적지 않다. 그런데 아주 복잡해서 미적으로 탁월한 요소를 갖춘 단순함은 정말로 없다. 큰가슴잎벌레(*Clytra*) 알은 홉(식물)의 원뿔 모양 비늘잎 같은 물질로 덮였거나, 서로 경사지게 엇갈려 꼬아 놓은 술 같은 껍질에 싸여 있다. 어떤 메뚜기는 방추형 알집에다 바느질 구멍 같은 일련의 나선 모양 구멍을 파 놓았다. 이것 모두가 어느 정도 멋짐은 분명하다. 하지만 이렇게 호사스러운 것과 고상한 정확성과는 거리가 멀지 않더냐!

곤충 알에는 새알의 미학과 무관한 독창적인 미학이 있는데, 나는 이런 곤충을 안다. 평판이 안 좋은 수풀의 빈대(Punaise)로서, 박물학자가 노린재(Pentatome: Pentatomidae)라고 부르는 곤충의 알이 새알과 비교된다. 납작하며 노린내를 풍기는 곤충이 산란할 때는 단순성의 멋짐에다 정교한 장치가 설치된 걸작품을 만들어 낸다. 녀석들의 화장품과 향내는 불쾌감을 줄망정, 새알과 비교할 때는 우리의 흥미를 끈다.

아스파라거스(Asperge: *Asparagus*) 잔가지에서 방금 뜻밖의 발견을 했는데, 자수제품의 빽빽한 진주알처럼 질서 있게 서로 붙어 있는 30개 가량의 알 무더기였다.[1] 노린재의

에사키뿔노린재 어미 노린재는 6월에 층층나무, 말채나무 따위의 잎 뒷면에 50~70개의 알을 낳고 부화할 때까지 지키며 보호한다.
시흥. 10. X. '93

것이다. 가족이 아직 흩어지지 않은 것을 보면 부
화한 지 얼마 안 되었다. 알껍질은 제자리에 남아
있는데 뚜껑이 떠들린 것 말고는 전혀 변형되지 않
았다.

뿔검은노린재

오오! 겨우 흐린 정도의 연회색에 반투명한 대리석 제품의 작은
항아리, 더없이 매력적인 수집품! 나는 아주 작은 소인국에서 선
녀들이 이런 잔으로 보리수 우려낸 물을 마시는 동화를 들었으면
좋겠다. 일부가 멋지게 잘린 알 모양의 볼록한 부분에 갈색 다각
형 코의 정교한 그물이 덮여 있다. 새알의 위쪽 끝을 아주 일정하
게 잘라내서 예쁜 잔을 만들었다는 상상을 해보면 빈대[2]의 이 작
품과 비슷한 것을 얻을 것 같다. 여기도 새알과 똑같이 부드러운
곡선미가 있다.

비슷한 점은 이것뿐이다. 곤충의 작품은 뚜껑이 있는 상자인데
꼭대기에서 제 독창성을 되찾았다. 약간 볼록한 뚜껑에는 볼록한
배처럼 가는 코의 그물이 덮였고, 그 둘레에
는 단백(蛋白)색 띠가 둘러쳐졌다. 부화할
때는 경첩 달린 뚜껑이 열리듯 통째로 떨어
진다. 그때 완전히 떨어져서 입이 열린 항아

---

1 엄밀히 말해서 알 무더기가 아
니라 갓 부화한 애벌레와 그 알껍
질 무더기이다.
2 원문은 모두 빈대로 표기했는
데, 이제부터 노린재로 번역한다.

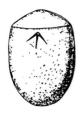

뿔검은노린재 알

알 뚜껑 여는 모자 모양 기구

유럽비단노린재 알

리처럼 되거나, 도로 제자리에 내려앉아 뚜껑 덮인 항아리처럼 된다. 이렇게 덮인 항아리는 다시 알 모습이 된다. 항아리 테두리에는 가는 톱니가 까칠까칠 돋아 있다. 톱니는 아마도 제자리에 놓인 뚜껑을 밀봉시켜 주는 대못일 것이다.

매우 독특한 세목을 잊지 말자. 부화한 다음에는 테두리와 아주 가까운 껍질 안쪽에 언제나 석탄처럼 새까만 줄이 마치 닻처럼 보인다. 그보다는 T자의 양쪽 가지가 안으로 좁아진 모양이다. 이것은 무엇을 의미할까? 빗장이나 쐐기 같은 잠금 장치의 걸쇠일까? 걸작품에 원산지 증명으로 찍어 놓은 옹기장이의 인증서일까? 겨우 노린재 알이나 담아 두는 그릇이 어째서 이렇게도 이상한 도자기 같더냐!

애벌레는 나온 그릇을 떠나지 않고 한동안 무더기로 남아 있다. 각자가 좋아하는 곳으로 흩어져 주둥이를 박기 전에는 그렇게 쌓인 무더기 상태로 공기와 햇빛에 둘러싸여 튼튼해지길 기다린다. 애벌레의 특징은 둥글고 땅딸막하며 검은색인데, 아래쪽 배는 붉고 옆구리에는 역시 붉은색 줄무늬가 있다. 녀석들이 항아리에서 어떻게 나왔을까? 단단히 봉해진 뚜껑을 어떤 기교로 떠들고 나왔을까? 이렇게 희한한 문제의 해답을 구해 보자.

4월 말의 울타리 안, 대문 앞에 장뇌 냄새를 풍기는 로즈마리(Romarin: *Rosmarinus*)꽃이 만발해서 나는 많은 곤충의 방문을 선물받는다. 녀석들은 아무 때나 마음대로 조사할 수 있다. 노린재도 여러 종이나 떠돌이 습성이 있어서 정확한 관찰에는 부적합하다. 알을 하나씩 정확히 알고, 특히 어떻게 부화하는지 알고 싶다면 꽃핀 관목에서 직접 행운의 기회를 기다려서는 안 될 것이다. 철망뚜껑 밑에서 사육의 힘을 빌리는 것이 바람직하겠다.

종별로 분리해서 각각 몇 쌍씩의 대표 포로를 가두기는 별 문제가 아니다. 기르기도 날마다 갈아 주는 로즈마리 꽃다발 하나와 즐거운 태양이면 된다. 잎이 달린 여러 관목의 잔가지 몇 개를 사육조에 보충해 주면 녀석들이 거기서 형편에 맞는 산란 장소를 고를 것이다.

5월 전반부에 벌써 포로들이 바라던 것보다 더 많은 알을 제공했다. 종별로 알을 받침과 함께 수집해서 작은 유리관에 넣었다. 내 감시가 소홀하지만 않다면 까다로운 부화 문제는 쉽게 조사될 것이다.

정말로 멋진 수집보다 더 아름다운 수집이었다. 다만 알이 커서 빈약한 시력을 도와준다면 새알에 못지않은 값비싼 수집이 될 것이다. 그러나 돋보기의 힘을 빌리지 않으면 훌륭한 것을 보지 못하고 지나칠 것이다. 유리로 확대된 돋보기를 만들어 보자. 그러면 노린재 알도 바위틈의 파란 하늘색 새알처럼, 어쩌면 그보다 더 우리를 감탄시켜 줄 것이다. 그렇게 멋진 것이 작아서 우리의 감탄을 받지 못한다면 얼마나 애석한 일이 되겠더냐!

노린재 알은 모양이 새알의 특성을 지니지는 않았다. 알 위쪽은 언제나 약간 볼록한 뚜껑이 박혀 있어서 갑작스런 절단부가 나타나는

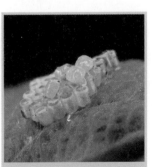

부화 중인 노린재와 알 새끼가 부화해 나간 알껍질의 테두리가 톱날 모양이다. 이 노린재도 뿔검은노린재처럼 특수한 방법으로 알 뚜껑을 열었을 것이다. 시흥, 30. VII. '92

데, 어미의 특성에 따라 달라진 장식의 띠, 꽃장식, 그물 따위로 꾸며진 작은 성합(聖盒), 그야말로 멋진 상자, 옛날의 예술적 항아리, 원기둥 모양의 작은 통, 배가 볼록한 동양 도자기 모양 따위가 눈앞에 펼쳐진다. 알이 비었을 때는 언제나 출구 둘레에 온통 각진 털의 술장식 같은 게 덮이기도 한다. 털들은 애벌레가 해방될 때 떠들렸다가 다시 내리덮어 튼튼하게 하는 대못이다.

부화한 뒤 출구와 가까운 곳 안쪽에 상표였는지, 잠금 장치였는지를 의심했던 닻 모양 검은 줄이 있기도 하다. 미래는 진실과 내 추측 사이가 얼마나 멀었는지를 보여 줄 것이다.

알은 결코 멋대로 흩어 놓지 않는다. 알 전체가 좀 길거나 짧게 규칙적으로 조밀하게 줄지은 집단을 형성하는데, 공동 받침에 단단히 박힌 일종의 진주 모자이크 같다. 받침은 대개 나뭇잎인데, 어찌나 단단히 붙여 놓았는지 붓으로 쓸거나 손으로 건드려도 그 아름다운 배열이 흩어지지 않는다. 어린것이 떠난 뒤에도 빈 껍질은 여전히 제자리에 남아 있는데, 장마당 노점상인의 좌판에 질서 있게 늘어놓은 예쁜 과일 졸임(정과)그릇 같다.

특수한 몇몇 세부 사항을 이야기하고 끝내자. 뿔검은노린재(Pentatome à noires antennes : *Pentatoma nigricorne*)[3]의 알은 원기둥 모양에 아랫면도 공이 잘린 모양이다. 둘레에 넓게 흰 선이 둘러쳐진 뚜껑 한가운데에 대개 불쑥 불거져 나온 결정체가 있는데, 마치 정과 그릇 뚜껑을 여는 데 쓰는 부품을 연상시키는 일종의 손잡이이다. 표면 전체는 매끄럽고 반짝이나 장식은 없이 단순하다. 색깔은 배아의 성숙도에 따라 달라져, 갓 낳은 알은 한결같이 밀짚의 연노

3 1907년에 쾰러(Koehler)가 명명한 학명이나 현재는 쓰이지 않으며, 정리된 종명은 추적되지 않았다.

랑, 어느 정도 발생이 진행되면 엷은 주황색에 뚜껑 가운데에 삼각형의 새빨간 반점이 생긴다. 빈 껍질은 아름다운 유백색의 얇은 막인데 뚜껑은 유리처럼 투명하다.

수집된 알 무더기 중 제일 수가 많은 것은 한 타(12개)가량의 알이 아홉 줄의 판을 이루어 전체는 100개 정도였다. 하지만 대개는 그보다 적은 절반 정도이거나 더 적었다. 20개가량의 무더기도 드물지 않았다. 가장 많은 수와 적은 수 사이의 엄청난 격차는 다른 지점에 여러 번 산란한다는 증거가 된다. 곤충이 재빨리 날아서 각 지점 사이의 거리는 많이 떨어졌을 것으로 추측된다. 때가 되면 이 세목도 가치가 있을 것이다.

유럽풀노린재(P. costume à de vert pâle: *P. prasinum*→ *Palomena prasina*) 알은 작은 통 모양인데 아랫면은 타원형이다. 표면 전체가 가는 코의 두드러진 다각형 그물로 꾸며졌다. 색깔은 그을린 갈색, 부화하면 연한 갈색이 된다. 가장 큰 무더기는 30개 정도였다. 처음에 아스파라거스 잔가지에서 수집되어 주목을 끌었던 알이 아마도 이 종이었을 것이다.

알락수염노린재(P. des baies: *P.*→ *Dolycoris baccarum*)● 알은 타원형의 작은 통 모양인데 표면 전체가 그물코 같다. 처음에는 불투명하고 칙칙했다가 알이 비면 반투명한 흰색이나 연분홍색이 된다. 50개가량의 무더기가 수집된 적도 있으나 15개뿐일 때도 있었다.

채소밭의 축복받은 식물인 양배추(Chou: *Brassica oleracea*)는 검정과 빨간색으로 장식한 유럽비단노린재(P. orné: *P. ornatum*→ *Eurydema ornata*)를 제공했다. 아주 예쁜 색깔로 꾸며진 알은 양쪽 끝, 특히 아랫면이 볼록하게 솟은 통 모양이다. 거기를 현미경으로 보면 바

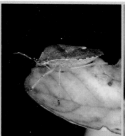

풀색노린재 몸 전체가 밝은 녹색인데 가끔 사진처럼 앞가슴등판의 앞쪽 또는 등 전체가 노란 개체도 있다. 비교적 큰 종이며 예뻐 보이나 각종 열매나 채소뿐만 아니라 벼나 콩과 같은 농작물의 즙액을 빨아먹는 해충이기도 하다.
시흥, 20. IX. '96

알락수염노린재 늦가을에 인가나 학교 따위의 건물로 들어가 월동하기를 좋아한다. 하지만 학교 같은 곳은 겨울 동안 너무 건조하고 춥다. 그래서 다음 해 봄이 돌아왔을 때는 죽은 녀석들이 창틀에서 곧잘 발견된다.
시흥, 5. IX. '90

북쪽비단노린재 무리지어 사는 습성이 있으며, 우리나라에도 여러 종이 사는 것 같다. 그런데 몸에 검정 무늬의 변화가 매우 심해서 정확한 이름을 알아내기가 힘들다. 한국산은 주로 북쪽비단노린재라고 하는 학자가 있다.
제주, 10. VI. '98

느질 자국과 비슷한 홈이 규칙적으로 배치되어 있어서 들여다보면 기분이 좋다. 원기둥의 위와 아래에 광택 없는 검정의 넓은 띠가 둘러쳐졌고, 흰색인 옆면에는 굵은 검정 점무늬 4개가 대칭으로 배열되었다. 뚜껑 둘레에는 눈처럼 흰 털이 빙 둘러쳐졌고, 가운데는 꽃장식을 가진 검정 빵모자처럼 부풀어 올랐다. 결국 석탄 같은 검정과 솜 같은 흰색이 급격한 대조를 이루어 마치 유골함 같다. 에트루리아(Étrusques)[4] 사람들의 유골 단지는 아마도 여기서 훌륭한 본을 찾았을 것이다.

유럽비단노린재
실물 크기

죽음을 상징하는 장식의 이 알은 대개 두 줄로 배열된 작은 집단을 낳는데, 전체는 거

---

4 이탈리아의 옛 지방 이름. 『파브르 곤충기』 제2권 88쪽 참조

의 언제나 한 타도 안 되었다. 여러 곳에 여러 번 낳는다는 또 하나의 증거이다. 같은 종족이 100개도 넘게 낳는데 양배추의 이 종만 이렇게 적은 것에 만족하지는 못했을 것이다.

배아의 발생은 2~3주면 충분했다. 5월이 끝나지도 않았는데 수집해서 유리관에 넣어 둔 여러 알 집단에서 오늘은 이것, 내일은 저것이 부화한다. 만일 애벌레의 탈출 장치, 특히 갓 난 애벌레가 떠난 다음 어느 알껍질 출구 근처에서 만난 세 갈래의 이상한 검정 연장의 기능을 알고 싶다면 지금이야말로 열심히 지켜봐야 할 때이다.

처음에 반투명한 알, 예를 들어 뿔검은노린재의 알은 역할을 모르던 연장이 나중에, 뚜껑의 색깔 변화로 해방이 가까워졌음이 예고될 때, 비로소 나타남이 확인되었다. 따라서 그것의 기원은 처음부터 알에 장착된 난소의 부품이 아니라 발생 도중, 그것도 늦은 시기로서 벌레의 형태가 잡혔을 때 만들어진 것이다.

그렇다면 그 기구를 이제는 처음의 생각처럼 뚜껑을 제자리에 고정시키는 태엽이나 빗장, 또는 경첩이 아니라 여는 장치로 보아야 하겠다. 배아 보호용 잠금 장치였다면 알의 출산 때부터 존재했어야 하는데, 기계장치가 나타나기는 애벌레가 곧 떠날 무렵이니 결국 그 연장은 닫는 것이 아니라 여는 것이다. 그렇다면 수수께끼의 연장은 오히려 털 대못으로 고정시켰거나, 어쩌면 접착제로 붙여 놓은 뚜껑을 강제로 열기에 적합한 열쇠나 지렛대가 아닐까? 꾸준한 인내력을 가지면 그것도 알게 될 것이다.

돋보기를 줄곧 유리관에 갖다 대고 살피다가 마침내 부화 장면을 보았다. 부화가 시작된다. 뚜껑 지름의 한쪽 끝이 조금씩 올라

오고 다른 끝은 경첩에서 문
이 젖혀진다. 어린 벌레는
작은 통의 뚜껑 둘레 바로
밑의 안쪽 벽에 기대고 있다.
뚜껑이 벌써 벌어져 해방의
진행과정을 어느 정도 정확히
지켜보기에 유리한 조건이 되
었다.

김~치!

 몸을 웅크리고 꼼짝 않는 꼬
마 노린재는 이마에 얇은 막상
(膜狀) 모자를 쓰고 있었다. 너무 미세한
모자여서 눈으로 본다기보다는 차라리 짐작
하는 편이다. 나중에 그것이 떨어지면 두건임이
확실해진다. 두건은 삼면각의 기초인 세 모서리가 검고 단단해서
각질처럼 보인다. 두 모서리는 빨간 눈 사이로 뻗었고, 한 모서리
는 목덜미로 내려가 아주 가늘고 희미한 줄로 좌우의 두 모서리와
연결된다. 나는 이렇게 펼쳐진 희미한 끈을 그 기계장치의 세 가
지(모서리)를 버텨 주어 더 벌어짐을 막는 힘줄로 보고 싶다. 가지
들이 벌어지면 바로 상자를 여는 열쇠, 즉 뚜껑을 밀어 올리는 기
구의 모서리 끝이 무뎌질 것 같아서 그렇다. 세모꼴 모자는 아직
살이 물러서 장애물을 제압할 수 없는 이마를 보호한다. 그 금강
석의 끝을 뚜껑의 테두리에 잘 갖다 대면 이 모자가 떼어 낼 뚜껑
에다 크게 영향을 미칠 것이다.

 모자는 굴착기가 위에 달린 기계로서 추진 장치가 필요하다. 그

것이 어디에 있을까? 정수리에 있다. 별로 넓지 않은 평평한 표면, 거의 점 하나 같은 그곳을 자세히 들여다보자. 혈관의 빠른 박동이 확인될 텐데, 박동은 물론 피스톤의 급작스런 충격으로 혈액이 분출하는 것이다. 꼬마는 제가 가진 소량의 체액을 물렁한 두개골 밑으로 빠르게 주입함으로써, 허약한 자신으로부터 에너지를 얻는다. 다시 말해서 삼각투구가 올라오면서 모서리를 뚜껑의 한 지점에 단단히 대고 계속 앞으로 민다. 결국 단속적으로 때리는 기구의 충격이 주어지는 게 아니라 계속적으로 미는 힘이 주어지는 것이다.

작업은 한 시간 이상 계속된다. 그만큼 힘들다. 뚜껑이 단계적으로 분리되며 비스듬히 쳐들리는데, 들림을 느낄 수 없을 만큼 느리다. 반대쪽 끝은 거의 항아리 테두리에 그대로 붙어 있다. 경첩이 될 지점으로 생각되는 곳은 돋보기로도 특별한 것을 확인할 수가 없다. 그저 다른 곳과 똑같이 봉합용 대못인 굽은 털들이 늘어섰을 뿐이다. 공격받는 지점 반대쪽의 대못은 덜 흔들리며 완전히 열리지 않고 경첩 역할만 한다.

작은 동물이 껍질에서 차차 솟아 나온다. 가슴과 배에 경제적으로 접어 놓은 다리와 더듬이는 전혀 꼼짝 않는다. 아무것도 움직이지 않는 노린재가 상자 밖으로 점점 솟아오른다. 아마도 제가 머물렀던 개암을 떠나는 밤바구미(*Balaninus*) 애벌레와 같은 장치로 그렇게 될 것이다. 두개골 피스톤의 충격으로 일으킨 충혈이 이미 빠져나온 부분을 부풀려서 받침용 똬리를 만든다. 아직 상자 안에 남아 있는 뒷부분은 그만큼 작아진 상태에서 좁은 출구로 온다. 출구는 너무도 연해서 철사가 조심스럽게 빠져나오는 통로 같다. 가끔씩 벌레가 구멍에서 빠지겠다고 몸을 몇 번 흔드는 것이 겨우 감지된다.

드디어 대못이 뽑혀 상자가 벙긋 열리고 비스듬한 뚜껑이 충분히 떠들린다. 삼각모자가 역할을 끝낸 것이다. 이제는 어떻게 될까? 쓸모없어진 연장은 사라지게 마련이며, 버리는 것도 실제로 보았다. 받침 노릇을 하던 막상두건이 찢겨 누더기가 되어 아주 천천히 노린재의 배 쪽으로 미끄러져 내려간다. 일그러지지 않은 형태의 단단하고 검은 기계도 같이 끌고 내려간다. 기계가 배 가운데로 내려가자마자 그동안 미라 자세로 꼼짝 않던 벌레가 바짝 오그렸던 다리와 더듬이를 빼내 펼치며 급하게 흔든다. 이제 됐다. 곤충이 제집을 떠난다.

해방에 쓰인 기구는 여전히 T자 형태로 출구 바로 옆의 알껍질 안벽에 붙어 있는데, 가로인 두 가지가 옆으로 약간 휘어져 내린 것 같다. 곤충이 떠난 지 오래되었어도 정교한 삼면각은 제자리에 그대로 남아 있다. 여러 종의 노린재가 항상 같은 형태인지, 역할도 같은지는 각각의 부화 과정을 살펴봐야 알 수 있겠다.

상자 뚜껑을 여는 방식에 대해 한 마디 더 하자. 어린 애벌레가 작은 통의 가운데와는 멀리 떨어진 벽에 기댔다는 말을 했었다. 녀석이 태어나는 곳도 거기며, 삼각모자를 쓰고 이마로 미는 곳도 거기였다. 알 상태와 처음의 허약함에는 효과적인 보호가 필요하며, 그런 장소는 가운데일 텐데, 어린것이 왜 가운데를 차지하지 않았을까? 거기가 아닌 둘레 근처에서 태어나면 무슨 이점이라도 있을까?

그렇다. 이점이 있다. 그것도 아주 분명한 역학적 차원에서의 이점이다. 갓 난 애벌레는 충혈로 고동치는 정수리와 각진 두건으로 떼어 낼 뚜껑을 민다. 최근에 생물체로 굳어진 점액질의 작은 몸집에서 두개골이 할 노력은 무엇이었을까? 그것은 감히 어떤 상상으로도 평가할 수 없다. 아무것도 아닌 그것이 상자의 단단한 뚜껑을 쓰러뜨려야 하지 않더냐!

미는 힘이 가운데서 작용할 경우를 가정해 보자. 그렇게 되면 미약하게 흔드는 노력이 원기둥 전체에 똑같이 분배되어, 봉합용 대못 전체가 동시에 저항하게 된다. 담 노릇을 하는 털들이 따로 나뉘었다면 벌레가 약하게 미는 힘에도 못 견디겠지만 전체가 합쳐져 있으면 어쩌지 못할 것이다. 따라서 가운데를 미는 것은 실행 불가능한 일이다.

우리가 널빤지를 뜯어낼 때도 가운데를 치는 것은 불합리한 짓이다. 못 전체가 공동으로 저항해서 극복할 수 없는 반작용을 일으킨다. 반대로 가장자리부터 공격해 보자. 즉 연장의 힘을 이 못에서 저 못으로 단계적으로 작용시켜 보자. 노린재도 상자 안에서 거의 이와 비슷하게 한 것이다. 녀석은 뚜껑의 맨 가장자리를 밖으로 밀어내고, 그 공격점부터 대못이 하나씩 빠져나오게 했다. 저항이 분산되어 전체적인 저항이 견디지 못하게 된 것이다.

귀여운 노린재야, 완벽하구나! 너는 우리 역학과 같은 법칙에 근거를 둔 네 역학을 가졌고, 지렛대와 기중기의 비결도 알고 있구나. 태어나는 새는 알껍데기를 깨뜨리려고 부리에 석회질 벽을 조각내는 임무의 곡괭이 같은 옹이를 달았다. 일이 완료될 하루만 쓰는 연장인 무사마귀가 사라진다. 그런데 너는 새보다 훨씬 훌륭한 것을 가지고 있구나.

알에서 나올 때가 된 너는 3개의 빳빳한 대가 각을 이루며 한 점으로 모이는 모자를 쓴다. 그 기구 밑에서 너의 물렁한 두개골이 수력 압착기처럼 작용하여 피스톤의 충격을 주면 천장이 떨어져 내려앉는다. 새가 쪼는 데 쓴 옹이는 알껍데기가 깨진 다음 사라지는데, 밀어 올리는 너의 삼각모자도 그렇게 사라진다. 뚜껑이 충분히 벌어져서 통과만 되면 너는 모자도 벗고 막대장치도 버린다. 한편, 알껍질은 새처럼 거칠게 부수지 않아 깨진 곳이 없다.

너의 알은 속이 비었어도 무용지물이 아니다. 여전히 처음처럼 작고 멋진 상자인데, 우아함이 돋보이는 반투명성 덕분에 더 멋있어진다. 꼬마 노린재야, 너는 대관절 어느 학교에서 탄생 상자의 기술과 기계의 작동법을 배웠느냐? 사람은 이렇게 말한다.

"그것은 우연의 학교이다."

겸손한 너는 삼각모자를 바로잡으며 이렇게 대답한다.

"그건 사실이 아닙니다."

노린재는 다른 점도 찬양받는데, 그것이 잘 증명되면 알이 주는 경탄을 훨씬 능가할 것이다. 스웨덴의 레오뮈르(Réaumur)[5] 격인 드 기어(De Géer)[6]의 다음과 같은 내용을 인용해 보련다.

회적색뿔노린재(P. griseum→ Elasmucha grisea)는 자작나무(Bouleau: Betula)에 사는데, 나는 7월 초에 새끼를 데리고 있는 여러 어미를 발견했다. 각 어미는 한 떼의 어린 새끼에 둘러싸였는데, 새끼의 수는 20마리, 30마리, 때로는 40마리까지 되었다. 어미는 줄곧 새끼 곁에 있었는데, 대개는 씨앗을 가진 유

5 17세기 프랑스 물리학자, 동물학자. 『파브르 곤충기』 제1권 319쪽 참조
6 Charles de Géer. 1720~1778년. 스웨덴 곤충학자. 1,500종 이상의 새로운 곤충을 기재하였고, 습성 연구와 해부도 하였다.

제화(chaton) 나무 위에, 가끔은 잎에 있었다. 그러나 항상 한자리에만 머물지는 않았다. 그녀가 걸어가 멀어지면 새끼도 모두 따라간다. 나는 어미가 정지하고 싶은 곳에 멎는 것까지 눈여겨보았다. 그녀는 새끼를 그렇게 유제화에서 잎으로, 잎에서 다른 유제화로 데리고 다녔다. 암탉이 마음대로 병아리 떼를 데리고 다니는 것처럼 그녀도 가고 싶은 곳으로 데리고 다녔다.

새끼를 결코 떠나지 않는 노린재가 있다. 새끼가 어릴 때 지키며 잘 보살피기도 한다. 하루는 그런 가족이 있는 자작나무의 어린 가지 하나를 자르게 되었는데, 어미가 매우 불안해하며 날개를 계속 빠르게 쳤다. 자리를 뜨지 않고 마치 다가오는 적을 물리치려고 그러는 것 같았다. 다른 곤충이라면 우선 날아서 도망쳤을 것이다. 그러니 어미가 거기에 남아 있는 것은 오로지 새끼를 보호하기 위해서였음이 증명된다.

모데르(M. Modéer)는 어미 노린재가 새끼를 보호해야 하는 주요인은 어디서든 새끼를 만나면 잡아먹는 저희 수컷에게 있음을 관찰했다. 그때 새끼를 보호해야 함을 결코 잊지 않는 어미는 녀석의 공격에 전력을 다해 맞선다.[7]

봐타르(Boitard)[8]는 『박물학적 호기심(*Curiosités d'histoire naturelle*)』이라는 책에서 드기어가 묘사한 가족의 그림을 한층 더 미화해서 이렇게 말했다.

<hr>

7 이 내용은 1817년 파리에서 발행된 『Nouveau Dictionnaire d' Histoire Naturelle』 제25권 167~168쪽의 노린재(Pentatome du Bouleau: *Pentatoma betulae*) 설명에서 볼 수 있다. 이 종명은 지금 쓰이지 않으며, 아마도 *Elasmucha grisea*의 동물이명일 것 같다.
8 Pierre Boitard. 1789~1859년. 프랑스 식물학자, 지질학자

매우 신기한 일은 비가 몇 방울 떨어지면 어미 노린재가 새끼를 어느 잎사귀 밑이나 갈라진 가지 밑으로 데려가 비를 피하게 했다. 거기서도 안심이 안 된 어미의 애정은 새끼를 빽빽하게 모아 놓은 가운데서 날개를 우산처럼 펼쳐 위를 덮었다. 저도 자세가 거북할 텐데, 비가 그칠 때까지 알을 품는 암탉처럼 그런 자세를 계속했다.

나도 말 좀 해볼까요? 소나기가 올 때 날개로 만든 우산, 병아리를 데리고 다니는 암탉 같은 산책, 제 가족을 잡아먹는 아비의 공격에 대항하는 헌신, 나는 그런 행동에 약간의 의심이 생겼다. 책에는 엄밀하게 조사해 보지 않은 이야기가 많음을 여러 번 경험했으니 새삼스레 놀라지는 않는다.

불완전하게 잘못 해석한 관찰이 앞장서고, 의심스럽게 상상한 결과를 전달하는 집필자가 뒤따른다. 그런 식으로 계속 반복되어 확고하게 다져진 오류가 하나의 신조가 된다. 가령 왕소똥구리(Scarabaeus)와 경단, 곤봉송장벌레(Nicrophorus)와 매장, 사냥벌과 사냥감, 매미와 우물 따위가 옳게 판단되기 전에 이상한 말들이 없었던가? 우리는 아주 단순하고 뛰어나게 아름다운 사실을 너무도 자주 제대로 보지 못하고 지나친다. 실제를 덜 노력하고 얻어지는 상상에게 자리를 내준다. 사실로 거슬러 올라가 보지 않고 전해 내려오는 것을 맹목적으로 따른다. 오늘날도 노린재에 대한 글을 쓰면서 스웨덴 박물학자의 불확실한 이야기를 언급하지 않은 사람은 아무도 없을 것이다. 내가 알기로는, 정말로 불가사의한 부화의 기작에 대해서는 말하는 사람이 아무도 없다.

드 기어는 무엇을 보았을까? 높은 가치의 증거는 신뢰하지 않을

등빨간뿔노린재 몸길이가 14mm 이상인 대형 뿔노린재이며 습성은 11mm 내외인 에사키뿔노린재와 비슷하다. 춘천, 20. VII. '96

수 없다. 하지만 대가의 말을 받아들이기 전에 나는 감히 시험해 보련다.

이 근처는 이야기에 등장한 회적색뿔노린재가 매우 드물다. 내가 활용할 수 있는 터전인 울타리 안의 로즈마리에서 발견된 서너 마리를 철망뚜껑 밑에 넣었으나 녀석들은 알을 낳지 않았다. 실패를 극복할 수 없지는 않을 것 같다. 비슷한 종 사이에는 다른 종이라도 가족의 보살핌이 그대로 있을 게 틀림없다. 다만 부분적인 세부 사항만 좀 다를 것이다. 그렇다면 채집하여 사육되는 4종의 노린재가 갓 난 애벌레에게 어떻게 행동하는지 알아보자. 녀석들의 일치된 증언은 우리의 확신이 될 것이다. 하지만 형체가 같고 습성이 비슷한 초록색, 누런색, 빨강과 검정이 섞여 얼룩덜룩한 녀석은 내게 회적색뿔노린재의 습성 보여 주기를 거절했다.[9]

우선 병아리를 몰고 다니는 암탉 같은 곤충으로 크게 기대했던 것과는 상치되는 사실이 내게 충격을 주었다. 어미는 제가 낳은 알에 전혀 주의를 기울이지 않았다. 마지막 줄에 마지막 알을 낳고는 거기에 맡겨 놓은 물건(알덩이)에는 아랑

[9] 평소에 분류학을 매우 못마땅하게 여겼던 파브르는 여기서 또 다시 종의 판단에 오류를 범했다. 상세한 내용은 이 장 끝에 다시 주석을 달겠다.

곳 않고 떠난다. 다시 돌아오지도 않는다. 돌아다니다가 혹시 그리 다시 오게 되면 아무렇지도 않게 무더기 위로 걸어서 지나가 버린다. 더 바랄 나위도 없이 명백하다. 작은 판자 모양의 알 무더기를 만나는 것이 이 어미에게는 관심 밖의 사건이다.

이런 무관심을 포로 상태에서 온 착란으로 보지는 말자. 완전히 자유로운 야외에서 낳은 알도 많이 만났고, 그 중에는 회적색뿔노린재 알도 있었을 것이다. 그런데 어미가 옆에 머문 경우는 한 번도 없었다. 부화한 뒤 보호가 필요했다면 어미가 옆에 머물렀어야 할 것이다.

산란한 어미는 떠돌이의 기질을 가져 쉽게 날아가 버린다. 잎에 알을 붙여 놓고 멀리 날아간 다음 부화 시간이 가까워진 2~3주 뒤 거기를 어떻게 기억할까? 어떻게 제 알을 다시 찾아낼 것이며, 남의 알과는 어떻게 구별할까? 무한히 넓은 들판에서 어미가 그런 통찰력과 그렇게 장한 기억력을 가진 것으로 보려면 비상식도 인정해야 할 것이다.

나는 어미가 잎에 붙여 놓은 알 옆에 줄곧 머문 경우를 우연이라도 만난 적이 없다. 이보다 훨씬 더한 게 있다. 총 산란된 알은 아무렇게나 퍼뜨린 위탁물처럼 분산되어, 전 가족이 확실한 거리를 알 수 없는 여기저기에 부분적으로 집결된 일련의 부족일 때도 있다.

산란한 날과 햇볕을 잘 받는 정도에 따라 더 빠르거나 늦은 부화 시간에 그런 부족을 다시 찾아낸다는 것, 게다가 매우 연약하고 걸음이 느린 새끼를 전부 모아서 한 떼를 만든다는 것은 분명히 불가능한 일이다. 어미가 우연히 집단 하나를 만나서 알아보았고, 그 집단에 헌신했다고 가정해 보자. 그랬다면 다른 알 무더기의 새끼는 도리 없이 버려진 것이다. 그래도 버려진 녀석들은 잘 자란다. 어째서 다수의 새끼는 보호 없이 지내고, 일부의 새끼만 어미가 돌보는 이상한 특혜를 주었을까? 이런 이상한 일이 내게 의혹을 불러일으킨다.

드 기어는 20마리가량의 집단을 언급했는데 그만한 숫자라면 가족 전체가 아니라 부분적으로 산란된 집단으로 보는 게 옳을 것이다. 회적색뿔노린재[10]보다 몸집이 작은 노린재도 작은 판 하나에 100개도 넘는 알을 낳는다. 생활 방식이 같을 때는 이런 다산성이 통칙일 것이다. 보살핌을 받는 20마리 외의 다른 녀석은 멋대로 살라며 버린다면 어떻게 될까?[11]

스웨덴 학자에게 가져야 할 존경심에도 불구하고, 어미 노린재의 애정과 제 새끼를 잡아먹는 아비, 즉 자연적 감성에 어긋나는 식욕 따위는 역사에 가득 찬 황당무계한 이야기와 같은 부류로 돌려져야 할 것이다. 나는 사육장에서 바라던 만큼의 산란을 얻었다. 같은 지붕 밑에서 아비나 어미 옆에서였다. 아비든 어미든, 새끼 옆에서 무엇을 할까?

전혀 아무 일도 안 한다. 다만 철망 위를 돌

10 뿔노린재가 알이나 새끼를 품고 있는 장면은 적지 않은 자료에서, 또한 야외에서 볼 수 있는데, 파브르의 울타리 안에는 이 종류가 없었나 보다. 노린재목(Heteroptera) 곤충은 약 50개의 과로 분류되는데, 사람의 피를 빨아먹는 빈대, 물에 사는 소금쟁이나 물장군 따위도 이 목에서 각각의 과를 이룬다. 노린재 무리는 절대다수가 식물의 즙액을 빨아먹지만 일부의 몇 종, 특히 침노린재과(Reduviidae)에 속하는 종은 벌레를 잡아먹는 포식성이다. 회적색뿔노린재는 뿔노린재과(Acanthosomatidae)에 속하며, 이 과에서는 알이나 새끼를 보호하는 종이 많이 알려졌다. 우리나라에도 20여 종이 분포하며, 야외에서 알이나 새끼를 보호하는 모습을 찾아볼 수도 있다. 하지만 겉모습이 노린재과(Pentatomidae)와 비슷해서 반세기 전까지만 해도 서로 같은 과로 분류한 경우가 많았다. 이 점이 파브르를 크게 오해시켰을 것이다. 한편 유럽의 여러 나라에 Parent Bug, 즉 어버이빈대(노린재)라는 대중적인 이름이 있다. 대중적 이름이 존재함은 이 그룹의 곤충이 희귀하지는 않다는 이야기다.
11 유사 종끼리는 산란 수가 비슷할 것이라는 생각도 잘못된 것이며, 부분 관리도 의미 없는 해설이다.

아다니거나 로즈마리 간이식당에서 쉴 뿐, 아비가 새끼를 목 졸라 죽이러 오지도 않았고, 어미가 새끼를 보호하러 달려오지도 않았다. 악의도 조심성도 없이 갓난이 무리 위로 지나가다 꼬마를 넘어뜨린다. 꼬마는 지나가던 녀석이 발끝으로 슬쩍만 건드려도 벌렁 자빠진다. 가엾은 어린것이 얼마나 작고, 얼마나 허약하더냐! 뒤집힌 거북처럼 소용없는 버둥댐뿐이나 어느 녀석도 거들떠보지 않는다.

헌신적인 어미야, 이렇게 위험하게 뒤집히거나 불쾌한 일을 당하면 달려와서 가족을 거느려라. 한 걸음씩 걸음마 시켜 안전한 곳으로 데려가 단단한 겉날개 방패로 덮어 주어라! 이렇게 훌륭한 교훈적 도덕성의 특징, 이런 아름다운 일을 기대하는 사람은 인내력과 시간만 낭비할 것이다. 3개월 동안 부지런히 찾아보았다. 내 하숙생은 책의 집필자가 그토록 찬양한 모성애를 직접이든 간접이든, 조금이라도 연상시킬 어떤 행위도 보여 주지 않았다.

만물을 양육하는 어버이(alma parens rerum)인 자연은 미래의 보배인 배아에게는 무한한 애정을 가졌으나 현재인 애벌레에게는 엄격한 계모 같다. 어떤 존재가 혼자 살아갈 수 있게 되는 즉시 자연은 녀석이 무자비한 생활의 거친 교훈을 받게 한다. 이렇게 하여 힘든 생존경쟁에서 견뎌 낼 적성이 얻어진다. 자연이 처음에는 다정한 어머니처럼 노린재에게 더없이 훌륭한 상자와 봉인된 뚜껑을 주어 새로 만들어지는 살을 보호했다. 꼬마에게 섬세하고 정교한 걸작품인 해방 장치도 씌워 주었다. 그다음에는 엄격한 선생이 되어 어린것에게 이렇게 말한다. "이제 너를 그냥 놔두겠다. 어려운 세상에서 너 혼자 잘해 봐라."

그런데 어린것은 어려운 고비를 잘 넘긴다. 갓난이들이 빈 알껍질 무더기 위에서 서로 꼭 기댄 채 며칠 동안 머문다. 거기서 몸이 단단해지고 빛깔도 선명해진다. 여러 어미가 근처로 지나갔다. 하지만 졸고 있는 녀석에게 관심을 가진 어미는 전혀 없었다.

어린 애벌레 중 하나가 시장기를 느끼면 집단에서 떨어져 나가 간이식당을 찾는다. 다른 녀석도 풀밭의 양 떼처럼 어깨가 서로 부딪힘을 즐겁게 느끼며 따라간다. 먼저 움직인 녀석이 한 떼 전체를 끌고 가며, 연한 곳으로 떼 지어 가서 주둥이를 박고 빨아먹는다. 그러고는 전체가 빈 알껍질의 지붕에 있는 휴식처, 즉 태어난 마을로 다시 돌아온다. 점점 넓어지는 반경에서 합동 원정이 되풀이된다. 마침내 어느 정도 튼튼해진 사회는 각자가 독립한다. 서로 멀리 흩어지며 다시는 태어난 고장으로 돌아가지 않는다.

흔히 점잖은 노린재가 느릿느릿 걷는 것을 볼 수 있다. 꼬마 떼거리가 이동하다가 그렇게 걷는 어느 어미를 만나면 어떤 일이 벌어질까? 어린것은 저희 중 제일 먼저

노랑배허리노린재 애벌레 숲에서 화살나무, 참빗살나무, 참회나무 따위의 잎이나 열매를 빨아먹으며, 4번 허물을 벗은 다음 성충이 된다. 성충은 주로 가을에 많이 볼 수 있으나 근래에 와서는 여름에도 많이 나타나는 것 같다.
수원, 2. X. '96

걷기 시작한 녀석을 따라갔듯이, 우연히 만난 그 두목을 믿고 따라갈 것으로 나는 생각했었다. 병아리를 데리고 다니는 암탉과 같은 현상이 녀석들에게도 있을 것이며, 제 뒤에 따라오는 어린것에는 전혀 관심이 없었던, 즉 그 녀석들과는 무관했던 어미에게 우연이 모성의 보살핌이라는 허울을 씌워 줄 것이라고 생각했었다.

착한 드 기어 씨는 어미로서의 관심이 전혀 없는 이런 만남에 속았다고 생각한다. 색조를 좀 보태고 본의 아닌 미화로 완성된 그림이었는데, 그때부터 책들이 회적색뿔노린재의 가족적 덕망을 찬양하게 되었다.

6 가면침노린재

내가 이 곤충을 발견할 것이라는 예상은 전혀 하지 않고 있었는데, 뜻밖의 이상한 상황에서 만났다. 어떤 생각을 얻을 희망이 있다면 무슨 일인들 안하겠더냐! 시체 이용 곤충에 대한 어떤 연구로 마을의 푸줏간을 가게 되었는데, 이 연구 이야기는 나중에 하자. 매우 드문 사냥꾼 곤충을 찾아 도살자의 가게로 갔다. 착한 주인은 자기 가게를 가능한 대로 몽땅 보여 주었다.

나는 지겨운 고깃간이 아니라 폐물을 쌓아 둔 창고를 보고 싶었다. 푸줏간 주인은 연중 밤낮으로 통풍시키려고 열어 둔 창을 통해 희미하게 밝혀진 다락방으로 데려갔다. 그런 구역질나는 공기에는 계속적인 환기도 지나친 게 아니었다. 더욱이 내가 찾아간 혹서의 계절에는 아주 더 심했다. 생각만으로도 후각의 반감을 사기에 충분했다.

팽팽하게 당겨진 줄에서 피가 섞인 양가죽이 마르는 중이며, 한쪽 구석에는 양초 냄새를 풍기는 비계가, 다른 쪽에는 뼈, 뿔, 족발 따위가 쌓여 있다. 이런 죽음의 고물들이 내가 바랐던 것만큼

도와준다. 삽으로 비계를 들추자 수천 마리의 수시렁이(*Dermestes*)와 그 애벌레가 우글거렸고, 수북한 털 주변에는 곡식좀나방(Tineidae)이 흐느적거리며 날아다녔다. 골수가 좀 남아 있는 뼈의 구멍 속으로 빨간색 커다란 눈을 가진 파리들이 윙윙거리며 들락거린다. 시체에는 당연히 모여드는 이런 손님들은 예상하고 있었다. 하지만 내가 예상하지 못한 다른 곤충 무리가 또 있었다. 벽에 모여서 꼼짝 않는 녀석들 집단이 새로 칠해서 하얀 벽에 보기 흉한 검정 무늬를 만들어 놓았다. 녀석들은 제법 크고 유명한 가면침노린재(Réduve à masque: *Reduvius personatus*)임을 알 수 있었다. 여러 무리로 나뉜 것이 분명히 100마리에 가까울 것 같다.

뜻밖에 만난 것을 떼어서 상자에 주워 담자, 주인은 그런 불쾌한 벌레를 겁 없이 손으로 잡는 것에 놀란다. 감히 그렇게 할 수 없을 그 사람은 내 행동을 바라만 본다.

그 사람의 이런 말에 나도 응대했다.

"그 녀석들이 우리 벽에 와서 달라붙고는 움직이질 않습니다. 비로 쓸어서 내보내도 이튿날엔 다시 와서 꾸준히 붙어 있어요.

녀석들을 비방하지는 않습니다. 가죽을 망치거나 기름을 건드리지는 않거든요. 여름마다 무엇하러 여길 오는지 모르겠습니다."

"나도 모르겠군요. 하지만 알아보도록 노력하지요. 그리고 알아냈을 때 당신이 좋다면 이야기해 줄 수 있을 겁니다. 아마도 당신이 가죽을 보존하는 것과 녀석들이 무관하지는 않을 겁니다. 어디 두고 봅시다."

가면침노린재

비계 창고를 떠난 나는 결국 우연히 만난 곤충 한 떼의 목자가 되었다. 녀석들이 볼품은 없다. 송진 같은 갈색을 띤 잿빛에다 정말 빈대처럼 납작하고, 어색하게 긴 다리가 말라서 앙상한 모습, 정말이지 신뢰할 마음이 생기지 않는 녀석이다. 목에 꽂혀 있는 머리는 어찌나 작던지, 겨우 눈이나 붙어 있을 자리뿐이다. 그 물눈의 빵모자처럼 툭 불거진 눈은

나비 애벌레를 잡아먹고 있는 배홍무늬침노린재 우리나라에서는 거의 대표적인 포식성 노린재이며, 한때 '홍도리침노린재'라는 잘못된 이름으로 불리기도 했다.
시흥, 5. VI. '96

밤에 잘 본다는 표시 같다. 우스꽝스러운 목은 끈에 졸려 가늘어진 모습이다. 앞가슴은 새까맣고 오돌토돌한 것들이 반짝인다.

아랫면을 보자. 괴상하게 생긴 주둥이가 얼굴 밑에서 눈이 점령하지 않은 부분 전체를 두껍게 차지했다. 노린재목(Hémiptère: Hemiptera→ Heteroptera)의 도래송곳인 보통의 주둥이가 아니라 꼬부린 검지처럼 굽은 갈고리 모양의 시골 연장 같다. 녀석은 그렇게 거친 무기로 무엇을 할까? 먹을 때는 거기서 머리카락처럼 검고 가는 줄이 나온다. 줄은 날카로운 메스, 나머지 부분은 칼집과 강력한 손잡이였다. 침노린재(Réduve: Reduviidae)가 거친 연장으로 잔인한 곤충인 자신의 정체를 알려 준 셈이다.

녀석을 힘들게 기르며 무엇을 기대할까? 단검으로 찌르거나 학살 따위는 너무 흔한 일이라 별로 가치가 없는 자료이다. 그러나 생각 밖의 일이라도 많이 참작해야 한다. 때로는 몰랐던 싹처럼 진부한 곳에서 흥밋거리가 갑자기 나타나는 수도 있기 때문이다. 이

침노린재도 가치 있는 이야깃거리를 알려 줄지 모르니 길러 보자.

튼튼하며 끝이 굽은 장검 같은 무기가 알려 주듯이 침노린재는 살육자인데, 어떤 사냥감이 필요할까? 지금 당장은 이게 사육의 문제였다. 이곳 꽃무지(Cétoines: Cetoniidae) 중 제일 작고, 검은 바탕에 흰색 점무늬를 새겨 수의라고 불릴 만한 꽃무지(상복꽃무지, *Oxythyrea funesta*)가 칙칙한 빛깔의 노린재와 싸우는 것을 본 적이 있다. 우연한 이 관찰로 나는 제 길로 들어서게 되었다. 모래를 깐 넓은 표본병에 녀석들을 넣고 꽃무지를 대접했다. 봄에는 울타리 안 꽃에서 꽃무지를 자주 만나지만 지금은 매우 드물다. 어쨌든 희생물은 아주 잘 접수되어 이튿날엔 죽어 있었고, 목관절에 탐사기를 꽂은 침노린재 한 마리가 시체를 바싹 말리고 있었다.

꽃무지가 없으니 도리 없이 녀석들 몸집에 어울리는 식품으로 만족해야겠는데, 곤충 종류의 구별 없이 어떤 먹이든 다 성공했다. 보통 식단은 잡기 쉬운 메뚜기(Criquet: Orthoptera)였다. 때로는 포식자보다 큰 녀석도 있었지만 대개는 중간 크기였다. 구하기 쉬운 뿔검은노린재(의심종, *Pentatoma nigricorne*)도 자주 공급되었다. 결국 녀석들의 대중식당은 내게 걱정거리가 아니었다. 식품이 공격자의 힘에 딸리지만 않으면 무엇이든 다 좋았다.

쭈우욱

녀석의 공격 장면을 꼭 보고 싶었으나 항상 실패였다.

툭 불거진 눈이 암시했듯이 녀석은 밤중의 부적당한 시간에 사냥했다. 새벽에 아무리 일찍 가 보아도 사냥감은 벌써 목이 졸려 전혀 움직이지 못했다. 먹이를 강탈해 아침까지 약간 시간을 끄는 사냥꾼도 있기는 했다. 수시로 이곳저곳에 시추기를 번갈아 꽂으며 빨아먹는데, 희생물에 남은 액체가 없으면 시체를 버리고 무리와 합친다. 그러고 사육병 모래바닥에 납작 엎드려서 하루 종일 꼼짝 않는다. 그날 밤에 먹을 것을 주면 같은 학살이 다시 자행된다.

메뚜기처럼 갑옷을 입지 않은 요리일 때는 배에서 박동이 확인되는 수도 있으나 죽음은 벼락 맞은 듯이 급작스럽다. 공격당하면 갑자기 저항할 수 없는 상태가 되는 게 분명하다.

강력한 큰턱을 가진 여치(Locustien : Tettigonioidea), 게다가 몸집이 사형 집행자의 5~6배나 되는 회갈색여치(*Platycleis*)를 주어 보았다. 이튿날, 마치 얌전한 거인이 난쟁이에게 먹힌 듯이, 그 거구가 무서운 타격에 꼼짝을 못했다. 어디를 공격했고 어떻게 작용했을까?

침노린재가 마취사 사냥벌처럼 희생물의 중추신경과 해부학적 구조에 대한 비밀에 훤한 자객이라는 증거는 없다. 말하자면 녀석은 피부가 연한 곳 어디에나 무턱대고 칼을 꽂을 것임에는 의심의 여지가 없다. 그렇다면 독약으로 중독시켜 죽이는 것이다. 녀석의 주둥이는 모기(Cousin) 주둥이와 비슷한 독성

어린 메뚜기 무리 메뚜기 중에는 더러 어렸을 때 사진처럼 모여 사는 종류가 있다. 춘천, 26. V. 07, 강태화

무기지만 훨씬 강력한 독을 가진 것이다.

사람들은 침노린재가 쏘면 실제로 아프다고 한다. 이 문제를 직접 시험해서 권위 있게 설명하고자 쏘여 보려 애썼지만 허사였다. 녀석을 손가락으로 잡아 귀찮게 굴어도 칼 뽑기를 거절한다. 핀셋을 쓰지 않고 맨손으로 다루어도 성공하지 못했다. 결국 내 경험이 아니라 남의 증언으로 침노린재에게 쏘이면 큰 사건이라고 생각할 뿐이다.

침노린재에게 쏘이면 힘센 곤충이라도 언제나 빨리 죽게 되어 있으니, 거기에는 틀림없이 독이 관여되어 있다. 갑자기 공격당한 사냥감에게는 독이 땅벌(*Vespula*) 침에 찔린 것처럼 고통이 따르고, 효력도 급격한 독약일 것이다. 타격은 여기저기 아무 데나 마구 가해진다. 이 강도 역시 상처를 입힌 다음 조금 물러나, 사지가 마지막으로 뻗는 것을 기다렸다가 죽은 녀석을 먹을 것 같다. 거미도 위험한 녀석이 방금 거미줄에 걸리면 이렇게 조심스럽게 행동하는 버릇이 있어서, 조금 멀리 물러나서 결박당한 사냥감의 마지막 경련을 기다린다.

살육의 상세한 과정은 몰라도 희생물을 이용하는 장면은 아침에 얼마든지 볼 수 있어서 잘 알겠다. 녀석은 검지처럼 투박하게 구부러진 칼집에서 송곳인 동시에 흡입 펌프인 검은색 가는 랜싯을 뽑아낸다. 이 기계를 희생물의 피부 중 얇은 곳 어디에든 박으면 전혀 움직이지 않는다. 사냥된 곤충이 완전히 움직이지 못하는 것이다.

그러는 동안 흡수기 역할의 흡입 펌프가 작동해서 사형수의 진액인 피가 올라온다. 매미도 이렇게 나무의 수액을 빨아먹는데,

나무껍질의 한 곳을 다 빨고 나면 자리를 옮겨 다른 구멍을 뚫는다. 침노린재도 그랬다. 녀석도 자리를 옮겨 가며 요리의 진을 말린다. 목에서 배로, 목덜미로, 다리의 관절로 옮겨 간다. 모든 게 경제적으로 진행되는 것이다.

메뚜기를 먹는 녀석의 조작을 흥미 있게 지켜보았다. 녀석은 자리를 스무 번이나 바꿨고, 만난 곳의 자원에 따라 더 오래거나 잠시 머문다. 마지막 공격은 관절을 통한 허벅지에서 끝낸다. 얇은 층은 체액이 전부 빠져나가 반투명해지기도 한다. 만일 요릿감의 피부가 반투명하면 그만큼의 체액이 빠져나갔음을 전신에서 확인할 수 있다. 길이가 3cm나 되는 어린 황라사마귀(Mante religieuse: *Mantis religiosa*)°가 끔찍한 펌프의 작용으로 허물벗기 때 벗어 버린 껍질처럼 반투명해졌다.

이 흡혈귀의 식욕은 빈대(Punaise des lits: *Cimex lectularius*)를 생각나게 한다. 빈대는 가증스럽게도 밤에 자는 사람을 탐색하여 제게 맞는 부위를 택한다. 그 사람을 버리고 더 적절한 사람한테 가기도 한다. 자리를 옮겨 마침내 까치밥나무(Groseille: *Ribes*) 열매처럼 부풀린 다음 새벽 여명이 비칠 때 물러난다. 침노린재의 방법은 더 심해서 희생물을 마비시키고는 완전히 말려 버린다. 동화에 나오는 상상의 흡혈귀만 이렇게 소름끼치는 짓을 할 수 있을 것이다.

그런데 곤충을 흡혈하는 녀석이 푸줏간 창고에서 무엇을 했을까? 거기에는 분명히 내가 준 요릿감인 메뚜기, 어린 사마귀, 여치, 잎벌레(Chrysoméles: Chrysomelidae) 따위가 없다. 녀석들은 모두 푸른 풀밭과 햇빛을 좋아한다. 야외의 환희를 즐기는 녀석이 위험을 무릅써 가며 어둡고 구역질나는 창고 안으로 들어가는 일은 결

긴날개여치 겉모습이 여치와 비슷해서 곧잘 서로 혼동된다. 하지만 날개가 뒷다리의 무릎까지 길며, 검은색 점무늬가 없는 점으로 구별할 수 있다. 문산. 10. VII. '97

코 없을 것이다. 그러면 벽에 달라붙은 검둥이는 무엇을 먹을까? 그렇게 많이 모인 곳에는 먹을 게 있어야, 그것도 많아야 한다. 식량이 어디에 있을까?

참 그렇군! 비계 뭉치 속에 있지 어디 있겠나? 거기서 눈빨강수시렁이(*Dermestes frischii*)가 털북숭이 애벌레와 함께 우글거렸었다. 식량이 무진장하니, 침노린재는 아마도 이 풍부함에 이끌려 왔을 것이다. 그렇다면 포로의 먹이를 바꿔, 메뚜기 대신 수시렁이를 주어 보자.

마침 푸줏간에 가지 않고도 수시렁이를 얼마든지 구할 수 있다. 울타리 안의 갈대로 만든 삼각대 위 공중에 썩는 곳이 만들어졌고, 그곳으로 두더지(Taupe: *Talpa europea*), 구렁이(Couleuvre: *Malpolon*), 장지뱀(Lézard: Lacertidae), 두꺼비(Crapaud: *Bufo bufo*), 물고기(Pisces) 따위가 근처의 장의사 일꾼을 끊임없이 불러들여 찾아오게 했다. 그 중 많은 것이 비계 창고의 녀석과 같은 수시렁이였다.

침노린재에게 수시렁이를 많이 주었다. 녀석은 먹이를 마구 죽인다. 매일 아침 표본병 모래바닥에 시체가 너저분하게 깔린다. 아직 살육자의 주둥이에 꽂혀 있는 녀석도 여럿이다. 결론은 확실하다. 침노린재가 기회만 있으면 수시렁이의 목을 조른 것이다. 이 사냥감만 좋아하는 것은 아니나, 녀석을 만나면 열을 올려 가며 피를 말렸다.

　이야깃거리를 마련해 준 착한 사람에게 결과를 알리면서 이런
말을 하련다.

　당신의 다락방 벽에 붙어서 잠자는 저 보기 흉한 벌레를 비로 쓸어버리
지 말고 놔두시오. 녀석들이 당신에게 조금은 도움이 될 겁니다. 가죽에
피해를 많이 입히는 수시렁이와 싸운답니다.

　침노린재를 푸줏간 창고로 불러들인 이유가 구하기 쉬운 사냥
감인 수시렁이가 많음에 있는 것은 아닐 수도 있다. 밖에도 먹이
가 없지는 않다. 오히려 똑같이 평가되는 매우 다양한 식품이 있
다. 그런데 왜 이곳에 즐겨 모일까? 가족이 자리 잡는 문제를 상상
해 보자. 녀석은 산란기가 가까웠을 것이다. 이런 때 새끼에게 식
량과 집을 줄 목적으로 온 것이다. 실제로 6월 말에 표본병에서 최
초의 알을 얻었다. 산란은 약 보름 동안 풍성하게 계속되었다. 따
로 분리해서 기른 어미 몇 마리가 다산성을 보여 주어, 한 어미에
서 30~40개의 알을 얻었다.

　잎에 진주를 모아 놓은 것처럼 산란하는 노린재의 소중한 질서
가 여기에서는 없다. 침노린재의 산란은 섬세하고 정확한 작품은
고사하고 멋대로 뿌려지는 거친 파종 같다. 알끼리 붙어 있지도,
받침에 고정되지도 않았다. 사육병에서는 모래 위에 널렸다. 어미
가 도무지 정성을 들이지 않으며, 어디에 고정시킬 생각도 안 했
다. 그래서 바람이 조금만 붙어도 이리저리 굴러다닌다. 마치 식
물 씨앗이 바람에 날려 멋대로 굴러가는 것이나 다름없었다.

이렇게 아무렇게나 버려진 알이라고 해서 멋까지 없는 것은 아니다. 호박(琥珀)의 황갈색 타원형이 매끈하게 반짝였다. 길이는 1mm 정도, 한쪽 끝 가까이에 가는 갈색 줄이 한 바퀴 돌려 쳐져서 빵모자 같은 경계를 만들어 놓았다. 동그란 이 줄이 무엇을 의미하는지 알 만하다. 줄을 따라서 상자 뚜껑이 열릴 것이며, 따라서 우리는 두 번째로 불가사의한 작은 상자 모양 알을 만난 것이다. 상자는 부화하는 애벌레가 밀어 올려 뚜껑이 떨어지는 구조라서 껍질의 찢어짐이 없이 열릴 것이다.

만일 빵모자가 떠들리는 모습을 볼 수 있다면 침노린재에 대한 가장 흥미 있는 이야깃거리를 얻는 셈이다. 아마도 이마의 수력박동으로 충격을 준 삼각모자의 힘을 빌려, 껍질 천장이 떨어져 나가게 했던 새끼 노린재(*Pentatoma*)와 같은 경우를 얻을 것이다. 시간과 인내력을 아끼지 말고 투자하자. 침노린재가 알 상자를 탈출하는 광경도 가치가 크다.

매력적인 문제지만 뚜껑이 움직이는 순간 바로 그 자리에 출석해야 하는 어려움이 따랐다. 지루한 근면성을 강요하는 일이다. 게다가 훌륭한 조명이, 즉 대낮의 밝은 빛이 필요하다. 그런 밝기가 없으면 꼬마에 대한 미세한 사항들을 놓칠 것이다. 녀석의 습성으로 보아 부화가 밤에 이루어질까 염려된다. 이 염려가 얼마나 그럴듯했는지 미래가 너무도 분명하게 보여 주었다. 어쨌든 좋다. 계속 해보자. 어쩌면 행운이 미소를 보낼지도 모르니, 보름 동안 수시로 돋보기를 들고 아침부터 저녁까지 작은 유리관에 벌려 놓은 100개가량의 알을 살폈다.

노린재 알은 거꾸로 놓인 닻 모양의 검은 줄로 부화가 임박했음을 예고했었다. 뚜껑과 가까운 곳에 나타나는 닻은 다름 아닌 해방 기계였다. 꼬마는 뻣뻣한 대가 달린 삼각모자를 썼었다. 그런데 여기서는 그와 비슷한 것조차 없다. 침노린재 알은 처음부터 끝까지 잠금 장치에 대한 표시가 전혀 없이 일률적으로 호박색만 유지했다.

그러다가 7월 중순에 부화가 많아진다. 매일 아침, 유리관에서 처음과 똑같은 호박색이면서 뚜껑이 열린 작은 항아리가 수집된다. 정확히 볼록한 공 모양인 뚜껑이 빈 알 옆의 땅바닥에서 뒹굴었다. 하지만 가끔은 출구 가장자리에 매달려 있기도 했다. 아주 하얗고 예쁜 어린 애벌레가 빈 항아리 사이에서 재빨리 깡충거리지만 나는 항상 지각이었다. 햇빛이 훤히 비치는 곳에서 보려 했으나 사건은 이미 끝나 있었다.

추측대로 뚜껑은 밤중에 열린다. 맙소사! 밝은 조명이 없으니 그렇게도 흥밋거리인 문제의 해결을 놓치겠구나. 침노린재는 제 비밀을 지킬 것이고, 나는 아무것도 보지 못하겠구나.…… 어쩌면 볼 것이다. 끈기에는 예기치 않은 방책이 따르는 법이다. 벌써 1주일을 실패했는데, 뜻밖에도 몇몇 지각생이 아침 9시의 아주 밝은 빛을 받으며 상자를 열겠단다. 그 광경에서 나는 자리를 뜰 수가 없었다. 그 순간은 집에 불이 났더라도 나는 꼼짝하지 않았을 것이다. 독자께서도 상상해 보시라.

침노린재의 알 뚜껑에는 노린재가 이용했던 대못 털이 없다. 그저 알껍질과 나란하게 풀칠만 되어 있는 뚜껑의 한쪽 끝이 드디어 돋보기의 확대로 겨우 인정될 만큼, 느리게 떠들리며 다른 쪽으로 돌아가는 게 보인다. 알 속에서 일어나는 일은 오래 걸리며 힘든

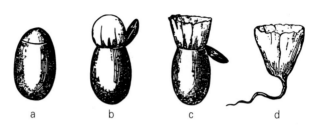

가면침노린재의 알:
a. 부화 전, b. 부화 순간, c. 폭파 기구가 터진 뒤, d. 탈락되어 부서진 폭파 기구

것 같다. 그래도 뚜껑의 벌어짐이 더 분명해지며 열린 틈으로 무엇인가가 어렴풋이 비쳐진다. 무지갯빛 얇은 막인데, 혹처럼 부풀어 오르며 부푸는 만큼 뚜껑이 밀려 올라간다. 이제 알껍질 밖으로 둥근 피막이 솟아올라 밀짚 끝의 비눗방울처럼 점점 커진다. 피막이 늘어남에 따라 점점 밀려 올라온 뚜껑이 떨어진다.

그 순간 폭탄이 터진다. 견딤의 한도를 넘어서 부풀어 오른 기포의 위쪽이 터진 것이다. 그렇게도 얇은 주머니가 우물의 높은 둘레돌 같은 출구 둘레에 들러붙는다. 가끔은 이 주머니가 폭발하는 힘에 떨어져 나가 알껍질 밖으로 동댕이쳐지기도 한다. 이런 상황에서는 둘레가 찢어진 반구 모양의 얇은 컵처럼 되며, 아래쪽은 구불구불 늘어난 자루 같다.

이제 과정이 끝나 길이 훤하게 열렸다. 출구에 끼여 있던 막이 터지거나 쓰러져 주머니가 터지면서 알 밖으로 퉁겨졌을 때, 비로소 어린것이 완전히 자유로운 출구를 발견하고 해방된다. 솔직히 말해서 참으로 희한한 방법들이다. 통에서 나오려는 노린재는 가지 세 개의 삼각모자와 수력으로 성을 무너뜨리는 충격법을 고안해 냈고, 침노린재는 폭발하는 기계를 고안했다. 전자는 부드럽게 했는데, 난폭한 다이너마이트 제조공은 감옥의 지붕을 폭탄으로 폭파했다.

폭탄은 어떤 폭약으로 어떻게 장전되었을까? 공 모양이 터지는 순간 솟아나는 것은 전혀 보이지 않았다. 찢어진 것이 어떤 액체로 젖지도 않았다. 따라서 내용물은 분명히 가스였다. 하지만 더는 모르겠다. 이렇게 미묘한 문제가 반복 관찰되지 않아 불충분한 관찰이 되어 버렸다. 그래서 순전히 개연성에만 의지할 수밖에 없는 나는 다음과 같이 제의하련다.

어린 벌레는 몸에 꼭 끼며 빈틈없이 막힌 속옷을 입고 있다. 이 옷은 일시적 피부로서 애벌레가 알을 떠날 때 벗어 던질 집이다. 집은 부속물인 뚜껑 밑의 공 모양과 연결되었다. 터진 공에 딸려서 알 밖으로 뛰쳐나간 구불구불한 자루는 연락 통로라는 표시이다.

작은 애벌레가 형태를 잡으며 사람에 따라 매우 천천히 일어나는 호흡 작용의 생성물을 둥근 주머니, 즉 전체를 감싼 속옷이 받은 것이다. 생명유지에 끊임없이 필요한 산화의 결과물인 이산화탄소가 알껍질 밖으로 배출되는 게 아니라 일종의 가스 탱크에 축적된다. 탱크를 점점 팽창시켜 뚜껑에 압력을 가한다. 부화할 때가 된 애벌레는 호흡 작용이 증가한다. 아마도 배아의 발달 초기부터 준비한 팽창이 완성되었을 것이다. 마침내 확장된 가스탱크의 압력에 못 견딘 뚜껑이 떨어진다. 병아리는 알껍데기 속에 공기주머니를 가졌는데, 침노린재의 어린 애벌레는 이산화탄소 폭탄을 가졌으며, 호흡의 결과로 해방되는 것이다.

(뿔검은)노린재와 (가면)침노린재의 희한한 부화는 분명히 이들만의 독창적인 방법은 아닐 것이다. 노린재목(Hémiptères: Hemiptera) 곤충의 다른 종도 가동성(可動性) 뚜껑을 가진 알이라면 통용될 게 틀림없다. 어쩌면 그게 일반적인 법칙일지도 모른다. 각 종은 상자를 여는 독특한 방법의 태엽이나 지렛대를 가졌을 것이다. 노린재 알에는 얼마나 놀라운 기계장치가 되어 있더냐! 인내력과 좋은 시력만 있다면 흥밋거리를 얼마나 더 수확할 수 있겠더냐!

이제는 어린 침노린재의 탈출을 보자. 뚜껑은 얼마 전에 떨어졌다. 아주 하얀 애벌레가 배내옷에 꼭 낀 채 솟아오른다. 배 끝이 출구에 걸려 있는데, 그 구멍은 폭탄 파편인 얇은 막의 테두리로 허리띠가 되어 있다. 몸부림치며 흔들어 뒤로 젖힌다. 이 유연체조의 목적은 배내옷의 이음매 분리시키기이다. 팔받이, 정강이 각반, 가슴받이 따위가 쫙 찢어지는데, 그때 꼭 낀 옷으로 갑갑한 꼬마는 얼마간의 노력이 필요하다. 모두 밀려나자 누더기가 된다.

이제 갓 난 애벌레가 해방되었다. 녀석은 알껍질에서 멀리 뛰어간다. 가늘고 길며 흐느적거리는 더듬이로 공간을 탐색하며 넓은 세상을 알아본다. 뚜껑이 출구에 붙어 있을 때는 흔히 배내옷을 등이나 엉덩이에 달고 나간다. 마치 둥글고 볼록한 옛날 방패를 가지고 전쟁터에 나가는 것 같다. 그런 갑옷으로 무엇을 할까? 방어용 도구일까? 천만에. 항아리 뚜껑이 우연히 애벌레와 접촉되자 찰싹 달라붙은 것뿐이다. 방패는 머지않아 허물을 벗을 때 떨어져 나간다. 이 세목은 애벌레가 지나는 길에 만나는 가벼운 물건을 몸에 붙일 수 있는 체액의 분비를 예고해 준 셈이다. 조금 뒤에 이 특성에 따른 결과를 보게 될 것이다.

크고 둥근 방패를 등에 붙였든 안 붙였든, 긴 다리와 긴 더듬이를 가진 갓난이가 알을 떠나자 아주 작은 거미의 모습으로 갑작스럽게 돌진하며 돌아다닌다. 이틀 뒤, 아무것도 안 먹은 상태에서 허물을 벗는다. 이미 배가 부른데도 식탐하는 사람은 나중에 나오는 맛난 음식이 들어갈 자리를 마련하려고 단추(허리띠)를 푼다. 아직 아무것도 안 먹은 이 벌레도 옷을 몽땅 찢어 집어던지고 새 피부를 만들어 배의 모양을 바꾼다. 녀석의 배는 땅딸막하고 매우 작았었는데 지금은 둥글고 불룩하다. 이제 먹을 때가 된 것이다.

경험 없는 식당 주인인 나는 무엇을 대접해야 할까? 침노린재에 관한 린네(Linné)의 글 한 대목이 기억난다. 대가께서는 이렇게 말했다.

보기 흉하고 가면을 쓴 애벌레는 빈대를 빨아먹는다.

(*Consumit cimices lectularios hujus larva, horrida, personata.*)

지금 당장은 이 사냥감이 적당치 않다. 표본병의 애벌레는 작고 허약해서 감히 그런 식품을 공격하지 못할 것이다. 다른 이유도 있다. 빈대가 필요해도 찾아낼는지 모르겠다. 그러니 다른 것으로 시험해 보자.

성충의 취미는 배타적이 아니어서 매우 다양한 곤충을 사냥했었다. 애벌레도 분명히 그럴 테니 작은 파리를 주어 보자. 절대로 거절이다. 그렇게 어린 녀석이 처음에 머물렀던 창고에서 위험한 싸움은 없이 쉽게 얻을 수 있는 게 무엇일까? 녀석은 비계, 뼈, 가죽 말고 다른 것을 발견하지 못할 테니 비계를 주어 보자.

이번에는 바라는 대로 진행된다. 애벌레가 비계에 달라붙어서 주둥이를 박고 역한 냄새가 나는 올레인(Oléine, 기름 종류)을 빨아

먹는다. 다음, 모래밭으로 물러나 소화시킨다. 녀석들이 잘 자라서 날로 크는 것을 본다. 보름 동안 통통하게 자란 지금은 녀석들이 안 보인다. 다리를 비롯한 전신에 모래가 달라붙어서 그런 것이다.

허물을 벗은 다음 즉시 광물질 뒤집어쓰기가 시작되었다. 멋대로 듬성듬성 달라붙은 흙가루 무늬가 생겼다가 지금은 모두 이어진 껍질이 되었다. 가만히 놔두자. 그러면 짧았던 외투가 남루해 보기 싫은 옷이 되어 린네의 형용사를 받을 만할 것이다. 즉 소름 끼치며(horrida), 가면무도회(personata)의 먼지 도미노(domino)[1]를 입은 벌레가 된다.

누더기를 사냥감에 접근시키기 위한 전술인 위장술로, 즉 계획적인 작품으로 보고 싶다면 틀린 생각임을 깨닫자. 그것은 아무 기술도 없이 저절로 그렇게 된 것이다. 그 비밀은 이미 크고 둥근 방패 모양의 알 뚜껑이 알려 주었다. 애벌레는 무슨 기름기를 흘리는데, 기름은 아마도 녀석이 먹은 비계에서 왔을 것이다. 녀석이 한 짓은 아무것도 없는데, 지나간 곳의 먼지가 기름 풀에 붙은 것이다. 침노린재는 옷을 입은 게 아니라 더러워졌다. 녀석은 끈끈한 땀을 흘려 먼지 덩어리 모습으로 걸어 다니는 오물이 된 것이다.

먹는 문제에 대하여 한 마디 더 하자. 어디서 얻은 자료인지는 몰라도 린네는 침노린재를 빈대 제거자로, 즉 우리의 협력자로 만들었다. 그 뒤로 책들이 서로 메아리가 되어 칭찬을 반복해서 이제는 당연히 가면 쓴 벌레가 밤에 우리 피를 빨아먹는 녀석을 공격하는 것으로 인정되었다. 그 행동은 분명히 우리가 감사해야 할 훌륭한 명분이 될 것

1 두건 달린 옷

124

이다. 하지만 그게 정말로 정확한 말일까? 나는 권위 있는 저자에게 감히 반기를 들련다. 어쩌다 침노린재가 빈대의 목을 조르는 것을 발견했다면 그보다 좋은 일도 없을 것이다. 그런데 내 포로는 숲의 빈대(노린재)로 만족했다. 게다가 노린재를 요구하는 게 아니라 그저 받아들였을 뿐이다. 빈대 없이도 얼마든지 살며, 그것보다는 메뚜기나 다른 곤충을 더 좋아하는 것 같았다.

그러니 급하게 일반화시켜서 침노린재가 침대에서 고약한 냄새를 풍기는 벌레에게 이끌려 잡아먹는 녀석으로 보지는 말자. 나는 이런 특기를 발동시키려면 중대한 장애가 있다고 본다. 몸집이 비교적 두꺼운 침노린재는 빈대가 틀어박힌 틈으로 비집고 들어가지 못할 것이다. 더욱이 빈대가 먹을 자리를 고르려고 우리 몸을 탐색하는 시간에, 먼지 외투를 뒤집어쓴 녀석이 우리 침대로 침입한다면 몰라도, 녀석이 직접 빈대 소굴로 사냥하러 간다는 것은 불가능한 일이다. 그런데 이렇게 자는 사람과의 친숙함도 인정되는 게 없다. 내가 알기로는 침노린재나 그 애벌레가 우리 침대를 탐색하는 것을 발견한 사람은 아무도 없다.

가면 쓴 애벌레가 우연히 사냥하다가 찬양받은 것은 아니다. 녀석의 먹이는 린네가 말해서 집필자들이 반복한 것과는 별개이다. 내 사육은 이렇게 말한다. 어릴 때는 기름기 있는 물질을 먹고 산다. 좀 자라면 성충처럼 어느 곤충이든 다 먹어서 식단을 다양화한다. 푸줏간의 창고는 녀석에게 즐거운 곳이다. 거기서는 비계 요리를 얻다가 나중에는 죽은 것을 먹는 시식성(屍食性) 파리나 수시렁이, 그 밖의 다른 벌레를 발견한다. 어두컴컴하고 비를 맞지도 않는 부엌에서 기름기 조각을 주워 먹고 졸던 파리나 집 없는 꼬마 거미를 덮친다. 잘 자라기는 이것으로도 충분하다.

우리 책에서 지워야 할 또 하나의 전설이다. 지웠다고 해서 이 곤충이 명예에 큰 손해를 보는 것은 아니다. 가면침노린재 역사에서 빈대의 사형 집행자로 남지는 못할망정, 이제부터는 더 당당하게 상자를 폭약의 폭발로 여는 발명가로 기록될 것이다.

7 꼬마꽃벌 - 기생충

그대는 꼬마꽃벌(Halictes: *Halictus*)을 아는가? 아마도 모르시겠지, 모른다고 해서 크게 손해 볼 것도 없지. 꽃벌을 몰라도 즐거운 생은 얼마든지 맛볼 수 있지 않던가. 그러나 끈질기게 조사하면 문젯거리도 아니던 하찮은 벌이 아주 이상한 이야기를 들려준다. 게다가 이 세상을 혼란시키는 혼잡에 대해 우리의 생각의 폭을 좀 넓히고 싶다면, 녀석과 사귀는 것도 무시될 일만은 아니다. 한가한 지금 꼬마꽃벌을 좀 알아보자. 그럴 만한 가치가 있다.

녀석을 어떻게 알아볼까? 꼬마꽃벌은 꿀 공장주이며 대개 우리네 양봉꿀벌(Abeille: *Apis mellifera*)보다 가늘고 날씬하다. 하지만 크기와 색깔이 매우 다양하며 큰 무리를 이룬다. 땅벌(Guêpe: *Vespula*)보다 크거나 집파리(Mouche domestique: *Musca domestica*)°와 비교되는 종도, 더 작은 종도 있다. 이렇게 다양해서 초보자를 혼란시켜도 변함없는 특징 하나는 꾸준해서, 꼬마꽃벌은 어느 종이든 제 노동조합의 증명서를 잘 보이게 간직하고 있다.

배 끝의 마지막 마디 등면을 보시라. 당신의 수집품이 꼬마꽃벌

구리꼬마꽃벌 이 종류는 15종 정도가 기록
되었으나 _Halictus_속은 이 한 종만 알려졌다.
이종욱 사진

이면 거기에 가느나 매끈하며 반짝이는 홈이 있다. 녀석이 방어 자세를 취할 때는 그 홈을 따라서 침이 미끄러져 나온다. 무기를 뽑는 칼집의 홈은 몸 색깔이나 크기의 구별 없이 꼬마꽃벌 족속의 일원임을 단언한다. 침을 가진 족속의 어느 곤충도 이렇게 독특한 홈이 없으며, 이것이 그 가문(家紋)을 구별하는 표시가 된다.

이번 이야기에 3종의 꼬마꽃벌이 등장하는데,[1] 두 종은 이웃인 단골손님으로서 해마다 내 울타리 안에 자리 잡지 않는 일이 드물다. 녀석들은 나보다 먼저 거기를 차지하고 있었다. 그래서 나를 관용해 준 것에 대한 확실한 보상의 의미로 녀석들의 터전을 빼앗지 않도록 아주 조심한다. 이웃에 있어서 날마다 볼 수 있는 것만도 행운인데, 또다시 녀석들을 이용하자.

그 중 첫째는 긴 배에 검정과 엷은 다갈색이 멋지게 교대로 띠무늬를 이룬 얼룩말꼬마꽃벌(H. zèbre: _H. zebrus_→ _scabiosae_)이다. 날씬한 몸매, 땅벌과 맞먹는 크기, 단순하면서도 멋진 복장으로 이곳의 꼬마꽃벌 족속 중 주요 대표가 된다.

집짓는 시기가 된 꽃벌은 흙이 단단해서 무너짐으로 방해될 염려가 없는 땅에 지하 갱도를 판다. 울타리 안에 작은 조약돌과 붉은 진흙이 섞여 단단하게 다져진 정원의 길이 녀석에게는 안성맞춤이다. 결코 단독이

1 이 장에서는 한 종만 다뤄진다.

아니라 패거리가 봄마다 거기를 차지하는데, 패거리의 규모는 아주 다양해서 100마리나 될 때도 있다. 그렇게 일종의 촌락을 이루었으나 서로는 경계를 지어 별개로 산다. 즉 장소의 공통성은 있

얼룩말꼬마꽃벌
실물의 3.5배

어도 작업공동체의 체계는 전혀 아니다.

각자가 제집, 침범할 수 없는 제 저택을 소유해서 집주인이 아니면 누구도 들어갈 권리가 없다. 위험을 무릅쓰고 대담하게 남의 집으로 들어갔다가는 격렬한 주먹질로 징계를 받을 것이다. 꼬마꽃벌 사이에서 이런 무례는 용납되지 않는다. 각자 제집에서 저만을 위하는 것이 동업자가 아닌 이웃으로 구성된 초보 사회의 평화를 유지하는 길이다.

작업은 4월에 시작되는데 은밀하게 해서 생흙이 쌓여야만 알 수 있다. 작업장에는 활기가 전혀 없고, 일꾼이 보이는 일도 드물다. 그만큼 녀석은 구멍 속에서만 바쁘다. 가끔씩 여기저기서 작은 흙더미가 흔들리며 원뿔 같은 비탈로 무너져 내린다. 밖에는 몸을 내보이지 않는 일꾼이 쓰레기를 한 아름씩 안고 올라와 밖으로 밀어낸 것이다. 지금은 이런 일뿐이다.

조심해야 할 일 하나는 행인이 부주의로 그 마을을 밟고 지나갈 경우에 대한 보호이다. 그래서 마을마다 갈대 토막으로 울타리를 쳐주는데, 경고의 표지로 한가운데다 긴 종이가 달린 말뚝을 세운다. 정원에서 이렇게 표시된 길은 통행금지 지대이며, 집안 식구

중 누구도 그리 다녀서는 안 된다.

4월까지 땅속에만 있던 녀석들이 꽃과 햇볕으로 즐거운 5월이 되자 수확하는 일꾼으로 변한다. 노란 가루투성이 꽃벌이 분화구 모양의 흙더미 위에 앉아 있는 것만 항상 보아 왔는데, 집의 배치가 유익한 자료를 제공할 테니 우선 집부터 알아보자. 삽과 뤼쉐(luchet)라고 불리는 세 갈래짜리 가래가 벌의 지하동굴을 눈앞에 드러내 놓았다.

굴은 가능하면 곧게 수직에 가까웠으나, 자갈 토막이 많은 까다로운 땅이라 구불구불한 구멍이 20～30cm 깊이까지 내려간다. 긴 현관은 울퉁불퉁해서 계속 지나다니는 꽃벌이 곧잘 스치는 단순한 통로일 뿐, 대체로 일정한 규격에 반들거리는 표면의 형태는 아니다. 어미벌에게 필요한 것은 쉽게 오르내리며 급히 드나드는 것뿐, 섬세한 기술은 단지 새끼 방에서만 쓰인다. 독방 공사 때문에 굵은 연필 지름의 지하도는 투박해도 그냥 놔둔다.

집의 아래쪽에는 다양한 높이에 수평으로 층층이 뚫린 독방이 있다. 독방은 흙을 타원형으로 파낸 구멍으로 길이는 2cm 정도이며, 손잡이가 두 개인 항아리의 멋진 테두리처럼 끝이 벌어졌다가 짧은 입구로 끝난다. 마치 유사요법(Homéopathique, 類似療法, 의학 용어)의 작고 예쁜 약병을 뉘어 놓은 것 같으며, 모두가 작업용 지하도 쪽으로 열려 있다.

회반죽이 되어 있는 독방의 내부는 우리네 미장이가 솜씨를 부러워할 만큼 반짝이며 매끈하다. 거기에 길이로 가늘게 마름모꼴 무늬가 새겨졌는데, 작품의 마지막 손질로 닦아 낸 솔의 흔적들이다. 닦는 솔이란 어떤 것일까? 분명히 혀 말고 다른 것일 수는 없다. 혀가 규칙적으로 벽을 핥아서 윤을 냈다. 꼬마꽃벌은 혀까지 흙손으로 이용하는 것이다.

섬세하고 완전한 마지막의 완만한 경사가 만들어지기 전에는 초벌 깎기를 한다. 아직 식량 저장이 안 된 독방은 벽에 바느질용 골무 같은 구멍들이 뚫려 있다. 이것들은 큰턱의 작품임을 알 수 있다. 뾰족한 큰턱이 진흙을 누르거나 밀어 올리며 모래 알갱이는 모두 치운다. 거기에 생긴 깔깔한 테두리에 매끈한 진흙층이 단단히 달라붙게 된다. 매끈한 층은 불순물을 주의 깊게 골라내고 이겨서 한 조각씩 갖다 붙여 얻은 것이다. 그때 혀 흙손이 작동해서 무늬를 넣고 매끈하게 한다. 그동안 타액(침)이 나와서 반죽에 결합제를 넣어 주면 그것이 말라서 마침내 방수용 바니시가 된다.

봄에 소나기가 와서 땅속이 젖으면 작은 흙 침실이 곤죽처럼 될 것이다. 하지만 이런 위험에 대비해서 침을 섞은 것은 훌륭한 예방책이었다. 그렇지만 너무도 미세한 울타리라 바니시 층을 보았다기보다는 차라리 짐작하는 편이다. 그래도 그것의 효력은 분명했다. 작은 방에 물을 가득 채워 보았으나 전혀 물이 스미지 않고 아주 잘 보존되었다.

예쁜 항아리에 방연광(方鉛鑛) 유약을 바른 것 같았다. 옹기장이는 광물성 원료를 마구 부어서 얻는 방수성을 꼬마꽃벌은 침을 발라 부드럽게 닦는 혀의 솔로 얻는다. 이렇게 해서 보호되는 애벌레는 비에 젖은 땅속에서도 건조한 위생의 혜택을 누릴 것이다.

마음만 먹으면 얇은 방수성 막을 쉽게 떼어 낼 수 있다. 작은 방들이 지어진 조잡한 흙덩이를 적셔 보자. 물이 천천히 스며들어 죽처럼 된 흙덩이의 흙을 얼마든지 붓으로 쓸어 낼 수 있다. 인내심을 가지고 곱게 비질해 보자. 그러면 불순물에서 그야말로 고운 일종의 공단 조각을 빼내게 될 것이다. 그것이 습기를 막는 무색 투명한 벽지였다. 만일 거미가 그물을 짜지 않고 피륙을 짰다면 그 벽지와 비교될 정도였다.

보다시피 꼬마꽃벌의 방은 시간이 많이 걸리는 작품이다. 진흙 땅속에 곡선의 타원형 집을 파는데 곡괭이는 큰턱, 갈퀴는 발목마디의 작은 발톱이다. 일이 아무리 거칠어도 벌의 좁고 긴 몸이 겨우 지나갈 정도는 되어야 하니 첫 작업이 힘들겠다.

파낸 흙은 방해가 되므로 즉시 모아서 앞다리에 안고, 뒷걸음질로 통로를 거쳐 위로 올려 가, 밖으로 밀어내 작은 둔덕을 만든다. 작업이 진행됨에 따라 둔덕이 높아진다. 그다음 깔깔한 벽에 양질의 진흙으로 회반죽 칠하기, 끈질기게 혀로 골고루 닦기, 방수성 칠 입히기, 걸작품 옹기 항아리의 테두리 제작 따위의 섬세한 수정 작업이 따른다. 방문을 막을 때가 되면 마개가 끼워질 것이며, 이 모든 작업이 기하학적으로 정확하게 이루어져야 한다.

그렇다. 완전하게 갖춰진 애벌레의 방은 성숙한 알이 난소에서 내려오는 그날 갑자기 만들 수 있는 작품이 아니다. 꽃이 드물고 온도가 급작스럽게 변하는 3월 말과 4월의 한가한 계절에 일찍부터 미리 공사를 한다. 날씨가 자주 춥고 소나기가 내리기 일쑤인[2] 불쾌한 시기를 집짓기로 보내는 것이다. 구멍 저 안쪽의 어미는 별로 나오지 않고, 혼자 새끼들의 방을 준비하며 남는 시간에 한껏 보완 작업을 한다.

태양이 찬란하게 빛나고 꽃이 풍성하게 피어나는 5월이면 방이 거의 또는 다 완성된

2 프랑스, 특히 남부 지방은 봄 날씨가 매우 불순하긴 해도 비는 극히 적은데, 의문스런 내용이다.

다. 식량 수확기 전의 오랜 준비는 열어 본 땅굴에서 확인했다. 땅굴이 완성되었으나 한 타(12개)가량의 방은 아직 비어 있다. 이렇게 모든 방을 먼저 만든 것은 현명한 대비책이다. 토목 인부로서의 힘든 일을 끝낸 어미는 까다로운 수확과 산란철까지 집을 돌볼 필요는 없을 것이다.

모든 준비를 끝낸 5월이면 공기는 따듯하고 시스투스(Hélian-thèmes: 물푸레나무류), 민들레(Pissenlit: *Taraxacum*), 양지꽃(Poten-tilles: *Potentilla*), 데이지(Pâquerettes: *Bellis*) 등의 수많은 꽃으로 장식된 풀밭이 미소를 보낸다. 꿀을 수확하는 꿀벌(科)은 거기서 즐겁게 뒹굴며 노랗게 꽃가루를 묻힌다. 모이주머니는 꿀로 부풀고, 다리의 브러시도 꽃가루 뭉치가 된 꼬마꽃벌이 마을로 돌아온다. 거의 땅을 스치듯 낮게 날다가 급회전한 곳에서 방향을 잃고 몸을 흔들며 망설인다. 약한 시력으로 마을의 오막살이 중에서 제집 찾기가 어려운 것이다.

날아오를 때는 언제나 이리저리 날며 그 장소를 조사해서, 저만 아는 어느 작은 표지로 정확히 알았었는데, 지금은 모양이 서로 같은 이웃의 저 많은 흙더미 중 어느 것이 제집일까?

마침내 제집을 찾았다. 꼬마꽃벌은 입구로 내려와서 재빨리 안으로 들어간다.

구멍 속에서 벌어지는 일은 다른 꿀벌(科)과 별로 다르지 않을 것이다. 수확한 벌은 뒷걸음질로 어느 방으로 들어가서 묻혀 온 꽃가루를 떨어내고, 그다음 돌아서서 모이주머니의 꿀을 가루 위에 토해 낸다. 지칠 줄 모르는 어미가 즉시 땅굴을 떠나 꽃으로 간다. 여러 번의 여행 끝에 방안에 식량 더미가 넉넉히 쌓인다. 이제는 케이크를 반죽할 시간이다.

어미는 검소한 가루에 꿀을 섞어서 반죽하여 완두콩만 한 것을 작은 방에 채운다. 이 빵은 우리 빵과 달리 딱딱한 것이 속에, 연한 것이 겉에 있다. 모이주머니가 처음의 연약한 새끼가 먹어야 할 부드럽고 맛있는 것을 거죽에 토해 놓아서, 겉은 꿀이 많이 발린 연한 빵이 된다. 애벌레가 힘이 생긴 다음에 먹을 몫인 반죽의 가운데는 거의 마른 꽃가루뿐이다. 결국 식량인 환약의 질은 애벌레의 발달에 따라 층별로 조절된 것이다. 처음은 꿀을 탄 표면층의 죽이고, 나중은 속 층의 마른 가루이다. 꼬마꽃벌의 경륜이 이렇게 권한 것이다.

활처럼 굽은 알 하나가 환약 위에 누워 있다. 관례에 따르면 이제 방의 봉인이 남았다. 꿀을 수집하는 청줄벌(*Anthophora*), 뿔가위벌(*Osmia*), 진흙가위벌(*Chalicodoma*), 그 밖에 여러 벌은 식량을 먼저 충분히 쌓아 놓고 산란한 다음 방을 단단히 닫고 다시는 찾아오지 않는다.

그런데 꼬마꽃벌의 경우는 방법이 달랐다. 둥근 빵과 알이 들어 있는 방이 자유롭게 열려 있는 것이다. 모든 방이 땅굴의 공동 통

134

로 쪽으로 열려 있어서, 어미는 언제나 마음대로 찾아가 가족의 발달 상태를 알아볼 수 있다. 확실한 증거를 갖지는 못했어도 나는 어미가 가끔씩 새끼에게 새 식량을 나누어 줄 것이라는 상상을 해본다. 이유는 다른 꿀벌과 비교했을 때 처음에 준 빵이 너무 검소한 것 같아서였다.

사냥성인 어느 벌, 가령 코벌(*Bembix*)은 식량 보급을 나누어서 한다. 녀석은 비록 죽은 것일망정 신선한 요리를 먹이려고 애벌레의 광주리를 매일매일 새로 채워 준다. 보존이 더 쉬운 식량의 성질로 보아 꼬마꽃벌에게 이런 정도의 집안일이 요구되지는 않을 것이다. 하지만 새끼에게 왕성한 식욕이 생길 무렵 가루를 더 보충해 줄 수는 있을 것이다. 영양 섭취 기간에 방안을 자유로이 드나들게 된 구조를 설명하려면 이런 이유밖에 없을 것 같다.

주의 깊게 지켜보며 배불리 먹인 새끼가 드디어 적당히 살이 쪘다. 이제 번데기로 탈바꿈하기 직전이다. 바로 이때, 이때만 방이 닫힌다. 어미는 거칠게 빚은 진흙마개로 넙죽하게 열린 입구를 막는다. 이제야 어미로서의 보살핌은 끝났고 나머지는 저절로 이루어질 것이다.

지금까지는 평범한 가사일만 보았는데, 조금 앞으로 거슬러 올라가 보자. 그러면 극심한 강도질이 목격될 것이다. 5월의 매일 10시경, 즉 식량 비축 작업이 한창일 때

어리코벌 어리코벌은 여러 종류의 어린 메뚜기를 사냥해서 땅굴에 묻어 새끼의 먹잇감으로 쓴다. 성충은 초여름에 나타나는데 우리나라에서는 흔하지 않다. 평창, 28. VI. 06

주민이 제일 많은 마을을 찾아가 보았다. 낮은 의자에 쪼그리고 앉아 햇볕을 받아 가며, 다시 말해서 등은 구부리고 팔은 무릎에 괸 채 꼼짝 않고 점심때까지 들여다본다. 나를 이토록 유혹한 것은 꼬마꽃벌이 아니다. 벌에게는 과감한 폭군, 실은 별것 아닌 꼬마 파리인 기생충이다.

악당 파리가 이름은 있을까? 아마도 있겠지. 독자 역시 별 관심거리가 아닐 테니 이름을 알아보겠다고 시간을 허비할 생각은 없다. 무미건조한 학술 용어를 자질구레하게 따지기보다는 확실한 이야깃거리인 사실이 더 낫다. 몸길이 5mm가량의 이 쌍류류(Diptère: Diptera, 雙翅類)는 얼굴이 희고 눈은 암적색이다. 가슴은 회색인데 5줄의 작고 검은 점들이 있고, 거기에서 뒤로 향한 센틸이 나 있다. 배는 회색이나 복면은 약간 엷고, 다리는 검다.[3]

내가 관찰하는 애벌레 마을에는 이 파리가 많다. 녀석은 땅굴 근처에서 납작 엎드려 햇볕을 받으며 기다린다. 꼬마꽃벌이 꿀을 따고 다리에 꽃가루를 노랗게 묻혀서 돌아오자 즉시 날아올라 꽃벌을 따라다닌다. 벌이 이리저리 돌고 또 돌며 도망쳐도 항상 뒤를 따른다. 마침내 벌이 갑자기 제집으로 들어간다. 그러면 녀석도 갑자기 입구 바로 옆의 흙더미에 내려앉는다. 머리는 문 쪽을 향해 꼼짝 않고 벌이 일을 끝내기를 기다린다. 마침내 벌이 나오는데, 머리와 가슴을 구멍 밖으로 내놓고 얼마 동안 머문다. 꼬마파리는 움직임이 없다.

두 녀석이 손가락 굵기보다 좁은 간격을 두고 마주 대하는 일이 아주 흔하다. 하지만 양쪽 누구도 흥분하지 않는다. 꼬마꽃벌은

---

3 기생파리의 대다수에게 공통으로 적용되는 특징에 불과하니 거의 의미가 없는 기재문이다.

저를 노리고 있는 기생충
에게 관심이 없다. ―
적어도 녀석이 조용
하니 그렇게 생각할
수도 있겠다. ― 기
생충은 나름대로 대
담한 녀석이니 전혀

벌 받을 염려를 하지 않는
다. 덩치 큰 녀석이 다리를 한번 들어 짓눌러 버릴 수도 있을 텐
데, 난쟁이가 그 앞에서 태연하게 버티고 있다.

나는 어느 녀석에게든 어떤 불안의 징조를 찾아보려 했으나 헛
일이었다. 벌은 제 가족에게 직면한 위험을 안다는 표시가 전혀
없고, 파리도 엄한 징벌을 염려한다는 표시가 없다. 약탈자와 약
탈당하는 자가 서로 한동안 바라만 볼 뿐 아무 일도 없다.

큰 덩치의 착한 녀석이 마음만 먹으면 제집을 멸망시킬 꼬마강
도의 배를 갈라 버릴 발톱도, 힘으로 가루를 만들어 버릴 큰턱도,
찔러 버릴 침도 있다. 그런데 바로 옆에서 꼼짝 않고 빨간 눈으로
대문만 노려보는 강도에게 아무런 조치가 없다. 왜 이토록 바보처
럼 온순할까?

벌이 떠난다. 파리는 마치 제집에 들어가듯 격식도 차리지 않고
즉시 들어간다. 이미 말했듯이 방문은 모두 열려 있으니 식량이
저장된 방을 마음대로 골라잡아 느긋하게 알을 낳는다. 벌이 돌아
오기 전에는 아무도 방해하는 녀석이 없다. 모이주머니를 시럽으
로 부풀리고, 다리에 꽃가루를 실으려면 시간이 좀 걸린다. 그러

니 침입자가 나쁜 짓을 하는 데 필요한 시간은 충분하다. 게다가 녀석의 정밀 시계는 잘 조절되어 있어서 벌이 나가고 없는 시간을 정확히 재 준다. 꼬마꽃벌이 들판에서 돌아왔을 때는 파리가 떠나고 없다. 녀석은 여기서 멀지 않은 굴 옆에서 다시 못된 짓 할 기회를 노리고 있을 것이다.

혹시 기생충이 작업 중 벌에게 들키면 어떤 일이 벌어질까? 들켜도 큰일은 전혀 없다. 굴속까지 꼬마꽃벌을 따라가서 꽃가루와 꿀을 섞는 동안 같이 머문 과감한 녀석도 보았다. 그렇지만 벌이 따온 꿀을 반죽하는 동안은 파리도 환약을 처분할 수가 없다. 그래서 다시 자유로운 문 밖으로 나와 벌의 외출을 기다린다. 녀석은 겁에 질리지도 않았고 걸음걸이도 태연했다. 벌의 작업실에서 곤란한 일을 전혀 겪지 않았다는 명백한 증거이다.

만일 꼬마가 너무 대담하게 케이크를 쫓아오면 귀찮은 녀석의 목덜미를 한번 탁 쳐서 쫓아내려 할 텐데, 집주인이 감히 할 수 있는 일은 고작 이 정도일 것이다. 도둑놈과 도둑맞는 녀석 사이에 심각한 싸움은 없다. 덩치 큰 녀석이 굴속에서 작업 중일 때 밖으로 나오는 난쟁이의 자신 있는 태도와 완전히 무사함은 싸움이 없었음을 말해 준다.

벌은 식량을 가졌든 안 가졌든, 집으로 돌아올 때 얼마 동안 망설인다는 말을 했다. 급격한 회전에 앞뒤로 왔다 갔다 하고, 지면에서 멀어졌다 가까이 돌아오곤 했다. 처음에는 이렇게 나는 것을 보고 박해자를 혼란시켜서 따돌리려는 것으로 생각했었다. 실제로 그런 것이었다면 벌은 신중하게 일한 셈이다. 하지만 녀석은 이 정도의 지혜조차 갖지 못한 것 같다.

녀석이 걱정한 것은 외적이 아니라 서로 겹쳐져서 혼란스러운 흙무더기였다. 새로 파낸 흙이 무너져서 날마다 모습이 무질서하게 바뀌는 마을의 좁은 길 때문에 제집 찾기가 어려웠던 것이다. 잘못 알고 남의 굴 앞에 내려앉는 일이 잦은 것을 보면 망설였음이 분명하다. 내려앉았다가 대문의 자질구레한 특징이 다름을 곧 알아챈다.

그네를 뛰듯 구불구불 날고, 때로는 갑자기 멀리 도망쳤다가 똑같은 조사가 다시 시작된다. 꼬마꽃벌은 마침내 제 굴을 알아보고 급히 안으로 들어간다. 하지만 아무리 땅속으로 재빨리 사라져도 근처에서 버티고 앉아 눈을 입구 쪽으로 향한 꼬마 파리가 있다. 녀석은 꿀단지를 차지하기 위해 벌이 나오기를 기다리는 것이다.

주인이 다시 올라오면 파리는 겨우 그가 자유롭게 지나갈 자리를 내주려고 조금 물러서는 것뿐이다. 자리를 떠야 하는 이유가 있을까? 만남이 너무도 평화로워서 다른 자료가 없었다면 몰살당하는 녀석이 몰살시키는 녀석과 대면했음을 꿈에도 생각지 못했을 것이다. 벌이 갑자기 나타났다고 해서 파리가 겁을 먹기는커녕 녀석에게 관심조차 없다. 벌 역시 날 때 강도가 따라다니며 괴롭히지만 않으면 모른 체하며 빨리 날아가서 멀어진다.

양봉꿀벌(*Apis mellifera*)을 잡아먹는 진노래기벌(*Philanthus*)이나 다

기생쉬파리류 쉬파리는 오물에 모이는 종류가 많으나 기생쉬파리처럼 다른 곤충의 애벌레나 번데기에 기생하는 종류도 적지 않다.
시흥, 30. V. '96

른 사냥벌 역시 창고에 넣을 사냥물에 얼룩기생쉬파리($Miltogram$-ma)가 산란하려고 쫓아다녀도, 굴 앞에서 발견된 기생충에게 거친 행동을 하지 않고 조용히 들어갔다. 하지만 날 때 녀석들이 쫓아다니는 것을 알면 필사적으로 도망쳤다. 신중한 기생쉬파리가 감히 식량 창고까지 내려가지는 못하고 사냥벌이 오기를 기다린다. 알을 낳는 못된 짓은 사냥물이 땅속으로 사라지려는 순간 자행된다.

꼬마꽃벌의 기생충은 훨씬 어려운 상황에 놓여 있다. 돌아온 벌이 수확한 꿀은 모이주머니에 담겨 있고, 꽃가루는 다리에 얹혀 있다. 꿀은 강도의 손이 미치지 못하고, 가루는 안정된 바닥이 없다. 게다가 양이 아직 크게 모자란다. 둥근 빵을 빚으려면 여행을 여러 번 반복해야 하며, 벌이 필요한 양을 구하면 뾰족한 큰턱으로 반죽하고 발로 둥근 알맹이를 빚는다. 만일 파리 알이 그 재료 사이에 있었다면 제조 과정에서 분명히 으깨졌을 것이다.

따라서 파리는 다 만들어진 빵 위에 산란해야 한다. 그런데 빵은 땅속에서 만들어지니 기생충 파리가 그리 내려가는 것은 절대적으로 필요한 일이다. 녀석은 실제로 벌이 안에 있어도 상상도 못할 만큼 대담하게 내려간다. 재산을 빼앗기는 벌은 비겁해서 그런지, 어리석은 관용인지, 파리를 그냥 놔둔다.

끈질기게 망을 보고 무모하게 가택을 침입하는 파리의 목적은 수확해 온 벌에게 손해를 끼쳐 가며 제가 먹자는 게 아니다. 설사 직업이 강도짓이라도 먹을 것은 꽃에서 얻기가 훨씬 쉬울 것이다. 내 생각에는 꼬마꽃벌의 굴속에서 식량의 질을 알아보려고 간단히 맛보는 게 녀석이 할 일의 전부일 것 같다. 도둑질한 물건은 자신을 위한 게 아니라 새끼를 위한 것이다. 말하자면 녀석의 중요하며 유일한 임무는 가족을 자리 잡게 하는 것이다.

꽃가루 빵을 파내 보자. 흔히 빵이 완전히 부서졌거나 마구 낭비된 것이 발견된다. 방바닥에 흩어진 노란 가루 속에서 입이 뾰족한 2~3마리의 구더기가 움직이는 것도 보인다. 기생파리의 새끼들이다. 녀석들과 진짜 소유주인 꼬마꽃벌의 어린 벌레가 같이 머물 때도 있다. 하지만 벌 애벌레는 굶어서 허약하고 바싹 말랐다. 게걸스럽게 먹어 대는 공생동물이 녀석을 특별히 괴롭히지는 않아도 제일 맛있는 것은 다 빼앗아 먹었다. 불쌍하게 굶은 녀석은 쇠약해지며 쪼그라들어 얼마 후 사라진다. 작은 알갱이가 된 시체는 나머지 식량에 섞여서 구더기에게 한입 보태질 것이다.

이런 재난을 당한 어미 꼬마꽃벌은 어떻게 할까? 그녀는 언제든 마음대로 새끼를 찾아볼 수 있고, 좁고 긴 구멍으로 머리를 디밀기만 해도 방안의 새끼가 당한 불행을 모를 수가 없다. 낭비된 빵과 무질서하게 우글거리는 기생충이 쉽게 확인될 사건이다. 그런데 왜 침입자의 뱃가죽을 움켜잡지 않는 것이더냐! 곧 녀석을 큰 턱으로 으깨 문 밖으로 내던지기는 쉬운 일일 텐데, 어리석은 어미는 그럴 생각은 않고 새끼를 굶어죽게 한 녀석을 그냥 놔둔다.

어미 꼬마꽃벌은 더 바보 같은 짓을 한다. 번데기 철이 오면 기생충에게 유린당한 방도 다른 방처럼 정성껏 만든 흙 마개로 막는다. 방안에 번데기로 변하는 새끼벌레가 있다면 훌륭한 준비성이겠으나, 파리가 지나간 방에서는 말도 안 되는 어리석은 짓이다. 이런 무분별 앞에서도 본능이란 녀석은 망설이지 않고 빈방을 봉인한다. 약아빠진 구더기는 서둘러 도망쳤으니 빈방이라고 한 것이다. 먹기가 끝난 구더기는 마치 미래의 파리에게 극복할 수 없는 장애가 닥칠 것을 예측한 것처럼 즉시 도망쳤다. 벌이 문을 닫기 전에 방을 떠난 것이다.

기생충은 간악한 꾀에다 조심성까지 지녔다. 녀석이 방안에 남겨진 상태에서 입구가 막히는 날이면 파멸이므로 진흙집을 버리는 것이다. 물결무늬 초벽은 연약한 피부에 관대하다. 또한 방수액이 보태져서 습기가 배어들지 않는 흙집의 침대 방은 기다리기에 훌륭한 저택일 것이다. 하지만 구더기는 그 집을 사양한다. 작고 허약한 파리가 되었을 때의 갇힘을 염려해서 그곳을 떠나 올라오는 구멍 근처로 흩어진다.

발굴했을 때, 파리 번데기는 실제로 항상 방 밖에 있었을 뿐 방안에는 결코 없었다. 이동이 가능한 애벌레가 진흙 속에 마련한 좁은 집에서 번데기가 되어 하나씩 박혀 있다. 성충이 된 파리한테는 이듬해 봄 탈출 시기에 무너진 흙더미를 비집고 통과하는 쉬운 일만 남을 것이다.

또 다른 동기가 기생충의 이사를 절대적으로 불가피하게 한다. 7월에는 제2세대의 꼬마꽃벌이 태어난다. 한편 파리는 다음 해 봄까지 번데기 상태로 남아서 탈바꿈을 기다린다. 꿀을 모으는 꼬마꽃벌은 제가 태어난 마을에서 다시 일하는데, 봄에 건축된 구멍과 방을 유용하게 이용한다. ―굉장한 시간 절약이로다!― 정성을 들여 지어 놓았기 때문에 모든 것이 훌륭한 상태로 보존된 헌 집을 이용할 때는 몇 군데만 수리하면 된다.

그런데 청결에 무척 신경 쓰는 벌이 청소하던 방에서 번데기를 만나면 어떻게 할까? 흙벽의 부스러기처럼 불편한 물건으로 취급당할 테니 번데기는 파멸하게 된다. 조약돌처럼 큰턱에 물려, 어쩌면 으깨져서 밖의 쓰레기장으로 버려질 것이다. 땅속에서 쫓겨난 번데기는 비바람에 노출되어 틀림없이 죽을 것이다.

미래의 안전을 위해 현재의 안락을 버리는 구더기의 명석한 예견에 나는 감탄했다. 녀석은 두 가지 위험으로 위협받는다. 파리가 나올 수 없는 상자에 갇히거나, 아니면 벌이 방을 수리하며 비질할 때 밖에서 비바람을 만나 죽게 되는 것이다. 이 두 위험을 피하려고 문이 닫히기 전에, 그리고 7월에 꼬마꽃벌이 집을 정리하기 전에 줄행랑을 친 것이다.

이제 기생충의 결과를 보자. 꼬마꽃벌의 집이 휴식 중인 6월에 굴이 50개가량으로 가장 큰 마을 전체를 파 보았다. 땅속에서 일어난 불행을 하나도 놓치지 않을 생각이라, 파낸 흙을 네 사람의 손가락 사이로 흘려보냈다. 한 사람이 조사한 것을 다음 사람이 다시 집어서 조사하고, 다음 또 다음 사람이 다시 검사했다. 결과는 한심했다. 꼬마꽃벌의 번데기를 한 개도, 단 한 개도 찾지 못했다. 주민이 많던 그 큰 도시가 완전히 멸망하고, 대신 파리가 들어앉았다. 많은 녀석이 번데기 상태였는데 변화를 보려고 모두 수집했다.

해를 넘겨도 갈색 통처럼 줄어들고 단단해진 처음의 구더기(번데기) 상태가 그대로 유지되었다. 그것은 생명이 숨어 있는 씨앗이다. 7월의 불볕더위도 녀석의 혼수상태를 깨우지는 못한다. 꼬마꽃벌의 제2세대 시기인 이 달은 휴전이다. 기생충이 쉬고 있으니 벌은 안심하고 일할 수 있다. 만일 봄처럼 큰 손해를 입히는 적대 행위가 여름에도 계속된다면 꼬마꽃벌 종족은 사라졌을 것이나, 제2세대 새끼가 태어날 때의 일시적 평화가 균형의 질서를 잡아 준다.

4월에 얼룩말꼬마꽃벌이 굴 파기에 적당한 곳을 찾아 울타리 안의 정원 길 위를 헤매고 다닐 무렵, 기생충 역시 서둘러서 우화한다. 아아! 약탈자와 당하는 자의 두 일정표 사이의 정확하고 무서운 부합! 벌이 일을 시작하려는 바로 그 순간, 꼬마 파리도 준비가 되어 있다. 굶겨서 박멸시키려는 녀석의 작업이 다시 시작되려는 것이다.

이것이 특수한 경우가 아니었다면 여기에 주의를 기울이지 않았을 것이다. 꼬마꽃벌 한 마리가 더 있든 말든 세상의 균형에는 별로 중요한 문제가 아니지 않은가. 아, 그러나 슬프게도, 온갖 형태의 강도질이 생존자와의 충돌에서 철칙으로 되어 있다! 인간은 예외적인 지위로 이런 불행을 면해야 마땅할 것 같지만, 우리 자신도 야수와 같은 사나움에 한층 뛰어났다. 꼬마 파리의 생각에 '관심거리는 꼬마꽃벌의 꿀이다.' 인간의 생각도 그와 똑같이 '관심거리는 다른 사람의 돈이다.' 게다가 더 잘 약탈하려고 크게 죽인다. 적게 죽이면 교수대로 끌려갈 텐데, 광영을 만드는 기술인 전쟁을 생각해 낸다.

아주 작은 마을의 성당에서도 주일에 불리는 숭고한 꿈, 즉 '하늘 높은 곳에서는 하느님께 영광을, 땅에서는 마음 착한 이에게 평화를(*Gloria in excelsis Deo, et in terra pax hominibus bonæ voluntatis*)', 이것이 실현되는 것을 우리는 결코 보지 못할 것이더냐! 만일 전쟁이 인류에만 관계된 것이라면, 어쩌면 미래가 우리에게 평화를 마련해 줄지도 모른다. 너그러운 마음을 가진 사람이 여기에 많은 힘을 쓰고 있으니 말이다. 하지만 재앙은 짐승의 세계에서도 맹위를 떨치는데, 짐승은 고집이 세니 결코 도리(도덕)를 따르지 않을 것이다. 그것이 일반적인 조건처럼 부과된 이상 악은 어쩌면 고칠 수 없는 문제일 것이다. 미래에 닥칠 생은 오늘날의 그것처럼 영속적인 학살이 되리라.

그때는 필사적인 상상의 노력으로 별을 공깃돌 굴리듯 놀리는 거대한 능력의 거인을 상상하게 된다. 그것은 거역할 수 없는 힘이다. 또한 정의이며 권리이기도 하다. 그것은 우리의 싸움, 우리의 살육, 우리의 방화, 우리의 짐승 같은 승리를 알고 있다. 우리의 폭약, 우리의 포탄, 우리의 어뢰정, 우리의 장갑함(裝甲艦), 우리의 죽음의 도구를 모두 알고 있고, 가장 작은 피조물마저 가진 무서운 욕망의 경쟁 역시 잘 안다. 자, 좋다! 만일 이 의인(義人), 이 능력자가 이 땅에 엄지를 대고 있다면, 그 거대한 능력이 으스러뜨리기를 주저할까?

주저하지 않겠지.…… 그러나 각자 제 갈 길을 가도록 내버려두면서 이렇게 말할 것이다.

옛날의 믿음이 틀리지 않다. 지구는 악의 벌레에게 파먹힌, 즉 벌레 먹은 호두이다. 파먹힌 것은 더 너그러운 운명을 향한 야만의 밑그림이고, 하나의 단계이다. 가만 놔두자. 저 끝에는 질서와 정의가 있다.

8 꼬마꽃벌 - 문지기

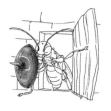

어릴 때는 고향 마을을 떠나는 게 별로 중대사가 아니다. 오히려 하나의 기쁨일 수도, 환상의 환등기로 새로운 것을 볼 수도 있다. 나이가 들면서는 향수가 찾아와 추억을 들추면서 인생을 마치게 되는데, 이때는 사랑하던 마을이 옛날처럼 신선하게 변모된 아름다움으로 생각의 마술 환등 속에 다시 나타난다. 현실을 초월한 이상적 모습이 놀랄 만큼 정확하게 부각되는 것이다. 오랜 것, 아주 오랜 것이 어제 일처럼 생각되며, 그것들이 손에 만져지는 듯하다.

한 세기의 3/4을 지난 지금도, 부드러운 종소리 같은 유럽무당개구리(Crapaud sonneur: *Bombina variegata*)의 울음을 처음 들었던 납작한 돌을 눈 감고도 곧바로 찾아갈 것이다. 그렇다. 만일 모든 것을, 무당개구리의 집까지도, 파괴한 세월이 그 돌을 옮겼거나 조각 내지 않았다면, 틀림없이 그것을 다시 찾아낼 것이다.

작은 시냇가에서는 물속의 얼기설기한 뿌리가 가재(Écrevisse) 굴을 마련해 주던 오리나무(Aulnes: *Alnus*)의 정확한 위치까지 눈에

146

선하다. 나는 이렇게 말한다.

  바로 이 나무 밑에서 가장 아름다운 가재 한 마리를 잡아, 그야말로 더
할 수 없는 큰 행복을 얻었지. 녀석은 뿔이 이만큼 길었고, 계절이 좋아
달걀처럼 속이 꽉 찬 엄청나게 큰 집게를 가졌어.

  잔가지가 뒤섞인 곳에서 희고 솜털이 많은 공 같은 것을 발견했
던 참이다. 불안해서 솜 속으로 피한 빨간 모자의 작은 머리가 얼
핏 보였다. 그야말로 뜻밖의 발견! 어미가 알을 품고 있는 유럽방
울새(Chardonneret: *Carduelis*) 둥지였다. 봄볕이 퍼지는 어느 날 오
전, 그 그늘에서 심장을 세차게 뛰게 했던 서양물푸레나무(Frêne:
Fraxinus)를 서슴없이 찾아낼 것이다.
  이런 행운을 누린 다음의 사건들은 중요하지 않게 된다. 다른
사건은 내버려 두자. 더욱이 그것들은 저 윗마을 맨 꼭대기에 있
는 길이 30걸음, 너비 10걸음쯤 되는 비탈의 작은 뜰, 말하자면 아
버지의 집에 대한 추억 앞에서는 희미해진다. 아버지의 뜰 뒤에는
비둘기장이 되어 버린, 그리고 탑이 4개이며 작은 광장이 딸린 옛
날 성채가 우뚝 솟았을 뿐이다. 그 광장에서 작은 길 하나가 시작
되는데, 우리 집에서는 내리막이 아니라 깎아지른 절벽이 시작된
다. 깔때기 모양인 비탈에는 계곡의 밑까지 담을 쌓아서 받쳐 놓은
층층의 뜰이 계속된다. 우리 뜰이 제일 높고 또 제일 작기도 하다.
  사과나무(Pommier: *Malus*) 한 그루면 뜰을 가득 채웠을 텐데. 나
무라곤 한 그루도 없다. 양배추(Chou: *Brassica oleracea*)를 심은 네모
난 밭 둘레는 수영(Oseille: *Rumex*, 신맛 나는 풀)이 차지했고, 다음은

순무(Navets: *Brassica rapa*)를 심은 네모난 밭이, 세 번째는 상추(Laitue: *Lactuca*)밭이었다. 자리가 모자랐다. 정남향의 위쪽 옹벽에 대고 포도 덩굴이 아치를 그렸는데, 가끔씩 해가 잘 들면 흰 사향포도(Raisin muscat)를 반 바구니나 선사했다. 이것은 이웃이 부러워하는 우리 집의 사치였다. 햇볕이 제일 뜨거운 그 모퉁이가 아니고는 어디에서도 이 포도나무의 생육이 시원치 않았다.

까치밥나무(Groseille: *Ribes*) 울타리에 흙을 돋우어서 만든 뜰이 난간 구실을 하여, 무서운 추락 사고가 일어난다면 유일한 안전 대책이 될 것이다. 근처에서 부모님의 감시가 느슨하면 형과 나는 배를 깔고 엎드려 담벼락 발치의 흙이 밀려 불룩해진 구렁을 내려다본다. 거기는 공증인(公證人) 댁의 뜰이다.

가장자리에 회양목(Buis: *Buxus*)이 심긴 뜰에 배나무(Poiriers: *Pyrus*)가 있다. 소문에는 배, 진짜 배가 열리는데, 짚더미 위에서 늦철 내내 익으면 그럭저럭 먹을 만하단다. 우리 생각에 거기는 즐거운 곳, 다시 말해서 낙원이었다. 하지만 거꾸로 본 낙원, 밑에서 올려다본 게 아니라 위에서 내려다본 낙원이다. 저렇게 넓고 배도 저렇게 많다면 얼마나 좋겠더냐!

우리는 벌통 몇 개도 내려다본다. 그 주변은 온통 갈색 연기가 피어나는 것 같다. 벌통 위의 커다란 개암나무(Noisetier: *Corylus*)는 담의 틈바구니에서 저절로 자라났는데, 거의 우리 까치밥나무와 같은 높이에서 나왔다. 무성한 가지가 공증인 댁의 벌통 위로 뻗었지만, 적어도 뿌리는 우리 땅에 박혔으니 그 나무는 우리 것이다. 문제는 개암을 따는 일이다.

나는 허공에 수평으로 뻗은 굵은 가지에 걸터앉아 앞으로 나간다. 내가 미끄러지든가, 걸터앉은 가지가 부러지는 날이면 성난 벌 떼 틈에서 뼈가 부러졌을 것이다. 하지만 미끄러지지도, 가지가 부러지지도 않았다. 끝에 갈고리가 달린 긴 막대기를 형이 건네주면 제일 좋은 무더기를 이룬 가지가 손닿는 데까지 끌려온다. 호주머니를 가득 채운다. 가지에 걸터앉은 채 뒤로 미끄러져 단단한 땅으로 내려온다. 오오! 흔들리는 가지에 달린 개암 몇 개를 얻고자 낭떠러지의 위험을 무릅썼던 유연함과 담대함의 놀라웠던 시절!

이쯤 해두자. 이런 추억이 내 꿈에는 소중해도 독자에게는 흥미가 없을 텐데, 또 추억을 들춰내서 무엇하겠나? 다음 내용을 돋보이게 하려면 이것으로 충분하겠지. 깜깜한 정신의 방안으로 처음 들어오는 빛은 지워지지 않는 흔적을 남긴다. 그 흔적은 세월이 흐르면서 희미해지는 것이 아니라 오히려 더 생생해진다.

우리에게는 나날의 걱정으로 흐려진 현재의 상세하고 자질구레한 사건보다 어린 시절의 반짝임으로 찬양된 과거가 더 잘 알려져 있다. 내가 초보자의 눈으로 본 것은 기억으로 똑똑히 보는데, 이번 주에 내 눈으로 본 것은 정확하게 똑같이 그려내지 못할 것 같다. 나는 그토록 오래전에 떠난 내 마을을 속속들이 알고 있지만, 살아오는 도중 우연히 가 본 도시들은 거의 기억하지 못한다. 그야말로 부드러운 끈이 우리를 태어난 흙에 묶어놓았다. 우리가 처음에 뿌리내렸던 곳은 나뉜 가지가 아니면 떠날 수 없는 식물 같다. 아무리 가난해도 내 사랑하는 고향 마을을 다시 보았으면 좋겠다. 그곳에 뼈를 묻었으면 좋겠다.

곤충도 처음 본 것이 오래 인상(印象)에 남을까? 처음 본 곳에 마음이 끌리는 추억을 간직할까? 어디든 필요한 조건만 채워지면 자리 잡는, 다시 말해서 떠돌이 생활을 하는 대부분의 곤충은 제외시키자. 하지만 일정한 장소에 집단으로 자리 잡고 사는 곤충은 제가 태어난 마을을 기억하고 있을까? 녀석도 우리처럼 제가 태어난 고장을 특히 좋아할까?

확실히 그렇다. 곤충도 어미의 집을 기억하고 알아본다. 그 집으로 돌아와서 수리하고 산란한다. 수많은 곤충 중 얼룩말꼬마꽃벌(*Halictus zebrus→ scabiosae*)의 예를 들어보자. 고향 마을에 대한 녀석의 사랑이 행동으로 나타남을 아주 잘 보여 줄 것이다.

꼬마꽃벌의 봄 집단은 대략 두 달 정도면 성충이 되어 6월 말에 제 방을 떠난다. 처음 넘는 땅굴 입구에서 이 초보자에게 어떤 일이 일어날까? 아무래도 우리의 어릴 적 인상과 비교되는 일이 벌어질 것이다. 아직 아무 추억도 없는 녀석의 기억에 영상이 분명히 새겨져서 지워지지 않을 것이다. 세월이 많이 흘렀어도 나는 여전히 유럽무당개구리가 울던 납작한 돌, 까치밥나무 난간, 공증인 댁의 에덴동산이 눈에 선하다. 이런 하찮은 일들로 내 인생의 가장 좋은 부분이 이루어졌다.

꼬마꽃벌 역시 굴 둘레로 처음 기어올랐다가 만난 다양한 자갈, 처음 날았다가 쉬었던 어느 풀포기를 기억한다. 녀석도 내가 고향 마을을 기억하는 것처럼 제가 태어난 집을 기억한다. 해가 비치는 어느 날 아침 졸았던 곳은 그 녀석에게 친숙한 곳이 되었다.

꼬마꽃벌은 근처에서 배를 채우려고 집을 떠나 곧 수확하게 될 들판을 시찰하러 간다. 거기가 멀어도 길을 잃지는 않는다. 그만큼 첫 시찰의 인상에 충실해서 제 가족의 야영지를 찾아낸다. 그렇게 많은 마을의 땅굴, 서로가 별로 다르지 않은 땅굴 가운데서 제 굴을 안다. 거기는 제가 태어난 집이며, 지워지지 않는 추억이 깃든 소중한 집이다.

그러나 집으로 돌아온 꼬마꽃벌은 그 집의 유일한 소유주가 아니다. 초봄에는 어미 혼자서 파냈던 집이 여름에는 모든 가족의 공동주택으로 바뀐다. 굴에는 작은 방이 10여 개였는데 여기서는 완전히 암컷만 나왔다. 이런 특성은 내가 관찰한 3종의 꼬마꽃벌에서 통칙이었다. 모든 꼬마꽃벌이 그렇지는 않더라도 많은 종이 그럴 것 같다. 이 벌들은 1년에 2세대가 발생하며 봄 세대는 암컷밖에 없다. 하지만 여름 세대는 암컷과 거의 같은 수의 수컷이 있다. 이런 이상한 주제는 다음 장에서 다시 다루련다.

어떤 사고로, 특히 기생파리가 굶겨 죽여 식구가 줄어들지 않았다면 10마리가량인 자매 모두가 부지런하며, 짝짓기 없이 생식능력이 있다. 한편, 어미가 지은 집은 오막살이가 아니다. 되레 그 반대이다. 그래서 집의 주요부인 출입 통로의 지저분한 것 몇 개만 치우면 얼마든지 다시 쓸 수 있다. 벌에게는 중요한 시간이 그만큼 절약된다. 안의 작은 방들, 즉 진흙으로 만든 독방도 거의 말짱하다. 그것을 이용하려면 혓바닥 솔로 손질만 하면 된다.

그렇다면 살아남은 녀석 모두에게 똑같은 상속권이 있는데, 그 중 누가 고향집을 물려받을까? 생존자는 사망률에 따라 6~7마리 또는 더 많을 수도 있다. 이들 중 어미의 집은 누구의 차지가 될까? 벌 사이에 이해관계는 있을망정 싸움은 없고, 이의도 없이 공동 소유가 인정된다. 모두 같은 문으로 평화롭게 드나들며 제 일을 하고, 다른 벌의 통행도 허용한다.

굴속 저 밑에는 각자의 작은 구역이 있다. 거기에 옛날 방이 부족해서 새로 비용을 들여 파낸 방이 모여 있다. 각 어미는 개인 소유인 제 방에서 혼자 일하며, 제 재산에 집착한다. 하지만 다른 곳은 어디든 통행이 자유롭다.

눈을 크게 뜨고 주의 깊게 살펴보자. 훌륭한 드나들기 질서보다 더 멋있는 것이 있다. 꽃을 찾아다니다 돌아온 꼬마꽃벌이 나타나면 집을 막고 있던 일종의 뚜껑 문이 갑자기 내려간다. 그래서 도착한 벌이 마음대로 들어가는 게 보인다. 녀석이 들어가자 문이 즉시 제자리로, 즉 지면과 거의 같은 높이로 올라와서 다시 닫힌다. 벌이 떠날 때도 같은 현상이 일어난다. 뒤에서 청하면 문이 내려가서 통로가 열리고 벌이 날아간다. 즉시 도로 닫힌다.

원기둥 같은 구멍에서 피스톤처럼 오르내리며, 출발할 때나 도착할 때마다 굴을 여닫는 폐쇄장치란 도대체 무엇일까? 그것은 그 시설의 문지기가 된 꽃벌로서, 자신의 큰 머리로 현관에 넘을 수 없는 방책을 만들어 놓은 것이다. 만일 집안 식구가 드나들고 싶으면 줄을 당긴다. 그러면 즉시 지하도가 넓어져서 두 마리가 통과할 수 있는 지점으로 물러난다. 자매 벌은 지나가고 문지기는 즉시 출입구로 다시 올라가 머리로 굴을 막는다. 눈은 계속 살피며 꼼짝 않고 있다가 귀찮게 구는 녀석을 쫓아 버린다. 그러나 거의 자리를 뜨지는 않는다.

잠시 밖으로 나온 문지기를 살펴보자. 녀석은 지금 한창 꿀 따기에 바쁜 벌과 같은 종족인 얼룩말꼬마꽃벌임을 알 수 있다. 하지만 머리가 벗어졌고, 복장도 윤기가 없이 헐어 빠졌다. 갈색과 적갈색이 교대해서 아름다운 띠 모양의 얼룩무늬를 만들었던 등의 털도 절반쯤 빠졌다. 많은 노동으로 꾀죄죄해진 복장일망정 분명히 얼룩말꼬마꽃벌임을 보여 준다.

땅굴 입구에서 보초를 서며 문지기 노릇을 하는 벌은 신세대 벌보다 많이 늙었다. 결국 녀석은 그 건물의 창건자였다. 지금 작업 중인 벌의 어미이며 애벌레의 할머니였다. 석 달 전인 봄에는 혼자 일하느라고 지쳤는데, 지금은 난소가 말라붙어서 쉰다. 아니, 여기서 쉰다는 말은 틀렸다. 그녀는 지금도 일하며 능력껏 집안을 돕는다. 두 번 어미가 될 수 없자 문지기가 되어 제 가족에게만 문을 열어 주는 것이다. 물론 가족이 아니면 얼씬도 못한다.

의심 많은 새끼염소는 문틈으로 내다보면서 늑대에게 말한다. "하얀 발을 보여 다오, 그렇지 않으면 안 열어 준다." 마찬가지로 의심 많은 할미는 찾아온 녀석에게 같은 말을 한다. "꽃벌의 노란 다리를 보여 다오, 그렇지 않으면 못 들어온다." 집안 식구라는 것이 확인되지 않으면 어떤 녀석도 들어오지 못한다.

실제를 보자. 땅굴 아주 가까이서 개미(Fourmis: Formicidae) 한 마리가 지나간다. 뻔뻔스런 협잡꾼이 지하실에서 올라오는 꿀 냄새의 근본을 알고 싶어 한다. 문지기가 고갯짓으로 이렇게 말한다. "빨리 꺼져, 그렇지 않으면 혼날 줄 알아!" 개미는 줄행랑을 친다. 그렇지 않고 치근대면 감시하던 벌이 파수막에서 나온다. 배짱 좋던 녀석에게 달려들어 단단히 혼을 내며 쫓아 버린다. 징계하고 나면 즉시 초소로 들어가서 다시 보초를 선다.

이번에는 잎 자르기 곤충인 흰띠가위벌(*Megachile albocincta→picicornis*) 차례였다. 녀석은 제 종족처럼 땅굴 파기 기술이 서툴러서 다른 곤충이 파낸 헌 지하실을 이용한다. 봄에 무서운 파리가 상속자를 없애 버려 비어 있는 얼룩말꼬마꽃벌의 땅굴이 녀석에게는 안성맞춤일 것이다. 아까시나무(Robinier: *Robinia*) 잎 모양의 알주머니를 쌓아 둘 숙소를 찾다가 곧잘 꼬마꽃벌 마을로 찾아와 시찰한다. 땅굴 하나가 녀석의 마음에 드는가 보다. 하지만 녀석이 땅에 내려앉기도 전에, 윙윙 소리를 들은 문지기가 갑자기 문 앞으로 뛰쳐나와 몸짓을 몇 번 한다. 그러면 그만이다. 가위벌은 알아듣고 가 버린다.

때로는 내려앉은 가위벌이 구멍으로 머리를 들이밀기도 한다. 거기 있던 문지기가 당장 올라와 가로막는다. 그러면 언쟁이 뒤따르지만 대단치는 않다. 곧 외부에서 침입한 녀석이 먼저 차지한 녀석의 권리를 인정한다. 더는 싸우지 않고 다른 집을 찾아간다.

흰띠가위벌
실물의 약 2배

가위벌의 도둑(기생충)인 꼬리뾰족벌

(*Coelioxys caudata*)이 내가 보는 앞에서 호
되게 주먹질을 당했다. 되통스러운 녀
석은 가위벌이 그 집으로 들어갔다고
생각했지만 착각한 것이다. 문지기를
만나 단단히 혼나고 급히 줄행랑을 쳤
다. 착각으로 그랬든, 야심을 가지고 그

꼬리뾰족벌
실물의 1.5배

랬든, 땅굴로 들려던 곤충은 모두 마찬가지였다.

　할미 사이에도 너그럽지 못하긴 마찬가지였다. 7월 중순, 마을
이 한창 활동 중일 때의 꼬마꽃벌은 두 부류임을 쉽게 알 수 있다.
즉 젊은 어미와 늙은 할미들이다. 새 옷을 입은 젊은 어미는 숫자
가 훨씬 많고 거동이 활발해서 땅굴에서 들로, 다시 땅굴로, 쉴 새
없이 오간다. 초라하고 활기 없는 늙은이는 할 일 없이 이 구멍 저
구멍으로 헤맨다. 방향을 잃어 제집을 찾을 능력이 없는 것 같다.
이런 떠돌이는 누구일까? 내 생각에는 봄에 가증스런 기생파리의
사건으로 가족을 잃고 혼자 남아 비탄에 빠진 할미이다. 많은 땅
굴이 몰살당해서 여름 우화 때는 어미 혼자 남았다. 그래서 제집
을 떠나 어린 애벌레를 보호하고 보초를 설 만한 둥지를 찾았다.
하지만 창건자 겸 감시자가 이미 지키고 있다. 제 권리에 집착한
녀석은 일거리 없는 이웃을 냉대한다. 보초는 하나면 충분하고,
둘이면 초소가 좁아 옹색할 것이다.

　어쩌다 두 할머니가 다투는 것을 보았다. 떠돌이가 일거리를 찾
아 문 앞에 나타나도 합법적인 점령자는 제 자리에서 비켜나지 않
는다. 들에서 돌아온 꼬마꽃벌과는 다르다. 지나가게 비켜 주는
것은 고사하고 다리와 큰턱으로 위협한다. 떠돌이도 반격하며 밀

고 들어가려 한다. 주먹질이 오가지만 싸움은 외부에서 온 할미의 패배로 끝난다. 패자는 다른 곳으로 싸움을 걸러 간다. 이렇게 하찮은 사건은 얼룩말꼬마꽃벌의 습성에서 매우 흥미로운 어떤 세부 사항을 어렴풋이 보여 준다. 봄에 집을 지은 어미는 일이 끝나도 거기서 나오지 않았다. 굴속에 틀어박혀서 자질구레한 집안일을 돌보거나 졸면서 딸들이 나가기를 기다렸다. 더운 여름에 마을이 다시 활발해졌으나 그녀는 밖에서 수확할 임무가 없어졌다. 그래서 현관에서 보초를 서며 집안 일꾼인 제 딸만 드나들게 한다. 악의를 가진 녀석은 얼씬거리지도 못하게 하며 문지기의 동의 없이는 누구도 들어가지 못한다.

보초 어미는 혹시라도 제 일자리에서 벗어나는 일이 결코 없다. 그녀가 배를 채우려고 집을 떠나 꽃을 찾아가는 것을 결코 보지 못했다. 나이가 많아서 그렇기도 하고, 집 안에 앉아서 하는 일이니 별로 피곤하지도 않아서, 어쩌면 영양 섭취의 필요성이 면제되었는지는 모르겠다. 또 어쩌면 젊은 벌이 꿀을 따서 돌아오다 가끔 모이주머니에서 한 방울 토해 주는지도 모르겠다. 음식을 받아먹었든 안 받아먹었든, 늙은 벌은 다시 나오지 않는다.

할미에게는 활동하는 가족이 기쁨인데, 여러 마리가 기생파리의 강도질로 집안이 궤멸당해 그런 기쁨을 누리지 못하게 되었다. 시련을 맞은 어미는 텅 빈 땅굴을 떠난다. 누더기를 걸치고 수심에 싸여 마을을 이리저리 헤매는 것이다. 하지만 자리를 짧게 날아서 옮길 때도 있으나 꼼짝 않을 때가 더 많다. 때로는 성질이 난폭해져서 동료를 강제로 쫓아내 보려 한다. 하지만 불완전한 할미는 날로 드물어지며 활기도 사라진다. 어떻게 될까? 잡아먹기 쉬워진 녀석을 담장회색장지뱀(petit Lézard gris: *Podarcis muralis*)이 노리고 있다.

집을 지키는 할미는 제 시설을 물려받은 딸들의 작업장인 꿀 공장을 놀랍도록 경계한다. 거기를 자주 가 보면 가 볼수록 점점 더 감탄하게 된다. 꽃가루가 햇볕에 충분히 익지 않아서 수확 일꾼이 아직 안 나간 아침나절의 서늘한 시간에도 할미는 지하도 위쪽의 제자리에 머문 것이 보인다. 머리를 지면과 나란히 하여 꼼짝 않고 침입자를 가로막는다. 너무 가까워서 들여다보면 조금 뒤쪽의 그늘로 물러나, 조심성 없는 이 인간이 떠나 주기를 기다린다.

한창 꿀을 따올 때인 8시에서 정오 사이에 다시 가 본다. 지금은 꼬마꽃벌이 열심히 드나들어 문 여닫기가 빠르게 계속된다.

오후는 더위가 너무 심해서 일꾼이 나가지 않는다. 대신 깊숙한 집 안에서 새 방에 니스 칠을 하며 알 받을 빵을 빚는다. 할머니는 여전히 저 위에서 털 빠진 머리로 문을 막고 있다. 숨 막히는 이 시간에도 낮잠을 자지 않는다. 전체의 안전이 그렇게 요구한 것이다.

해가 질 무렵이나 더 늦은 시간에 다시 가 본다. 감시하는 할머니가 낮과 똑같이 열심히 지키는 게 초롱불로도 보인다. 다른 벌들은 자는데 할미는 자지 않는다. 필시 그녀만이 아는 밤의 위험을 걱정해서 그럴 것이다. 그래도 결국은 조용한 아래층으로 내려갈까? 그렇게 지키느라고 피곤했을 테니, 쉬는 게 필요해서 그럴 것 같다는 생각이 든다.

이렇게 감시하는 굴은 분명히 그토록 자주 식구가 몰살당했던 5월의 재앙을 면할 것이다. 꼬마꽃벌의 빵을 훔쳐 먹는 기생파리야, 이제 올 테면 와 봐라! 녀석의 대담성도 끈질기게 지키는 할머니에게서 빵을 빼앗지는 못할 것이다. 할머니는 녀석을 위협해서 도망치게 하든가, 혹시 끈질기게 고집하면 집게로 으깨 버릴 것이다. 사실상 우리는 파리가 오지 않는 이유를 알고 있다. 파리가 새봄이 오기 전까지 번데기 상태로 땅속에 있기 때문이다.

하지만 기생파리가 없어도 곤충 중에는 남의 재산을 약탈하는 녀석이 많다. 그런 녀석은 무슨 일에도, 어떤 약탈에도 존재한다. 그런데 7월에는 날마다 찾아가 보았으나 땅굴 근처에서 그런 파리가 하나도 보이지 않았다. 그 불한당은 제 일을 얼마나 잘 알고 있더냐! 또 꼬마꽃벌 문지기의 감시를 얼마나 잘 알고 있더냐! 오늘은 못된 짓을 할 수가 없다. 결론은 기생파리가 나타나지 않았으니 괴로웠던 봄의 재앙이 되풀이되지 않는다는 점이다.

나이가 많아 어미로서의 임무가 면제되어, 보초를 서 가족의 안전을 돌보는 할머니가 급작스런 본능의 출현을 보여 준다. 그녀는 과거의 자기 행동에서도, 딸의 행동에서도, 전혀 추측할 근거가 없는 갑작스런 적성을 보여 준다. 5월에 제가 파낸 굴에서 혼자 살 때는 기운이 펄펄하면서도 그렇게 겁쟁이였던 그녀가, 쇠퇴한 말년에 와서는 당당하게 무모한 짓을 한다. 기운이 있을 때는 하지 못하던 짓을 몸이 허약해졌을 때 감히 실행하는 것이다.

전에는 그녀가 집 안에 머물 때도 폭군 꼬마 파리가 들어오거나, 그보다 자주 대문 앞에 머문 녀석과 마주쳤을 때도, 어리석게 꿈쩍을 안 했었다. 아주 쉽게 상해를 입힐 수 있는 난쟁이, 빨간 눈의 강도를 위협하지 않았다. 벌이 무서워서 그랬을까? 아니다. 벌은 여느 때와 똑같이 정확하게 일하고 있었을 뿐, 강한 녀석이 약한 녀석을 보고 대경실색하지는 않았다. 겁쟁이는 아니었고, 다만 위험을 모를 만큼 어리석었다.

그런데 오늘은 석 달 전의 무식쟁이가 체험하지 않고도 위험을 매우 잘 안다. 그녀 앞에 나타나는 외지 곤충은 어떤 녀석이든 크기와 종류의 구별 없이 접근을 허락하지 않았다. 만일 위협하는 몸짓으로 충분치 않으면 문지기가 직접 나가서 고집부리는 녀석에게 덤벼든다. 어리석음이 대담함으로 바뀐 것이다.

이런 돌변이 어떻게 형성되었을까? 나는 꼬마꽃벌이 봄의 불행을 교훈 삼아 이제는 위협을 경계하게 되었다고 생각하고 싶다. 경험의 학교에서 보초의 이점을 배웠음을 칭찬하고 싶은 것이다. 하지만 이 생각은 단념해야 한다. 만일 조금씩 진보해서 벌이 문지기라는 훌륭한 발명을 하게 되었다면, 어째서 강도에 대한 두려움이 있다가 없다가 할까? 물론 혼자일 때인 5월에는 무엇보다도 살림을 해야 하므로 문 앞에서 계속 버티고 있을 수가 없었다. 그래도 가족이 박해를 받았을 때는 적어도 기생충을 알아보고, 발밑이나 집 안 어디서든 녀석을 만났을 때 퇴치했어야 할 것이다. 그런데 녀석을 상관하지 않았다.

조상이 겪었던 견디기 어려운 시련이 온순한 녀석에게 성격을 바꾸는 천성을 물려주지는 않는다. 따라서 경험한 재난과 7월에 갑자기 생긴 경계심과는 무관하다. 짐승도 우리처럼 기쁨과 슬픔이 있지만, 기쁨은 열렬히 이용해도 슬픔은 별로 걱정하지 않는다. 결국 이것이 생을 짐승처럼 즐기는 가장 좋은 방법이다. 슬픔을 완화하면서도 종의 보전 본능 영감은 존재한다. 이 본능이야말로 경험의 충고 없이도 꼬마꽃벌이 문지기가 될 줄 알게 하는 것이다.

꼬마꽃벌은 식량 조달이 끝나서 꿀을 따러 나가지도, 꽃가루를 잔뜩 실어오지도 않게 된 늙은이가 아직도 제자리에 머물며 경계를 한다. 저 밑에서는 새끼를 위한 마지막 준비 작업이 이루어지며 방들이 닫힌다. 모든 게 끝날 때까지 문을 지키다가 그때 비로소 할미와 어미들이 집을 떠난다. 의무를 다하다 지친 할미와 어미는 어디론가 가서 죽는다.

9월이 되자 제2세대가 나타난다. 특히 수레국화(Centaurées: *Centaurea*), 엉겅퀴(Chardons : *Cirsium, Carduus, Echinops*) 따위의 국화과 (Composées: *Asteraceae*) 꽃에서 암수가 희희낙락거림을 보았다. 지금은 짝짓기 철이다. 수확은 하지 않고 그저 먹고 즐기며 희롱한다. 2주 뒤에는 쓸모없어진 수컷이 게으름뱅이 역할을 끝내고 사라진다. 부지런하고 번식력 있는 암컷만 남아서 겨울을 보내고 4월에 다시 일을 시작한다.

겨울 동안의 정확한 은신처는 모르겠다. 나는 녀석이 태어난 땅굴이 겨울나기에 훌륭한 집이라고 생각했었고, 그래서 그리 다시 들어갈 것을 기대했었다. 하지만 1월에 파 보고 내 생각이 틀렸음을 알았다. 낡은 집은 비어 있었다. 게다가 비가 오래 와서 오막살이가 되어 간다. 얼룩말꼬마꽃벌에게는 이렇게 쓰러져 가는 흙더미보다 훌륭한 곳이 있다. 돌무더기나 햇볕이 잘 드는 담에 은신처가 있고, 살기 좋으며 쉽게 만날 수 있는 곳도 아주 많다. 그래서 마을에서 살던 녀석들이 이런 요행을 따라 흩어지게 된다.

4월에는 여기저기 흩어졌던 녀석들이 다시 모인다. 정원의 길에서 다져진 흙을 공동으로 선정하고 개발한 장소에서 다시 일을 시작한다. 첫째가 구멍을 파는 곳 가까이에 머지않아 두 번째 녀석이 제 땅굴을 파고, 세 번째, 네 번째가 뒤따른다. 그래서 흙 두덩이 흔히 서로 맞닿았고, 때로는 한 걸음 정도의 지표면에 50개가량의 구멍이 뚫리기도 한다.

처음에는 이 집단이 태어난 고장을 기억한다고 생각했었다. 그러나 진행되는 일을 보면 그게 아니다. 꼬마꽃벌이 2년 계속해서 같은 땅을 차지하는 경우는 보지 못했다. 전에 알맞았던 장소를 오늘은 무시했다. 봄마다 새 땅이 필요한데 그런 땅은 얼마든지 있다.

모인 동기가 전의 가족 관계나 이웃 관계일까? 같은 땅굴에서 태어났거나 같은 마을에서 살던 녀석들이 서로를 알아볼까? 타지 태생보다 그들끼리 함께 일하는 경향이 있을까? 그런 것임을 증명할 만한 것도, 아니라고 할 만한 것도 없다. 이런 동기든, 다른 동기든, 꼬마꽃벌은 이웃해서 살기를 좋아한다.

별로 많이 먹지 않아 생존경쟁 걱정을 할 필요가 없는 평화로운 동물에서 이런 경향이 아주 강하다. 하지만 많이 먹는 동물은 영역과 사냥터를 차지하고도 동료를 안으로 들이지 않는다. 제 땅에서 밀렵하는 친구를 어떻게 생각할지 늑대(Loup: *Canis lupus*)에게 물어보시라. 이런 소비자 중 으뜸인 인간은 대포로 무장한 국경선을 만들었다. 서로 박아 놓은 말뚝 밑에서 이렇게 말한다. "나는 이쪽에 있고, 너는 그쪽에 있다. 다른 이유는 필요 없다. 우리끼리 기관총을 발사하자." 그러고는 폭약의 연속적인 폭발로 대화를 완전히 끝낸다.

평화로운 자들에게 행복을! 꼬마꽃벌은 함께 모여서 어떤 이득을 볼까? 녀석들은 이웃에 대해 걱정하지 않는다. 공동의 적을 물리칠 방어 체계나 공동 노력 따위는 없는 것이다. 남의 굴로 들어가지도 않고, 누가 제집에 들어오는 것을 용납하지도 않는다. 자신의 고뇌를 자기 혼자서 견뎌 낼 뿐, 남의 고뇌에는 관심이 없다. 같은 녀석끼리 섞여 살지만 각자는 외톨이로 살아간다. 각자는 제 일만 있을 뿐 그 이상은 아무것도 아니다.

하지만 함께 있으면 나름대로 매력이 있다. 다른 녀석의 삶을 보면 곱절로 사는 게 된다. 전체의 활동을 보고 제 활동에 이득을 얻으며, 전체적 활기의 화덕에서 각자의 활기가 다시 뜨거워진다. 이웃 간의 작업에 경쟁심이 자극 받아, 생에 가치를 보태 주는 기쁨과 참된 만족을 얻는 작업이 된다. 이 점을 매우 잘 아는 꼬마꽃벌은 일을 더 잘하려고 모이는 것이다.

때로는 꼬마꽃벌이 너무 많고 광범해서 우리네 거대 도시의 모습을 연상시킬 정도였다. 우리 기준의 크기를 잠시 잊고 한 줌의 흙 속에 거대한 모임이 있음을 인정한다면, 괴상한 이 벌집들은 바빌론과 멤피스, 로마와 카르타고, 런던과 파리를 연상시킨다.

2월이 왔다. 편도나무(Amandier: *Prunus amygdalus → dulcis*)가 꽃을

피운다. 수액이 갑자기 올라오며 나무가 다시 살아난다. 언뜻 보면 죽은 것처럼 꺼멓고 황량하던 가지가 하얀 천으로 찬란하게 둥근 지붕을 만들어 준다. 나는 언제나 봄이 깨어나는 이 마술, 쓸쓸했던 껍질에서 처음 미소 짓는 이 꽃을 좋아해서 편도나무를 쫓아다녔다.

하지만 나보다 빠른 방문객이 있다. 까만 우단 블라우스와 갈색 털옷을 입은 흰머리뿔가위벌(Osmie cornue: *Osmia cornuta*)이 달콤한 진을 얻으러 꽃부리의 장밋빛 눈을 방문했다. 아주 작고 훨씬 수수한 복장의 꼬마꽃벌이 더 많다. 분주한 녀석들이지만 조용히 꽃에서 꽃으로 난다. 학명은 할릭투스 말라쿠루스(*Halictus malachurus* → *Lasioglossum subhirtum*)이다. 예쁜 벌의 이름을 이렇게 지어 준 사람은 착상이 서툴렀다. 왜 여기에 '꽁무니가 무르다(malachurus).' 는 비난조의 어조가 왔나? 편도나무의 꼬마 방문객에게는 차라리 조숙(早熟)한꼬마꽃벌(Halicte précoce)이라는 이름이 더 낫겠다.

적어도 이 일대의 꿀벌과(科) 곤충 중 녀석보다 빨리 나오는 벌은 없다. 조숙한꼬마꽃벌은 일기불순으로 추위가 곧잘 내습하는 달인 2월에 땅굴을 판다. 다른 종은 감히 겨울 은신처를 떠나는 녀석이 없는데, 이 벌은 해가 조금만 비쳐도 용감하게 나와서 일에 착수한다. 녀석도 얼룩말꼬마꽃벌처럼 봄여름에 각각 한 세대씩 두 세대가 발생하며, 주로 시골길의 단단한 땅에 자리 잡는다.

오늘은 내가 박물학자의 호기심으로 달걀 껍데기 하나에 둘이 들어갈 만큼 볼품없는 흙 두덩을 찾아 편도나무 사이를 돌아다녔다. 그곳 오솔길은 세 걸음 너비인데 노새 발굽과 짐수레 바퀴로 단단해졌다. 그래도 거기는 털가시나무(Chêne verts: *Quercus ilex*) 덤불이 북풍을 막아 준다. 따뜻하고 조용하며 단단한 흙의 에덴동산에 꼬마꽃벌의 흙 두덩이 너무도 많다. 두덩 몇 개를 밟아 으깨지 않고는 한 발짝도 움직일 수 없을 정도였다. 땅속에 머물러서 무사했던 광부는 무너진 흙더미를 다시 뚫고 올라와, 짓밟힌 집 입구를 복구할 줄 알아서 이런 사고가 중대하지는 않다.

주민의 밀도를 측정해 보고 싶었다. 1m²에서 40~60개의 흙 두덩이 세어졌다. 그런데 이런 시설이 세 걸음 너비로 1km도 넘게 뻗어 있다. 이 곤충 바빌론(Babylone)에는 몇 마리나 있을까? 나는 감히 계산을 하지 못하겠다.

내가 얼룩말꼬마꽃벌의 마을이나 부락이라고 말했던 것은 적당한 표현이었다. 하지만 여기서는 도시라는 용어가 맞을 정도였다. 그런데 집단이 이렇게 수없이 많은 이유를 무엇으로 보아야 할까? 나는 하나밖에 보지 못하겠다. 사회의 발단, 즉 함께 사는 매력인 것이다. 서로 간에 도움은 전혀 없어도 비슷한 녀석끼리 접촉하는 것이다. 같은 오솔길에 조숙한꼬마꽃벌 불러 모으기는 같은 해역에 모여 사는 정어리(Sardine: Clupeidae)와 (북대서양)청어(Hareng: *Clupea harengus*)의 본을 뜬 것으로 충분하다.

9 꼬마꽃벌 - 처녀생식

꼬마꽃벌(Halicte: *Halictus*)은 생명의 가장 불분명한 문제 하나를 내놓았다. 25년을 거슬러 올라가 보자. 오랑주(Orange)에 살았던 그때는 집이 풀밭 사이에 외따로 떨어져 있었다. 마당을 둘러싼 담장 밑 남쪽에는 개밀(Chiendent: *Elytrigia*)이 밭을 이룬 좁은 오솔길이 있었다. 햇볕이 쨍쨍 내리쬐는 거기는 햇살이 담벼락 초벽에 반사되는 데다가 거칠게 몰아치는 북풍도 막혀서 작은 열대지방이 되었다.

거기는 고양이가 눈꺼풀을 절반쯤 감고 낮잠을 자러 오고, 우리애들이 개(뷜, Bull)를 데리고 놀러 온다. 풀을 베던 사람들이 제일 더운 낮 시간에 플라타너스 그늘에서 식사하는 동안 낮을 박아 놓으러 오기도 한다. 인색할 정도로 깎은 풀밭 양탄자에서 이삭을 줍겠다고 갈퀴질하는 사람들이 늘 지나다닌다. 사실상 거기는 내 식구가 오가는 것만으로도 왕래가 매우 잦아서 벌이 조용히 일하기에는 부적당한 도로인 셈이다. 그래도 따뜻한 남향에다 조용한 공기, 양질의 흙 등의 조건들이 너무도 훌륭해서 해마다 원기둥꼬

원기둥꼬마꽃벌
실물의 5배

마꽃벌(H. cylindrique: *Hylaeus→ Halictus cylindricus→ Lasioglossum calceatum*)[1]이 대대로 물려받는다. 아주 이른 아침부터 늦게, 때로는 밤까지 너무 잦은 일꾼의 왕래에 흙이 짓밟히니 곤충에게 지장이 없는 것은 물론 아니다.

땅굴이 10㎡가량의 넓이를 차지했는데, 흙 두덩은 기껏해야 평균 10cm쯤 떨어졌고, 서로 닿을 정도인 것도 있다. 숫자는 1,000개가량이다. 또 거기는 벽돌 공사를 하다 남은 부스러기가 섞여 있고, 개밀 뿌리가 그물처럼 빽빽해서 아주 거칠다. 하지만 그런 성질 덕분에 물이 좍좍 잘 빠진다. 땅속에 둥지를 트는 벌은 항상 이런 조건을 찾는다.

방금 얼룩말꼬마꽃벌(*Halictus zebrus→ scabiosae*)과 조숙한꼬마꽃벌(*H. malachurus→ Lasioglossum subhirtum*)이 알려 준 것은 잠시 잊자. 그리고 같은 말의 반복이 불만이라도 일단 관찰로 안 사실을 그대로 말하자.

원기둥꼬마꽃벌은 5월에 일한다. 땅벌(Guêpe: *Vespula*), 뒤영벌(Bourdons: *Bombus*), 개미(Fourmis: Formicidae), 꿀벌(Abeilles: *Apis*) 같은 사회성 곤충을 제외하고, 꿀이나 사냥물을 저장하는 벌은 제 새끼의 집에서 혼자 일하는 게 통칙이다. 같은 종끼리 이웃하는 일은 잦아도 업무는 개별적일 뿐 서로의 협력

1 아일랜드부터 유라시아 대륙을 거쳐 일본까지 분포하는 구북구 종이므로 우리나라에도 서식할 것이나 아직 공식 기록이 없다.

은 없다. 가령 귀뚜라미(Grillon: Gryllidae)를 사냥하는 노랑조롱박벌(*Sphex flavipennis*→ *funerarius*)은 연한 사암(砂岩)의 절벽 밑에 집단으로 자리 잡는다. 하지만 각자 제 굴을 팔 뿐 이웃이 협력하러 와도 용납하지 않는다.

석회질 땅의 깎아지른 언덕을 수많은 무리가 이용하는 청줄벌(*Anthophora*)도 각자 제 통로를 파는데, 감히 시추공에 나타나는 녀석은 누구든 아주 열심히 쫓아낸다. 삼치뿔가위벌(Osmie tridentée: *Osmia*→ *Hoplitis tridentata*)은 여러 방으로 나누려고 굴의 가지 끝을 팔 때, 제 소유지에 발을 들여놓으려는 뿔가위벌은 어떤 녀석이라도 주먹질로 맞이한다.

둑길에 집터를 고른 감탕벌(Odynères: *Odynerus*)은 이웃집 대문으로 잘못 찾아들지 않도록 얼마나 조심하더냐! 그랬다가는 거기서 봉변을 당한다. 잎을 둥글게 잘라 다리 사이에 끼고 돌아오는 가위벌(Mégachile: *Megachile*)은 어느 녀석이든 땅굴을 잘못 찾아들지 말아야 하지 않더냐! 거기서 곧 쫓겨날 것이다. 다른 곤충에게도 똑같은 말을 할 수 있다. 각자에게는 누구도 들어갈 권리가 없는 제집이 있다. 이 점은 공동 장소에 많은 무리가 자리 잡은 벌에게도 철칙으로 되어 있다. 가까이 이웃했다고 해서 친밀한 관계는 결코 아니다.

그런 형편이라 원기둥꼬마꽃벌의 살림을 보고 무척 놀랐다. 이 벌도 곤충학이 의미하는 사회성은 아니다. 가족은 공동체가 아니며, 어떤 돌봄도 전체의 이익을 위한 게 아니다. 각 어미는 제 알에만 관여하고, 제 새끼만을 위해서 꿀을 따온다. 녀석들은 단지 출입구와 지하도만 공동으로 사용할 뿐, 남의 애벌레 양육에는 전

혀 간섭하지 않는다. 지하도는 땅속에서 갈라져 각 어미 고유의
내실과 연결된다. 우리네 도시 주거에도 이렇게 오직 하나의 대
문, 하나의 현관, 하나의 계단이 여러 층으로 연결되어 독립된 각
가정으로 들어가는 게 있다.

통로의 공유는 집 안에 식량을 저장할 때 가장 쉽게 확인된다.
개미가 쌓아 올린 것처럼 갓 파 올린 흙무더기 위에 뚫린 공통 구
멍을 한동안 지켜보자. 조만간 꼬마꽃벌이 근처의 국화과(Chicora-
cées : Compositae) 식물에서 수확한 꽃가루를 실어 오는 게 보인다.

대개는 한 마리씩 불쑥 돌아오지만 서너 마리, 때로는 더 많은
녀석이 한꺼번에 굴 입구에 나타나는 일도 드물지 않다. 흙무더기
에 한꺼번에 내려앉았어도 서로 먼저 들어가려고 서두르거나 시
기하지 않는다. 전혀 경쟁의 표시 없이 차례대로 복도 속으로 빠져
든다. 조용히 기다렸다가 조용히 들어가는 것만 보아도 이 공동 통
로는 각자가 남과 똑같은 자격으로 이용할 권리가 있음을 말해 준
다. 같은 지하도에 연결된 작은 방들의 계산서, 즉 공동 소유주가

동시에 들어가는 벌을 세어 보고 어림잡은 평균은 5~6마리였다.

원기둥꼬마꽃벌은 밖에서 천천히 파 들어가며 땅을 처음 개간할 때, 함께 이용할 여러 마리가 동시에 교대로 굴 파기에 참여했을까? 도무지 그럴 것 같지가 않다. 나중에 얼룩말꼬마꽃벌과 조숙한꼬마꽃벌이 알려 주었듯이 각 광부는 혼자서 순전히 제 소유가 될 복도만 판다. 공동 현관은 나중에, 즉 경험으로 시험된 세대가 물려주었을 때 얻어지는 것이다.

첫 집단의 각 방이 생땅에 파인 지하도 안쪽에 만들어졌다고 가정해 보자. 그 방들과 지하도는 모두 한 마리가 파낸 것이다. 다 자라서 지하 숙소를 떠날 때가 되어 각 방에서 나온 벌은 제 앞에 훤히 뚫린 길을 발견할 것이다. 아니면 뚫리지는 않았어도 적어도 옆보다는 저항력이 덜해 푸석푸석한 재료로 막힌 길을 만날 것이다. 결국 탈출로는 어미가 집을 지을 때 닦아 놓은 원래의 길일 것이다. 각 방은 직접 그 길로 나오게 되어 있어서 모두 망설임 없이 그리 들어섰을 것이다. 어쩌면 모두가 오래지 않아 해방될 것에 자극되어 각 방에서 구멍까지 오르내리면서 부스러기 치우기에 참여했을지도 모른다.

땅속에 갇혀 있는 녀석 전체가 더 쉽게 해방되려고 협력해서 노력한다는 가정이 여기서는 전혀 의미가 없다. 각자는 오직 제 걱정밖에 안 하며 휴식을 취한 다음에는 제게 필요불가결한 길, 저항력이 덜한 길, 어쨌든 전에 어미가 파 놓았는데 지금은 어느 정도 메워진 통로로 어김없이 찾아와서 일한다.

원기둥꼬마꽃벌도 다른 벌이 나오기를 기다리지 않고, 제가 나오고 싶은 시간에 제 방에서 나온다. 소수 집단이 모여 있는 모든 독방의 출구는 공동 통로로 통한다. 이렇게 구성되어 있어서 같은 땅굴에 사는 녀석은 모두가 제 나름대로 출구의 부스러기 치우기에 협력한 결과가 된다. 일하다 지치면 제 방으로 물러가고 대신 다른 녀석이 들어선다. 이 녀석은 제가 빨리 나오고 싶어서 그런 것이지 앞의 녀석을 도우려고 그런 것은 아니다. 마침내 길이 훤하게 뚫려서 벌들이 나온다. 녀석들은 해가 밝게 내리쬐는 동안 근처의 꽃으로 흩어졌다가 선선해지면 땅굴로 다시 돌아가서 밤을 지낸다.

며칠 뒤에는 녀석들이 산란 걱정을 하겠지만 지하도는 결코 버리지 않는다. 비가 오거나 바람이 강한 날도 그리 피해 들어갔다. 모두는 아니더라도 대부분은 매일 저녁 해가 기울면 그리 들어갔을 것이고, 어쩌면 아직도 말짱하며 정확하게 기억하는 방, 즉 제가 태어난 방으로 들어갈 것이다. 한 마디로 말해서, 이 꼬마꽃벌은 떠돌이생활 없이 한 곳에 정주한다.

이렇게 집 안에 틀어박히는 습관에서 필연적인 결과 하나가 나온다. 이 벌은 산란할 때 제가 태어난 땅굴을 이용할 것이다. 출입통로는 이미 마련되었고 이전의 방은 조금 손질해서 다시 쓸 수 있다. 지하도를 더 늘려야 한다면 제 뜻대로 새 지층을 파내면 될 것이다.

혼자 일하는 게 벌의 본능임에도 불구하고, 제가 태어난 땅굴을 후손이 다시 차지하여 일종의 사회의 시초가 실현되었다. 원인은 고향으로 돌아온 어미들에게 입구와 현관이 오직 하나뿐인 것에 있다. 공동이익을 위한 협력은 없이, 일종의 기이한 현상의 공동체가 이루어진 것이다. 즉 모든 것이 소유권자들에게 똑같은 몫으로 할당된, 가족의 상속물이 된 것이다.

작업용 지하도를 너무 소란스럽게 돌아다니면 빠른 작업에 방해가 될 것이며, 머지않아 공동 상속자 수에 한계가 올 것이다. 그때는 안에 새 길이 뚫리겠지만 이미 파인 길과 연결될 것이다. 땅속에는 마침내 헤아릴 수 없는 미로의 복잡한 통로가 사방으로 뚫리게 된다.

방 파내기와 지하도 뚫기는 주로 밤에 한다. 매일 아침 땅굴 입구에 원뿔처럼 쌓인 생흙더미가 밤에 일했음을 증명한다. 그것들의 크기로 보아 여러 일꾼이 땅파기에 참여했음도 증명된다. 벌 한 마리가 그렇게 짧은 시간에 그렇게 많은 흙을 파서 지면까지 끌어올려 그만한 흙더미를 만들어 놓을 수는 없는 일이기 때문이다.

근처의 풀밭은 아직 이슬에 젖어 축축한데, 원기둥꼬마꽃벌은 해가 뜨자마자 굴을 떠나 식량 비축 작업을 개시한다. 하지만 쌀쌀한 아침 공기에 작업이 그렇게 활발하지는 못하다. 별 기쁨도 열의도 없고, 굴 위에서 윙윙거리는 소리도 없다. 뒷다리에 꽃가루를 노랗게 묻혀 오지만 낮게 흐느적거리며 조용히 날아온다. 원뿔 흙더미에 내려앉았다가 곧 수직 굴뚝으로 빠져든다. 다른 녀석도 그 굴에서 나와 수확하러 떠난다.

아침 8~9시경까지 이렇게 식량 마련하기 왕래가 계속된다. 이제 햇볕이 담벼락에 반사하며 더워지기 시작하고, 사람의 왕래도 다시 시작된다. 우리 집이나 다른 집에서 오가는 행인이 줄을 잇는다. 각 통로 위에 쌓였던 흙무더기가 너무도 짓밟혀서 머지않아 사라져, 그곳의 땅 밑에 집이 있다는 표시마저 없어진다.

꼬마꽃벌은 온종일 모습을 보이지 않는다. 아마도 지하도 안으로 물러난 녀석들이 방을 만들고 윤내기에 전념할 것이다. 다음 날, 밤일로 새로 만들어진 원뿔 흙더미가 다시 올라오고, 다시 시작된 꽃가루 수확이 몇 시간 동안 계속되다가 또다시 모든 게 중단된다. 공사가 끝날 때까지 낮에는 이렇게 중단되고 밤과 이른 아침에 작업이 계속된다.

원기둥꼬마꽃벌의 지하통로는 약 20cm 깊이까지 내려가서 여러 복도로 갈라져 한 집단의 방과 통하는 제2의 통로가 된다. 한 집단에는 대개 6~8개의 방이 거의 수평에 가까운 긴 축과 평행으로 배치되었다. 방이 안쪽은 알 모양이며 입구 쪽은 좁다. 길이는 거의 20mm, 가장 넓은 부분의 너비는 8mm였다. 방은 그저 단순한 흙속의 구멍이 아니라 내벽이 깨끗하게 정리된 건축물이다. 그래서 조금만 주의하면 방 무더기가 통째로 들려 올라오며 둘러싼 흙들이 깨끗하게 떨어진다.

내벽 재료는 상당히 고운 것으로 보아, 둘레의 거친 흙에서 골라 침으로 반죽한 게 틀림없겠다. 내부를 정성껏 다듬고 방수성 얇은 막을 둘렀다. 방의 상세한 특징은 얼룩말꼬마꽃벌이 이미 완전하게 보여 주었으니 이 정도로 줄이자. 집도 놔두고 꼬마꽃벌 이야기에서 가장 두드러진 특징을 알아보자.

5월에 들어서자마자 원기둥꼬마꽃벌이 일을 시작한다. 힘든 집 짓기에 수컷은 결코 참여하지 않는다. 방안 공사나 식량 수확도 녀석과는 무관하다. 벌의 이 법칙에는 예외가 없는 것 같으며, 꼬마꽃벌 역시 이 법칙을 따른다. 따라서 당연히 파낸 흙부스러기를 수컷이 굴 밖으로 밀어내는 것조차 보지 못했다. 그런 일은 녀석의 업무가 아닌 것이다.

하지만 땅굴 근처에 수컷이 한 마리도, 절대로 한 마리도 없다는 점에 주의가 갔을 때는 놀라지 않을 수가 없었다. 수컷은 일을 전혀 안 하는 것이 통칙이라 해도, 지금 공사 중인 지하도 근처에 머물면서 이 문 저 문으로 찾아다니거나, 작업장 위로 날아다니며 아직 산란하지 않은 암컷이 마침내 열정으로 넘어갈 순간을 포착하려는 것 역시 통칙이다.

그런데 여기는 벌의 수가 엄청남에도 불구하고, 또한 주의 깊은 조사가 계속되었음에도 불구하고, 수컷은 단 한 마리도 발견되지 않았다. 암수의 구별은 그야말로 쉽다. 약간 호리호리한 수컷은 가늘고 긴 배의 형태나 빨간 줄무늬로 쉽게 알아볼 수 있다. 마치 암수가 서로 다른 종 같다. 암컷은 연한 다갈색인데 수컷은 검고 배에 붉은 줄 몇 개가 둘러쳐졌다. 그런데 작업이 진행되는 5월 내내, 검고 호리호리한 배에 빨간 띠를 두른 벌이 한 마리도, 즉 수컷이 한 마리도 안 보인다.

수컷이 땅굴 근처로 찾아오지는 않았어도 다른 곳, 특히 암컷이 꿀을 따는 꽃에 있을지도 몰라 포충망을 들고 들판을 확실하게 조사했다. 하지만 실패였다. 지금은 보이지 않는 수컷이 나중에는, 즉 9월에는 반대로 오솔길가의 두상화인 에린지움(Panicaut: *Eryngium paniculatum*) 꽃에 많았다.

어미밖에 없는 괴상한 집단을 보고, 나는 일 년에 여러 세대가 발생하며 적어도 그 중 어느 한 세대에는 수컷이 있을 것이라는 추측을 하게 되었다. 그래서 작업이 모두 끝난 다음에도 내 추측을 확인할 순간을 잡아 보려고 둥지를 날마다 감시했다. 땅굴 위는 6주일 동안 아주 쓸쓸했다. 벌은 한 마리도 나타나지 않았고,

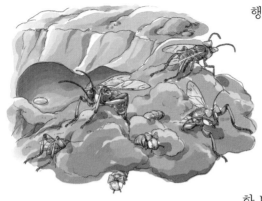

행인의 발길에 밟힌 오
솔길에서 깊이 파
들어갔다는 유일
한 표적인 흙 둔
덕마저 사라졌
다. 겉에는 따뜻
한 땅속에서 숱
한 벌 떼가 은밀히 만들
어지고 있음을 알려 주는 게 아무것도 없었다.

7월이 되자 새 흙더미 몇 개가 생긴다. 땅속에서 곧 해방될 준비
를 하는 중이라는 표시였다. 벌 사회는 대개 수컷이 암컷보다 먼
저 성숙해서 먼저 산실을 떠난다. 그러니 어떤 의심의 그림자마저
없애려면 처음 나오는 녀석을 확인하는 것이 중요하다. 계획적으
로 파내는 것이 자연 탈출을 기다리는 것보다 훨씬 좋겠다. 그렇
게 하면 수컷이든 암컷이든 굴을 떠나기 전의 모두를 제대로 알
수 있다. 한 마리도 놓치지 않게 되며 아무리 주의를 기울여도 언
제나 보증할 수는 없는 감시조차 필요 없어진다. 그래서 삽으로
확인하기로 결정했다.

땅굴이 침범한 끝까지 파서 커다란 흙덩이를 꺼냈다. 독방이 있
을지도 모를 모든 부분을 검사하려고 그 덩이를 손으로 조심해 가
며 부쉈다. 수적으로는 성충 상태의 꼬마꽃벌이 압도적인데, 아직
은 대부분 온전한 방안에 들어 있다. 비록 수가 좀 적기는 해도 번
데기 역시 많았다. 탈바꿈한 지 얼마 안 되었다는 표시인 광택 없
는 흰색부터 머지않아 탈바꿈할 것이라는 표시인 담흑갈색에 이

174

르기까지 모든 색조를 수집했다. 약간의 애벌레도 수집되었다. 애벌레는 번데기가 되기 전[2]의 혼수상태였다.

곱고 깨끗한 흙을 깐 상자에 애벌레와 번데기를 넣되, 각각을 하나씩 손가락으로 눌러 절반의 독방처럼 빚은 홈 안에 넣었다. 암수의 어느 성인지 판단하려고 탈바꿈을 기다린 것이다. 성충 상태가 된 것은 확인한 다음 숫자를 세고 놓아 준다.

그럴 것 같지는 않아도 집단에 따라 암수의 분포가 다를 수도 있음을 가정하여, 먼저 파낸 곳과 몇 미터 떨어진 곳에서 두 번째 집단을 파냈다. 여기서도 성충, 번데기, 애벌레 상태가 섞인 대형 집단을 얻었다.

늦된 녀석이라도 탈바꿈하는 데 여러 날 걸리지는 않았다. 모두가 탈바꿈한 다음 전체를 조사해 보니 원기둥꼬마꽃벌은 총 250마리였다. 그런데 아무도 탈출하지 않은 땅굴에서 수집한 벌이 암컷밖에, 절대로 암컷밖에 확인되지 않았다. 아니, 수학적으로 엄밀히 따지자면 수컷이 한 마리, 꼭 한 마리만 발견되었다. 그런데 녀석은 어찌나 허약하고 작던지 번데기의 배내옷조차 제대로 처리하지 못하고 죽었다. 이 유일한 수컷은 분명히 돌발적인 사고였다. 암컷 249마리의 꼬마꽃벌 집단에서 이 발육 부진의 수컷 말고 다른 수컷은 예정되지 않았다. 아니 그보다도 수컷을 전혀 예정하지 않았다. 따라서 이 수컷은 무가치한 우연으로 제쳐 두고 원기둥꼬마꽃벌의 7월 세대는 암컷으로만 구성되었다는 결론을 내린다.

7월 둘째 주에 다시 작업이 시작된다. 땅굴이 늘어나며 수리되고, 독방이 수선되고 새 방이 마련된다. 아직 7월이 끝나지 않았는데 다시 조용해진다.

---

2 전번데기(전용, 前蛹)

일이 계속되어도 수컷은 한 마리도 나타나지 않았음을 덧붙여 두자. 땅굴을 파내서 넘칠 만큼 많은 증거가 보태졌다.

연중 가장 더운 이 시기에는 애벌레의 성숙이 빠르다. 여러 단계의 허물벗기를 거치지만 한 달이면 충분하다. 8월 24일부터 원기둥꼬마꽃벌의 땅굴 위에 다시 활기가 나타난다. 그러나 상황이 매우 달라졌다. 암수 양성이 다 나온다. 검고 가는 배에 붉은 띠를 둘러 아주 잘 확인되는 수컷들이 거의 땅에 닿아 불안해 보일 만큼 낮게 날아다닌다. 녀석들은 이 땅굴, 저 땅굴로 분주하게 돌아다닌다. 드물게 몇몇 암컷이 잠시 나왔다 들어간다.

삽으로 파내 손에 잡히는 대로 모두 수집했다. 애벌레는 매우 드무나 번데기는 많았고, 성충이 된 곤충도 많았다. 녀석들을 조사해 보니 수컷 80마리, 암컷 58마리로 요약된다. 지금까지는 근처의 꽃이나 땅굴 근처에서 찾아낼 수 없었던 수컷을 오늘은 원한다면 수백 마리라도 수집할 수 있겠다. 수컷은 암컷의 거의 1.4배 정도로 많았고, 일반 법칙대로 먼저 성숙한다. 늦은 번데기는 대부분 암컷이라 더욱 일반 법칙을 따랐다.

암수가 모두 나타났으니 애벌레 상태로 겨울을 난 5월 집단과 방금 본 집단, 그리고 이제 생활사를 시작할 제3세대를 예상해 보았다. 하지만 예상이 빗나갔다. 9월 한 달 내내 해가 땅굴에 내리쬐면 매우 많은 수컷이 이 구멍 저 구멍으로 날아다닌다. 어쩌다 들에서 돌아온 암컷은 다리에 꽃가루를 싣지 않았다. 제 굴을 찾은 암컷은 쏙 들어가서 보이지 않는다.

수컷은 암컷이 와도 무관심한 듯 환영하지도 않고, 치근덕거리는 구애로 귀찮게 굴지도 않았다. 녀석은 계속 불안정하게 구불구불 날며 땅굴의 문을 찾는다. 두 달 동안 지켜보았는데 녀석이 땅에 내려앉는 것은 당장 형편에 맞는 굴속으로 들어가기 위함이었다.

같은 굴 입구에서 여러 수컷을 보는 경우도 드물지 않았다. 그때는 같은 굴의 주인인 암컷이 그랬던 것처럼 평화가 유지되어 각자 들어갈 차례를 기다린다. 때로는 한 마리씩 나오거나 들어가려 해서, 갑자기 서로 맞부딪쳐도 말썽은 생기지 않았다. 나오는 녀석이 조금 옆으로 비켜서 두 자리를 만들고, 다른 녀석은 재주껏 비집고 들어간다. 같은 종의 수컷 사이에 흔히 있는 경쟁 관계를 생각하면 이곳의 평화로운 하회는 가장 충격적인 예가 될 것이다.

굴을 파서 어귀에 쌓아 놓은 흙이 하나도 없으니 다시는 일하지 않았다는 표시이다. 하지만 밖에 겨우 조금 흩어진 흙더미가 있는데 이것은 누구의 짓일까? 오직 수컷, 수컷뿐이다. 빈둥거리던 수컷이 일할 생각을 했다. 수컷이 굴착 인부가 되어 제가 드나드는데 방해가 되는 흙 부스러기를 밖으로 밀어낸 것이다. 이것은 어떤 종류의 벌도 내게 보여 준 일이 없는 특징적 습성이다. 어미가 집을 지을 때도 그보다 부지런할 수 없을 만큼, 수컷들이 굴속을 부지런히 드나드는 것을 처음 보았다.

예사롭지 않은 작업의 원인이 곧 드러났다. 굴 밖을 날아다니는 암컷은 매우 드물었다. 대부분 땅속에 틀어박혀서, 어쩌면 늦가을 내내 한 번도 안 나올 것 같다. 감히 밖으로 나갔던 암컷도 곧 돌아오는데, 물론 수확도 없고 굴 위에 날아다니는 많은 수컷에게 성가신 구애를 받지도 않는다.

한편, 내가 아무리 주의를 기울였어도 집 밖에서의 짝짓기는 한 번도 보지 못했다. 결국 짝짓기는 땅속에서 은밀하게 이루어지는 것이다. 수컷이 제일 따뜻한 낮 시간에 굴 입구를 부지런히 찾아 온 점, 깊은 굴속으로 끊임없이 오르내린 점으로 미루어 녀석이 은밀한 방안에 틀어박혀 있는 암컷을 찾아가는 것으로 풀이된다.

의심은 삽질 몇 번으로 곧 확신이 된다. 상당히 많은 쌍을 파낸 결과, 양성의 만남이 땅속에서 이루어짐을 증명해 준다. 붉은 허리띠를 두른 녀석이 짝짓기가 끝나면 밖으로 나와 얼마 남지 않은 여생을 이리저리 끌고 다니다가 죽는다. 암컷은 독방에 틀어박혀서 5월이 돌아오기를 기다린다.

꼬마꽃벌은 9월을 오직 즐거운 짝짓기로 보낸다. 날씨가 좋을 때마다 수컷이 굴 위로 날아다니며 끊임없이 드나드는 것이 보인다. 날씨가 흐려지면 통로로 피해 들어간다. 아주 참을성 없는 녀석은 햇빛이 잠시 비쳐서 꽃으로 갈 수 있는지 알아보려는 듯, 굴 속에서 절반쯤 나와 작고 까만 머리를 밖으로 내밀어 본다. 녀석들은 밤도 굴속에서 보내며, 아침에는 일찍 일어나는 게 보인다. 하늘창으로 머리를 내밀어 날씨를 알아보고는 다시 들어간다. 햇볕이 집을 비춰 줄 때까지 들어 있는 녀석도 보인다.

10월 한 달도 똑같은 생활 방식이 계속된다. 겨울이 가까워 온다. 수컷이 점점 줄어들어 암컷도 구애 대상의 수가 준다. 11월 첫 추위가 닥치면 땅굴 위는 완전히 쓸쓸해진다. 다시 한 번 삽의 힘을 빌린다. 방안에는 암컷밖에 없고, 수컷은 완전히 사라졌다. 모두 환희의 생활과 악천후에 희생되어 죽은 것이다. 원기둥꼬마꽃벌의 1년 주기는 이렇게 끝난다.

추운 계절이 지나간 2월, 눈이 보름 동안이나 땅을 덮었는데 꼬마꽃벌을 다시 한 번 알아보고 싶었다. 당시 나는 폐렴으로 자리에 누워 있었고, 모든 증세로 보아 죽음이 임박했다. 다행히도 크게 또는 전혀 통증은 없었다. 하지만 삶은 극도로 어려웠다. 얼마 남지 않은 정신으로 곤충을 관찰할 수는 없고, 오직 죽어 가는 내 자신만 관찰했다. 초라한 내 기계가 점점 상태가 나빠짐을 구경꾼처럼 바라만 보고 있었다. 아직 어린 식구들을 남겨 둔 고통만 아니라면, 나는 기꺼이 떠났을 것이다. 저세상은 보다 고상할 것이고, 더 많은 평화를 가르쳐 줄 무엇인가가 틀림없이 존재하겠지! ―하지만 나의 임종 시간이 아직은 오지 않았다.

사고의 희미한 빛이 무의식 상태의 암흑 속에서 깜박이며 드러날 때, 나의 가장 아늑한 기쁨이던 꼬마꽃벌에게 제일 먼저, 그리고 측근에게 작별 인사를 하고 싶었다. 아들 에밀(Émile)[3]이 삽을 들고 언 땅을 파러 갔다. 수컷은 한 마리도 보지 못했음은 말할 것도 없다. 하지만 방안에서 추위에 마비된 암컷은 많았다.

그 중 몇 마리를 가져왔다. 흙덩이에 얼음꽃이 속속들이 배어들었으나 녀석들 방안에는 핀 흔적조차 없으니 방수 바니시의 효과는 기가 막힐 정도였다. 갇혔던 녀석들이 방안의 따뜻한 온도로 마비에서 깨어나 침대 위로 발랑발랑 돌아다닌다. 나는 죽어 가는 사람의 막연한 눈길로 녀석들을 지켜보았다.

환자도, 꼬마꽃벌도, 초조하게 기다리던 5월이 왔다. 오랑주를 떠나 세리냥(Sérignan)으로 가면서 나는 그것이 마지막일 거라고 생각했었다. 이사하는 동안 벌은 다시 일을 시작하고 있었다. 나는 섭섭한 눈길로 한 번 흘낏 쳐다보았다. 아직 녀석들과 함께 지내면서 배울 것이 사실상 많을 텐데. 그 뒤로는

---

3 이 무렵 파브르는 55세. 교직에서 물러난 지 10년, 실질적 장남 쥘(Jules)은 지난해 16세 나이로 사망했고, 막내아들 에밀은 당시에 15세였다.

그만한 집단을 한 번도 만나지 못했다.

원기둥꼬마꽃벌의 습성에 관한 오래전의 관찰에다 최근에 조숙한꼬마꽃벌이 제공한 자료를 끼워 넣어 꼬마꽃벌을 개관해 보자.

11월부터 파낸 원기둥꼬마꽃벌 암컷은 당연히 수정되었다. 전에 두 달 동안 수컷이 열심히 보여 주며 증명했고, 파낼 때마다 만났던 쌍이 가장 명백하게 입증했었다. 암컷은 제 독방에서 겨울을 난다. 물론 청줄벌(*Anthophora*)이나 진흙가위벌(*Chalicodoma*)처럼 빨리 자라는 많은 꿀벌과(科) 곤충도 그렇게 한다. 즉 봄에 집을 짓는 녀석이 여름에는 성충 상태에 도달한다. 그렇지만 다음 해 5월까지 방안에 갇혀 있다.

그러나 꼬마꽃벌은 크게 달라서, 가을에 땅속에서 수컷을 만나려고 한순간 방에서 나왔다. 짝짓기가 끝난 수컷은 죽고, 혼자 남은 암컷만 다시 들어가 추운 계절을 보냈다.

처음엔 오랑주에서, 다음엔 바로 울타리 안이라 상황이 훨씬 좋은 세리냥에서 조사했는데, 얼룩말꼬마꽃벌은 지하 짝짓기 습성이 없었다. 녀석들은 광명, 햇볕, 꽃들의 즐거움 속에서 혼례를 치른다. 수컷은 9월 중순께 수레국화(Centaurée: *Centaurea*)에 처음 나타나며, 대개 여러 마리가 동갑내기 암컷에게 치근덕거린다. 이 녀석 저 녀석이 암컷을 갑자기 내리

가위벌류 대다수의 가위벌은 잎을 가위질 하듯 잘라서 애벌레 집을 짓지만 같은 과에 속하는 진흙가위벌은 흙으로 집을 짓는 것을 『파브르 곤충기』 제4권 이전에 다뤘다. 시흥, 20. Ⅶ. '96

덮치며 껴안았다가 놓아 주고 다시 껴안는다. 어떤 녀석이 암컷을 차지할지는 싸움으로 결정된다. 하나가 수용되면 다른 녀석은 물러난다. 빠르고 각진 비상으로 이 꽃 저 꽃으로 날아다닐 뿐 앉지는 않는다. 먹기보다 짝짓기 사업이 더 급해서 빙빙 돌며 시찰하는 것이다.

조숙한꼬마꽃벌은 정확한 자료를 보여 주지 않았다. 조금은 내 탓이었고, 삽보다는 곡괭이가 필요한 자갈밭 파내기가 힘든 탓도 조금 있어서 그랬다. 하지만 녀석도 원기둥꼬마꽃벌과 같은 짝짓기 습성을 가졌을 것으로 추측한다.

세밀한 습성의 차이는 다양성의 원인이 된다. 원기둥꼬마꽃벌은 가을에 땅굴을 별로 안 떠나거나 전혀 안 떠난다. 나왔던 녀석도 꽃에 잠깐 들렀다가 틀림없이 도로 들어간다. 모두 제가 태어난 독방에서 겨울을 나는 것이다. 얼룩말꼬마꽃벌 암컷은 반대로 이사를 한다. 수컷도 밖에서 만나며 다시는 굴로 돌아가지 않는다. 늦가을에 파 보면 굴속은 언제나 비어 있다. 녀석은 겨울 은신처가 어디든, 만난 곳에서 보낸다.

봄이면 가을에 수정된 암컷이 나오는데 원기둥꼬마꽃벌은 제 방에서, 얼룩말꼬마꽃벌은 여러 은신처에서 나온다. 조숙한꼬마꽃벌은 틀림없이 어미의 것이기도, 제 것이기도 한 방에서 나올 것이다. 어쨌든 이 암컷은 수컷이 전혀 없는 상황에서 집짓기 공사를 한다. 물론 땅벌도 그런데 이 족속도 가을에 수정한 몇몇 어미 외에는 모두 죽었다. 이들이든 저들이든, 수컷과의 결합은 사실상 실질적이다. 다만 그 결합이 산란하기 6개월 전쯤 이루어졌을 뿐이다. 여기까지는 꼬마꽃벌의 생활에 새로운 것이 없었는데,

이제 예기치 않은 일이 나타났다.

7월에 발생하는 제2세대에는 수컷이 없다. 수컷과의 결합이 없음은 겉보기에만 그럴 뿐, 실은 조기 수정이 있었음을 의미하는 것도 아니다. 계속적인 관찰과 새 벌이 나오기 전인 여름에 실행한 발굴에서 의심의 여지가 없었던 현실이다. 6월 말에 방들을 파 보면 결과는 언제나 암컷뿐, 극히 드문 예외가 아니고는 오직 암컷뿐이었다.

제2세대의 새끼는 실제로 1년에 두 번 집 짓는 적성의 어미가 가을에 수컷을 만났다고 말할 사람이 있을지 모르겠다. 그러나 이를 인정할 수 없음은 얼룩말꼬마꽃벌이 증명했다. 녀석은 집에서 다시는 나오지 않으며, 오직 굴 입구에서 보초를 서는 늙은 어미를 보여 주었을 뿐이다. 문지기 역할에 몰두하면서 꿀 따오기와 타일 깔기를 동시에 할 수는 없다. 이 어미가 아직은 완전히 지치지 않았다고 치더라도 새 가족을 만들지는 못한다.

같은 이유를 원기둥꼬마꽃벌에서도 내세울 수 있는지 모르겠다. 녀석의 집에도 전체 감시관이 있을까? 이 곤충이 문 앞에 있었던 옛날, 나는 이 점을 주의하지 못해 자료가 없다. 그래도 얼룩말꼬마꽃벌의 문지기가 여기(원기둥꼬마꽃벌)서는 알려지지 않았다는 생각이다. 문지기가 없는 원인은 초기 일꾼의 수에 있을 것이다.

얼룩말꼬마꽃벌 어미는 5월에 겨울을 보낸 은신처에서 나와 혼자 집을 짓는다. 7월에 딸들이 대를 이으면 이 어미가 집안의 유일한 조상이 되며 문지기 임무를 맡는다. 하지만 원기둥꼬마꽃벌의 경우는 사정이 다르다. 여러 암컷이 겨울 동안 같은 땅굴에서 공동으로 머물렀다가 5월에 노동한다. 녀석들이 집안일을 모두 끝내고 살아남았다고 가정했을 때 누가 감시자 역할을 맡을까? 어미의 수가 너무 많으니 경쟁 열정으로 혼란이 생길 것이다. 어쨌든 사정을 자세히 알게 될 때까지 세밀한 문제는 의문으로 놔두자.

5월에 낳은 알에서는 암컷, 순전히 암컷만 나오는 게 사실이다. 이 암컷이 혈통을 이어간다는 점에 대해서는 어떤 의문도 용납되지 않는다. 비록 이 암컷들의 생식 시기에 수컷이 없었음에도 불구하고 암컷이 생식을 했다. 이렇게 단성(單性)에서 태어난 세대에서 두 달 뒤에 암수가 함께 태어난다. 그래서 짝짓기가 이루어지며 같은 생활사가 되풀이된다.

연구 대상이던 3종에 따르면, 결국 꼬마꽃벌은 1년에 2회씩 번식한다. 가을에 수정해서 겨울을 보낸 어미의 봄 세대 생식과 어미의 잠재성만으로 이루어지는 여름 세대 생식, 바로 처녀생식 [Parthénogénès, 處女生殖＝ 단성생식(單性生殖)][4]이다. 암수 양성의 결합에서는 순전히 암컷만 태어났고, 처녀생식에서는 암수가 함께 태어났다.

초기 출산자(genitrix)인 첫 어미는 보조자 없이 해낼 수 있었는데 뒤에는 왜 보조자가 필요했을까? 허약하며 빈둥거리는 수컷이 여기에 왜 왔을까? 녀석은 필요 없었는데 이제는 왜 필요해졌을까? 이 질문에 우리가 언젠가는 만족스러운 해답을 얻게 될까? 의심스럽다. 성공할 희망이 없다. 그래도 풀 수 없는 성 문제는 누구보다도 정통한 진딧물에게 물어보자.

4 스위스 생물학자 보네(Charles Bonnet, 1720~1794년)가 1740년에 진딧물의 단성생식을 발견하여 난자론(卵子論)인 전성설(前成說)이 태동했다.

10 유럽옻나무의 진딧물
—충영

생식 방법이 유별나기는 진딧물(Pucerons: Aphidoidea)이 으뜸이다. 바다 속의 비밀을 조사하는 게 아니라면 이보다 훌륭한 것을 어디서도 발견하지 못할 것이다. 장한 일을 녀석의 본능에서 기대하지는 말자. 그런 능력은 없다. 단지 배똥뚱이의 하찮은 기생충이며, 제 다리 하나만 들려 해도 지나친 해방 운동이라 집 안에 틀어박혀 있기를 좋아하는 녀석이다. 하지만 생명체의 전달을 지배하는 보편적 법칙에는 참으로 놀라운 격정과 다양성을 보여 줄 것이다.

나는 특히 유럽옻나무(Térébinth: *Pistacia terebinthus*)에 기생하는 진딧물을 선호한다. 녀석은 아주 가까운 이웃이라 자주 찾아보기에 필요한 조건을 모두 갖췄고, 꽤 흥미로운 특별한 솜씨도 가졌다. 울타리 안에 자리 잡고 있어서 극심한 어려움 없이 가족 번식의 진행과정을 관찰할 수도 있다.

녀석을 먹여 살리는 관목, 유럽옻나무는 세리냥(Sérignan) 야산에 아주 흔하다. 추위에 약한 식물이 햇볕에 달궈진 돌무더기를 좋아한다. 시시한 꽃이 진 다음 장밋빛이다가 퍼레지는 작고 예쁜 포도송이 같은 장과(漿果)가 열리는데, 이 열매는 테레벤틴(Térében-thine) 향을 풍기며 가을 철새인 붉은꼬리딱새(Queue Rousse: *Oenanthe xanthoprymna*)가 좋아한다. 나무의 내력을 모르는 상태에서 처음 본 사람은 장과와는 아주 다른 열매를 발견하기도 한다.

진딧물류 진딧물은 겉모습만 보고 이름을 알려 해서는 안 된다. 일생 동안, 그리고 1년을 지나는 동안, 또 암수에 따라 겉모습이 많이 달라지고, 먹이나 생활 습성도 다양해서 그런 것들을 모두 알아야 하기 때문이다. 시흥, 30. V. '96

잔가지 끝에 잘 익어서 산호처럼 빨간색이 아니라 엷은 장밋빛이 도는 노란색이 대신했고, 잎은 곧잘 구불구불한 뿔 모양의 어떤 고추를 닮았다. 이런 것이 각각 또는 무리 지어 펼쳐져 있다. 더욱이 어떤 잎에는 과수원보다 더 싱싱하고 부드러운 살구 비슷한 것이 붙어 있어서, 이런 겉모양에 유혹되어 가짜 열매를 열어 본다. 앗, 깜짝이야! 먼지 속에서 우글거리는 가루처럼 무수히 많은 이(Pou, 蝨)[1]가 들어 있다.

성지 순례자는 소돔(Sodome) 근처의 어떤 관목이 보기에는 아름다워도 속에는 재가 가득한 사과를 딸 수 있다는 말을 한다. 유럽옻나무의 예쁜 살구나 뿔 모양인 고추는 소돔의 사과인 셈이다. 이것들도 멋진 껍질 속에 순전히 재만 들어 있다. 실은 먼지를 뽀얗게 뒤집어쓴 진딧물 물결이 출렁이며 살아 있는 재이다. 열매 모양의 혹인 충영(蟲廮)[2] 안에는 외부와 격리된

1 실은 이가 아니라 앞으로 설명될 진딧물인 면충이다.
2 기주식물의 조직에 혹처럼 만들어 놓은 벌레집

진딧물 가족이 무척 많이 살고 있다.

이렇게 이상한 물건의 발달을 천천히 관찰하려면 쉽게 자주 찾아볼 수 있는 유럽옻나무가 필요하다. 마침 연구실의 몇 걸음 앞에 한 그루가 있다. 울타리 안에 목본을 좀 심을 때 다행히 그 나무도 한 그루를 심을 생각이 났었다. 그럴듯한 열매의 수확을 기대하고 과수를 심었다면 메마른 그 땅에서 죽었을 것이다. 하지만 과수도 땔나뭇감도 못 되어 쓸모없는 이 나무는 아주 잘 자라서, 해마다 틀림없이 훌륭한 충영으로 뒤덮인다. 결국 나는 운 좋게 이(蝨)가 사는 나무의 주인이 된 것이다. 이 이나무를 프로방스 말인 쁘뜰린(lou petelin)이나 뻬쉬우(lou pesouious = Le pouilleux, 이가 들끓는)로 부르자.

울타리 안에서 날마다 일어나는 사건에 주의가 끌려 나무를 들여다보지 않는 날은 거의 없다. 이상한 비밀을 간직한 이나무라서 나름대로 가치가 있다. 그러니 자세히 지켜보자. 겨울에는 잎이 모두 떨어져서 진딧물이 들어 있던 방도 사라진다. 여름이 끝날 무렵에는 그렇게 많은 수가 정상적인 잎을 압도했었지만 사라지는 것이다. 남아 있는 것이라곤 꺼멓게 퇴락한 오막살이, 즉 뿔 모양인 방들밖에 없다.

관목에서 그렇게도 많이 살았던 주민은 어떻게 되었을까? 굵은 가지나 잔가지의 껍질을 조사해 봐도 머지않아 일어날 침입을 설명해 줄 만한 무엇인가가 찾아지지 않는다. 어디에도 가사(假死) 상태의 진딧물이나 봄의 부화를 기다리는 흔적 같은 게 없다. 나무 근처에도, 특히 밑에서 썩고 있는 낙엽 무더기에도, 그럴듯한 것이 없다. 하지만 미미한 존재가 상상의 날개처럼 들판을 헤매고 다니지는 못할 것이다. 그렇게 작은 동물이 멀리서 오지는 않을 것이며, 틀림없이 저를 먹여 살리는 나무에 있을 것이다. 하지만 어디에 있단 말이냐?

1월 어느 날, 탐색에 허탕만 치다 지쳤는데, 나무 밑동과 굵은 가지의 여기저기를 빈약하게 덮고 있는 노란 잎사귀 모양 지의류(Parmélie des murailles: *Xanthoria parietina*, 地衣類)를 좀 떼어 내 보고 싶었다. 떼어다 연구실에서 돋보기로 조사했는데, 이게 무엇일까?

뜻밖의 훌륭한 발견이로다! 손톱보다 작은 지의에서 많은 것이 발견된다. 아래쪽 표면의 구불구불한 껍질 속에 겨우 1mm가량의 갈색 미립자가 아주 많이 박혀 있다. 달걀 형태를 갖춘 온전한 것도, 갈라지고 속이 비어서 첨두(尖頭)식 작은 주머니처럼 벌어진 것도 있다. 모두가 몸마디는 분명했다.

지금 본 것 중 일부는 오래되어 비었고, 일부는 최근에 산란된 배아일까? 곧 생각이 바뀐다. 곤충의 알이라면 배마디 모양이 보일 수는 없다. 더 중대한 문제도 있다. 앞쪽에서 머리와 더듬이가 식별되고, 아래쪽에서 다리가 인식되는데 모두가 부서지기 쉽게 말라 있다. 그렇다면 이 미립자는 살아서 걸어 다니다가 지금은 죽었을까? 아니다. 바늘로 으깨 보니 체액 같은 것이 스민다. 살아 있는 물건이라는 표시였고 껍질만 죽었다.

다리와 더듬이를 가지고 움직이던 극미동물(極微動物)이 지의류 담요 밑에서 얼마간 돌아다니다 생기가 없어지기 전의 형편대로 고정되었다. 호박색 얇은 막의 피부는 각질화하여 미라 상자가 되었고, 그 안에서 유기체가 새 생명으로 발전하는 중이다. 처음의 어느 순간은 동물이었다가 지금은 알이라고 불려야 마땅한 이상한 물건의 기원을 보고 있는 것이다.

나와 친해진 울타리 안 유럽옻나무가 방금 보여 준 것을 들에서도 만날 수 있을 것이다. 실제로 만났다. 그러나 나무껍질이 매우 자주 벗겨져서 이번에는 지의 밑에 있지 않았다. 다른 피신처가 없는 것도 아니다. 줄기들이 고사목을 주워 가는 여자들의 작은 낫에 어설프게 잘렸는데, 찢기고 갈라진 그 자리에 깊은 틈이 생긴다. 그리고 껍질은 부서지며 솟아올라 넝마 조각처럼 된다. 부서진 이것이 마르면 보물이 된다.

가장 좁게 갈라진 틈과 마른 껍질 조각 밑에 정신을 빼앗길 만큼 많은 극미동물이 있었다. 색깔을 보면 적어도 검정과 갈색의 두 종류였다. 유럽옻나무의 지의 밑에는 검은 녀석이 드물었는데 여기는 그것이 압도적으로 많았다. 이쪽저쪽의 모든 집단을 수집해 왔다. 이제는 인내력을 가지자. 내 생각에는 수수께끼를 푸는 열쇠가 나올 것 같다.

4월 중순, 내 동물 종자 창고인 작은 유리관 속이 활발해진다. 검은색 배아가 먼저 깨나고, 갈색은 2주일 뒤에 깬다. 표피 상자 앞쪽이 잘려 벙긋 열렸으나 다른 변형은 없다. 거기서 까만 점 같은 극미동물이 나온다. 돋보기로 보니 가슴 밑에 정식 주둥이(빨대)가 있는 완전한 모습의 진딧물이었다. 처음의 내 의심이 옳았다. 지의 밑이나 죽은 나무 틈에서 발견된 갈색과 검정의 미세한 수수께끼 물체가 실제로 진딧물의 씨앗이었다.

그런데 다리와 머리를 가진 녀석의 껍질을 보면, 씨앗이 처음에는 활동하는 극미동물이었다가 비활동성 미라가 되었고, 다시 처음의 실체가 거의 온전한 모습으로 태어난 것이다. 피부는 호박색 또는 흑옥의 얇은 막상(膜狀) 껍질로서, 몸마디가 비쳐지는 상자였고 나머지는 알처럼 농축되어 있었다.

이상한 이 물건의 기원과 행위를 지켜보기에는 아직 때가 아니다. 시간이 순서를 반대하니 씨앗에서 나온 이(虱)를 다시 살펴보자. 녀석은 매우, 아주 매우 작고 까만 진딧물인데, 몸마디는 분명하며 마치 과립 같은 배는 홀쭉했다. 돋보기로 자세히 보면 자두의 분말 같은 청록색 가루가 아주 조금 뿌려진 것이 보인다. 녀석이 넓은 유리관 감옥 안에서 아장아장 돌아다니는데 불안한 것 같다. 녀석은 무엇을 원하며, 무엇을 찾을까? 의심할 것도 없이 원하는 나무에서 야영할 장소를 찾는 것이다.

녀석을 도와주자. 끝에서 싹이 비늘 같은 옷을 방긋 열기 시작한 유럽옻나무 잔가지를 유리병에 넣어 주었다. 바로 녀석이 원하던 것이다. 그리 기어 올라가 싹의 뾰족한 끝을 보호하는 솜털 속에 자리 잡는다. 그러고는 거기서 조용히 머물러 만족

진딧물류 서산, 16. IX. '96

해한다.

나무에서의 직접 관찰과 연구실 실험이 병행된다. 4월 15일에는 드물었던 검정 진딧물이 10일 뒤에는 흔해진다. 싹 하나의 끝에서만 20마리도 넘게 발견되는데, 더 굵게 자란 싹의 대부분에도 많다. 끝이 겨우 드러날 정도로 돋아나 작고 보잘것없는 잎의 솜털 속을 차지한 녀석들은 쪼그리고 있다.

거기서 며칠 동안 머문다. 잎이 뾰족뾰족 나오기 시작하면 각자가 작은 잎(소엽, 小葉)을 빨대로 갉아서 주머니(집)를 만든다. 소엽의 끝이 자줏빛을 띠며 부풀었다가 둘레가 오그라들며 서로 가까워진다. 그래서 입구가 불규칙하게 열린 납작한 주머니가 된다. 거의 삼(Chènevis: *Cannabis sativa*) 씨앗 크기의 주머니가 하나의 작은 천막인데, 안에는 까만 진딧물 한 마리가 들어 있다. 오직 한 마리뿐 더는 아니다.

작은 이(虱)가 은신처에 혼자 남아서 무엇을 할까? 먹고 특히 번식한다. 몇 달이면 중단될 테니 일이 급하다. 따라서 몽땅 어미뿐, 시간을 낭비하는 사치품에 불과한 아비는 없다. 알은 발생 과정이 너무 느려서 산란도 없다. 진딧물의 혈기에는 일체의 사전 행위가 면제된 직접 생식이 어울린다. 새끼는 크기만 좀 작을 뿐 어미와 똑같은 생물로 태어난다.

녀석은 세상에 태어나자마자 주둥이를 박아 수액을 좀 빨아먹고 자란 지 며칠 만에 역시 빠른 방법으로, 즉 아비 없이 혈통을 이어 간다. 번식이 끝날 때까지 1년 동안, 더욱이 가장 먼 촌수의 후손까지 직접 분만을 통한 발생을 계속할 뿐, 다른 방법은 모른다. 더 쉽게 조사되는 시기가 오면 우리네 관념 질서를 뒤엎는 깜짝 놀랄 이 방법을 다시 다루어 보자.

5월 1일, 새로 돋아난 소엽 끝에 자줏빛으로 부풀어 오른 주머니 몇 개를 갈라 본다. 싹 끝에 주머니를 만든 진딧물이 한 마리뿐일 때도, 허물을 벗고 장래 가족의 기반이 되는 어린것을 데리고 있을 때도 있다. 녀석은 까만 허물을 벗고 퍼래졌으나 가루를 조금 뒤집어썼고 살이 매우 쪘다. 지금은 기껏해야 2~3마리뿐인 새끼가 걸친 것 없이 날씬하며 갈색이다. 가족의 진전 상태를 알아보려고 주머니를 만든 녀석밖에 없는 것 2개를 유리관에 넣었다. 이틀 동안 어린 진딧물 12마리가 나왔는데, 녀석들은 곧 태어난 주머니를 떠나 유리관의 솜마개로 간다. 이렇게 급한 이동은 새끼의 임무가 다른 곳에, 즉 새로 핀 연한 잎에 있다는 표시가 된다. 두 녀석에게 영양을 공급하던 자줏빛 작은 집은 말라서, 안에 있던 녀석이 죽어 더는 호구조사를 계속할 수가 없다. 그래도 상관없다. 세 번의 출산이 하루면 충분하다는 것을 알았으니 말이다. 그런 출생률이 2주 동안 계속되면 주머니를 제조하는 진딧물이 엄청나게 늘어날 것이며, 태어난 녀석들은 즉시 유럽옻나무의 넓은 개척지로 퍼져 나갈 것이다.

보름 뒤 갈색 알들이 깨는데 그때는 벌써 어린 가지가 길어졌고 잎도 펼쳤다. 확실히 구별되지 않는 두 무리 중, 아주 자신 없는 관찰로 알게 된 것은 늦된 녀석의 자손도 이른 녀석들처럼 시작한다는 점이다. 늦된 녀석 역시 소엽 끝에 자주색 마디, 즉 모양과 크기가 포도씨만 한 주머니를 만들며, 처음에는 역시 방안에 진딧물이 한 마리뿐이다.

이쪽이든 저쪽이든, 급속도로 번식하려는 혈기는 같다. 갇혀 있는 녀석은 곧 가족을 얻으며, 태어난 가족은 고향을 버리고 다른 곳에 가서 번식한다. 마침내 모태(母胎)가 바닥나면 이 태생(胎生) 곤충은 말라버린 제집 안에서 죽는다.

지의류 밑에서 유럽옻나무를 공격하러 올라간 진딧물은 몇 마리나 될까? 수천 마리였지만 이것만이 아니다. 녀석들 각자가 서둘러서 주둥이로 소엽을 가공하여 부풀어 오른 집을 만들고, 거기서 곧 새끼를 낳아 10배, 어쩌면 100배로 늘어난 엄청난 무리의 침입이 뒤따른다. 나무에는 이제 주민이 꽉 찼는데도 모든 녀석이 수많은 대집단을 만들 능력이 있다.

유럽옻나무를 공격하는 지점도, 이용한 집의 모양도 다른 녀석들 모두를 같은 노동조합원으로, 즉 같은 가족의 직업 집단으로 보아야 할까? 작업장이 같아서 녀석들 사이가 무관하다고 보기에는 망설여진다. 그런데 중대한 이유가 여러 종임을 증명한다.

제작물이 서로 다른 점 말고도 우선 분명하게 구별되는 색깔, 즉 검정과 갈색 알이 있다. 색깔이 이렇게 분명히 대립된다면 서로는 무관한 혈통일 것이다. 극미동물을 끈질기게 조사하고 분석해 보면, 어쩌면 같은 피부색 중에서도 차이가 발견될지 모른다. 지의 조각 밑과 탈락된 나무 틈에서 조사할 때는 달걀 모양의 껍

반달면충 충영

창백면충 충영

질을 두 종류밖에 찾지 못했었다. 적어도 겉모습은 두 가지였다. 그렇지만 나무에서는 서로 비슷한 듯해도 매우 다른 제작물을 만들어 놓는 다섯 종류의 일꾼이 발견된다. 따라서 나의 꼼꼼한 관찰에도 안 잡히는, 즉 또 다른 배아가 없다면 한 가지일 것 같은 검정이나 갈색 껍질의 알들은 그 실체가 서로 다를 것이다.

계절이 끝날 때 종의 중요한 특색인 겉모습이 아주 뚜렷하게 다른 성격을 보인다. 시기가 이렇게 늦기 전까지는 각종 형태의 충영 속에 사는 녀석끼리 너무도 닮았다. 그래서 집에서 한 번 꺼내면 구별하기가 곤란했다. 하지만 한 해를 마감하는 마지막 탈출 시기가 되면 앞 세대와 매우 다른 세대가 나타난다. 그래서 마침내 여러 종, 즉 5종임을 증명하게 된다.

이 종족의 속명 펨피구스[Pemphigus, 면충(綿蟲)]는 기포, 수포, 오줌보를 뜻한다. 느릅나무(Orme: Ulmus)와 포플러(Peuplier: Populus)에 사는 몇몇 진딧물도 유럽옻나무의 진딧물과 비슷한 솜씨로 부풀림(泡)을 만드는 재주꾼이다. 녀석들은 빨대로 끊임없이 갉아서 속이 빈 혹을 만든다. 혹은 그 사회의 식량인 동시에 집이 된다.[3]

유럽옻나무에서 가장 단순한 충영은 소엽의 옆쪽에 주름이 잡힌 것이다. 주름이 잎사귀 윗면으로 접혀 고정되며, 색깔은 변하지 않아 원래의 녹색 그대로이다. 접힌 부분은 매우 낮은 집이라 천장과 바닥이 맞닿는다. 그래서 너무 좁고 가족의 수도 많지 않다. 녹색으로 접힌 집을 만드는 겁쟁이의 이름은 창백면충(P. pallidus)이다. 집을 자줏빛으로

3 진딧물은 세계적으로 4,000여 종, 우리나라에는 350종 정도가 알려졌으며, 크게 진딧물, 솜벌레, 뿌리혹벌레로 나뉜다. 솜벌레와 뿌리혹벌레에는 각각 소수의 몇 개 과가 존재한다. 그러나 진딧물은 매우 큰 무리로서 많은 과로 나뉘며, 그 중 하나가 면충과(Pemphigidae)이다. 이 장부터 제12장까지 출현하는 진딧물은 사실상 모두 면충이다.

채색할 줄 몰라서 창백한 녀석이라는 뜻이다.

잎 옆면이 위쪽으로 접혀 매우 두껍게 부풀고, 주름이 잡혀 통통하며, 속이 빈 방추형에 카민의 빨간색이 물들어 작약(Pivoine: *Paeonia*)이나 제비고깔(Pied-d'alouette: *Delphinium*) 열매와 모양이 비슷한 것은 주머니면충(*P. follicularius*→ *Forda marginata*)의 집이다.

처음에는 잎의 평평한 쪽으로 배치되었던 주름이 갑자기 아래를 향해 직각으로 꺾여 늘어진 귀마개 같은 마디가 있으며 살찐 초승달 모양이 된다. 주로 담황색인 이것은 반달면충(*P. semilunaris*)의 작품이다.

진딧물의 기술 중 수준이 가장 높은 것은 공 모양 혹(충영)이다. 매끈하며 담황색인 공의 크기는 서양버찌만 한 것부터 보통 살구만 한 것까지로 다양하다. 이것은 소엽 밑동에 매달렸는데, 괴물 같은 오줌보 형상에도 불구하고 소엽의 나머지 부분은 색깔이나 모양이 모두 정상이다. 이렇게 예쁜 기포를 불어 놓은 녀석은 풍적피

주머니면충 충영

풍적피리면충 충영

리면충(*P. utricularius*)이다.

그러나 제작자가 무척 작은
극미동물이라는 점을 고려했
을 때, 진정한 건축물은 정말
로 거대한 뿔 모양 구조물이
다. 크기가 길이는 손바닥 너
비, 굵기는 병목만 한 것도 있
다. 높은 곳의 잔가지에 3~4
개씩 모여 있는 뿔은 마치 원

진딧물류 충영 미세한 곤충의 작품이라고
보기에는 너무 크고 모양도 미덥지가 않다.
횡성, 20. VIII. 06, 강태화

시인의 무기 장식 같다. 이상한 허수아비처럼 구불구불한 모양이
야생염소(Bouquetins: *Capra ibex*) 이마에서 나온 것 같기도 하다.

겨울에는 모든 충영이 잎과 함께 떨어져 나무에는 흔적조차 남
지 않는다. 하지만 뿔 모양 충영은 줄기에 완전히 달라붙어서 오
랫동안 버틴다. 이것이 완전히 파괴되려면 오랜 일기불순의 공격
이 필요한데, 밑바탕 자체는 쉽게 없어지지 않고 이듬해까지 제자
리에 남아 있다. 그 안에는 누더기 토막처럼 변했으나 융성했던
시절의 주민을 둘러쌌던 밀랍색 솜털이 쌓여 있다. 이 뿔 궁궐에
는 뿔면충(*P. cornicularius*)이 살았었다.

처음의 자줏빛 주머니는 다량 번식이 준비되는 임시 전초 기지
로서, 나무 밑에서 올라온 까만 진딧물이 변변찮은 오두막마다 들
어 있었다. 배아에서 나온 은둔자가 서둘러 작은 생물을 분만하는
데, 태어난 녀석들은 즉시 연한 잎으로 퍼지고 은둔자 자신은 죽
는다. 이제 여러 세대가 자리 잡을 넓은 도시의 진짜 충영들이 시
작되는데, 방금 확인한 5종의 전문가가 각각 처음으로 방 부풀리

뿔면충 충영

기를 시작한다. 나중에 도움말이 있을 것이다.

5월이 시작되면 벌써 가장 단순한 충영은 옆쪽 주름이 생기기 시작하는데, 여기가 잎 위로 접히면서 초록색 모서리가 된다. 모서리는 끈질기게 갉아 대는 까만 진딧물의 송곳에 찔려 안쪽으로 휜다. 한 지점이 충분히 가공되면 극미동물이 자리를 옮겨 다시 시작하지만 연장까지 옮기지는 않는다.

자연 상태의 미물이 편평한 잎을 이렇게 뒤틀리게 하려면 어떻게 해야 할까? 빨대를 박는 것 말고는 달리 아무 일도 없었다. 바늘로 찌르기가 아무리 기술적이며 형태에는 이상한 변형이 없더라도, 조직에는 상처를 입힐 것이다. 결국 극미동물은 틀림없이 어떤 독성 물질을 주입해서 수액이 지나치게 몰려들도록 했을 것이다. 녀석은 독을 넣어 자극시키고, 식물은 상처 입은 부분을 부풀려 반응을 보인 것이다.

이제 가장자리가 넓어지는데 너무 느리게 진행된다. 마치 식물 싹이 자라는 것을 지켜보는 것 같을 정도였다. 방긋 열린 주름은 비스듬한 지붕이 된다. 진딧물은 지하수 파기 일꾼의 자리인 모퉁이에 있으면서 가느다란 시추기로 수액의 흐름을 유발하도록 유도한다. 24시간 만에 지붕이 완전히 내려와서 잎사귀에 바짝 달라붙는다. 그래서 내리덮은 뚜껑 문이 되었다. 하지만 어찌나 곱게 작동하던지 극미동물이 두 장의 얇은 판 사이에서 으깨지기는커녕 자유로운 활동이 보장되어, 접힌 틈새로 마음 놓고 돌아다닐 수 있다.

아아, 까만 꼬마 진딧물의 송곳은 참으로 이상한 연장이로다! 마치 어린애 손가락이 기계로 조작되는 지렛대의 어떤 스위치를 만지자 엄청나게 큰 물체가 움직이는 것 같다. 즉 진딧물이 가느다란 시추기로 강력한 수력을 일으켜 소엽의 돛을 움직이는 것이다.

충영이 귀마개 모양이든, 방추형이든, 처음에는 소엽 가장자리에 하찮게 나타나는 카민 색 모서리로 시작된다. 곧 안쪽 벽이 살찌며 두꺼워지고, 매듭이 생기며 혹으로 부풀고 초록색이 사라진다. 간단히 접히기만 하는 경우는 정상적인 초록색을 그대로 보존했는데, 진딧물이 작업한 다른 잎은 어째서 저절로 노란색이나 카민의 빨간색이 될까? 또한 한쪽 면의 조직은 두꺼워지지 않는데 다른 쪽 조직은 턱없이 두껍게 늘어날까? 귀마개 모양은 잎을 갑자기 구부려서 수직으로 내려오는데, 방추형은 왜 편평한 잎에 그대로 남아 있을까? 세 경우 모두 연장은 같은데 제작된 물건은 아주 다르다. 접종하는 주둥이에 따라 특성이 다른 독성의 결과일까? 찌르는 방식의 차이에서 왔을까? 도무지 짐작조차 못 하겠다.

공충영(=공 모양 충영)인 경우는 문제가 더욱 모호하다. 이번에는 까만 진딧물이 소엽 가운데 잎맥의 기부 근처 위쪽에 자리 잡는다. 녀석은 거기서 꼼짝 않고 끈질기게 머문다. 송곳으로 일한 곳에 아주 작은 구멍이 파이고, 다음에는 잎사귀 기부 아래쪽이 양각의 조각처럼 불룩하게 부풀어 오른다. 극미동물은 마치 의지하던 곳이 차차 무너져서 빠져드는 것처럼 주머니 속으로 삼켜지고, 구멍 테두리가 서로 가까워지며 저절로 막힌다.

이제 진딧물은 세상과 완전히 격리된 집 안에 있다. 자신을 먹여 살리는 잎의 모양과 빛깔은 변하지 않는다. 그러나 기부의 주머니는 연노란색으로 물들고, 빨대의 자극으로 부풀음이 나날이 확장된다. 지금은 혼자뿐인 녀석의 침질, 그리고 머지않아 새끼들의 합동 침질로 여름이 끝날 무렵에는 충영이 제법 큰 자두(Prune) 크기가 될 것이다.

뿔충영(= 뿔 모양 충영)의 기원인 소엽 전체는 아주 작은 것 중에서 선택된다. 잔가지 끝에는 기운이 다한 새순이 마지막으로 만들어 낸 허약한 잎이 있다. 건강하다는 표시인 푸른색을 띠지도 못했고, 억지로 펼쳐진 소엽의 길이는 겨우 4~5mm이다. 이렇게 하찮은 잎 하나가 엄청나게 큰 뿔 모양의 건축물이 된다. 더욱이 잎이 통째로 쓰인 게 아니라 그 소엽 중에서 한 지점만 쓰였다. 정말 아무것도 아닌 하나의 점이었다.

이렇게 아무것도 아닌 점을 진딧물이 이용하면 이상한 힘을 얻는다. 우선 잔가지 끝에서 함께 한 덩이를 이루던 잎의 충영들은

진딧물류 시흥, 11. VII. '96

모두 떨어지는데 이 충영만은 나무에 그대로 계속 남아 있다. 다음은 서양호박(Potiron: *Cucurbita maxima*)에 양분을 공급하는 꽃꼭지의 수액에 비교될 만큼의 수액 쇄도를 유발시켜, 아주 작은 것이 엄청나

게 큰 것을 만들어 낸다. 충영이 처음에는 골고루 초록색에 균형이 잡힌 작고 멋진 뿔 모양이었다. 그것을 열어 보자. 내부는 담홍색의 아름다운 천처럼 부드럽다. 예쁜 집에서 지금은 까만 진딧물한 마리만 살고 있다.

주름 모양에서 뿔 모양에 이르기까지 5종류의 집이 지어졌는데, 각 집은 식구가 늘어남에 따라 그만큼 커진다. 그런데 각기 제 방식대로 혼자 틀어박혀 있는 진딧물은 무엇을 할까? 우선 복장과 형태가 바뀐다. 검정색인 녀석은 날씬했다. 그래서 돋아나는 잎에서 돌아다니기에 적합했었는데 지금은 노란색에 배는 뚱뚱해졌고 꼼짝을 않는다. 그렇지만 테레벤틴 진으로 부풀어 오른 벽에 빨대를 박고 조용히 새끼를 낳는다. 녀석에게 이 일은 소화시키기처럼 계속적인 기능이며 그것 말고는 달리 할 일이 없다.

녀석을 아비라고 부를까? 아니다. 아비가 새끼를 낳는 것은 맞지 않다. 어미라고 부를까? 그것도 아니다. 이 단어의 정확한 뜻이 그것을 반대한다. 녀석은 이것도 저것도 아니며, 그렇다고 해서 중간의 입장도 아니다. 우리말에는 이렇게 이상한 동물의 상태를 가리키는 단어가 없다. 이와 비슷한 개념을 가지려면 식물의 힘을 빌려야 한다.

이 고장 마늘(Ail: *Allium sativum*)°은 꽃을 피우는 일이 거의 없다. 재배되다 두 성(性)을 잃어, 부성의 수술과 모성의 암술이 작용한 참다운 씨앗을 모른다. 그래도 땅속을 차지한 부분이 직접 자손을 만들어 아주 잘 번식한다. 말하자면 굵게 살찐 싹이 머리 뭉치 같은 구근(球根)을 생산하면 그 각각이 생생한 새싹이며, 땅에 심으면 생장하여 제 기원식물과 같아진다. 농부가 마늘을 파종할 때, 대개는 씨앗이 없고 구근으로 번식시키는 이 방법밖에 없다.

같은 마늘과(Alliacé: Alliaceae)의 어떤 식물은 이보다 심해서, 정상적인 꽃대를 뻗고 그 끝이 공 모양의 꽃차례와 비슷해진다. 규정대로였다면 산형화서(傘形花序)로 피었을 텐데 다르게 진행된 것이다. 꽃은 전혀 없고 그 대신 구근의 축소형인 구아[球芽＝인아(鱗芽)]가 있다. 이 식물은 성적 특징이 사라졌고, 꽃을 피워 예고하는 씨앗 대신 살찐 싹으로 농축된 새싹을 낸다. 한편 땅속에 묻힌 부분도 구근을 많이 만들어 낸다. 성적 특성은 없어졌지만 식물의 장래는 보장되어 그 후계자들이 틀림없이 존재하게 된다.

진딧물의 번식도 어느 정도는 마늘의 발생과 비교된다. 이상한 이 극미동물도 배속에서 구아를 만들어 낸다. 즉 난자의 느린 진행에서 해방되어 혼자 새끼를 낳는 것이다.

로몽(Lhomond)[4]은 남성이 여성보다 고귀하다고 말했다. 이는 유식한 체하는 사람의 말투로서 대개는 박물학에 의해 부정된다. 곤충 세계에서는 일, 솜씨, 재간 따위가 어미의 진짜 고귀한 자격인 것이 특징이다. 아무래도 좋으니 우선 로몽의 방식을 따르자. 그리고 우리가 선택해도 되니 진딧물을 문법적으로 더 고귀한 남성이라고 하자. 물론 그래야 이야기가 더 분명해지지만 진딧물이란 단어를 여성으로 하지 말라는 법도 없다.[5]

제집에서 혼자 독립한 창시자 진딧물은 허물을 벗어 새 피부를 가지며 배가 뚱뚱해진다는 말을 했었다. 녀석이 새끼를 낳았고, 새끼는 모두 빨대로 충영 키우기에 힘쓰며 식구를 배로 늘리는 데도 힘썼다. 처음에는

4 Charles François Lhomond. 1727~1794년. 프랑스 문법가, 석학

5 프랑스 말의 모든 명사는 남성이나 여성 중 어느 하나로 편성되었다.

눈 뭉치였던 것이 이때는 엄청난 눈사태가 된다.

더운 계절이 끝나는 9월, 어느 충영 하나를 갈라서 안에 들어 있는 것을 흰 종이에 펼쳐 놓고 돋보기로 관찰해 보자. 단순한 주름, 방추형, 귀마개, 공 모양, 뿔 모양 모두 숫자가 여기는 적고 저기는 엄청나게 많다는 점 말고는 거의 같은 광경을 보여 준다. 진딧물 색깔은 주황색으로 멋지다. 제일 큰 녀석은 머지않아 날개가 될 싹이 어깨에 달려 있다.

모두가 눈보다 희고 멋진 망토를 걸쳤는데, 마치 끌리는 옷자락처럼 뒤로 길게 늘어졌다. 이 장식은 피부에서 스민 밀랍색 털이다. 핀셋이 닿는 것조차 견디지 못하며, 입으로 한 번만 불어도 망가지는 털이다. 하지만 없어지면 곧 다른 것이 스며 나온다. 많은 무리가 한데 엉켜서 비벼 대는 혼잡 속에서 이 밀랍 장식이 자주 떨어져 가루가 된다. 가루 속에서 우글거리는 진딧물 무리의 가루 옷은, 즉 매우 고운 깃털 이불 모습은 여기서 온 것이다.

숫자는 훨씬 적고 몸집도 작은데 주황색 진딧물과 섞여서 쉽게 구별되는 녀석도 있다. 색깔은 철분이 함유된 붉은색이거나 아주 밝은 선홍색이며, 언제나 땅딸막하고 주름이 잡혔다. 그런데 나이와 충영의 종류에 따라 거북처럼 불룩하거나 둔각의 삼각형 모양이다. 등에는 6~8줄의 흰 리본장식이 있는데, 이런 복장을 자세히 보려면 돋보기로 주의 깊게 조사해야 한다. 다른 녀석들은 처음이든, 나중이든 날개 싹이 전혀 없다.

이 난쟁이들은 무엇보다도 중요한 마지막 특색이 정상을 벗어났다. 가끔 등에서 보기 흉한 혹이 관찰되는데, 그것이 목덜미까지 올라가 벌레 크기의 곱절이 된다. 그런데 오늘은 있다가 내일은 없어지고 또 다시 생긴다. 이 혹은 미래를 위한 요술부대로서, 바늘로 조심해서 터뜨리면 점액질의 작은 물체가 보인다. 꺼내 보면 몸마디의 설계도와 눈의 징조인 검은 점 두 개가 보인다. 지금 내가 제왕절개 수술로 배아 하나를 끄집어낸 셈이다.

나는 문법적으로 남성에서 여성으로 옮길 권리를 유보했었다. 여기가 바로 그 경우이다. 몇 마리를 충영과 함께 유리관에 넣었는데 새끼를 낳자 혹이 사라진다. 불행하게도 충영은 말라 버리고 녀석도 죽어서 관찰을 계속할 수가 없다. 그래도 난쟁이 진딧물이 새끼를 낳는 어미라는 점은 증명되었다. 녀석은 부화 주머니인 배낭을 등에 짊어지고 다녔던 것이다.

더운 계절이 끝날 무렵, 모든 충영에서 보이는 붉은색 거북은 결국 그 사회의 지고뉴 아줌마(la mère gigogne)[6]인 셈이며, 녀석들만 새끼를 낳는다. 주변에서 우글거리는 자손은 주황색의 크고 포동포동한 새끼들인데 눈처럼 흰 주름장식으로 호사를 했다. 그리고 수액을 빨아먹고 배를 불려, 얼마 뒤로 예정된 이동에 쓰일 날개를 준비한다.

모든 곱사등 어미는 직접 충영을 만든 까만 진딧물에서 나온 딸일까, 아니면 여러 세대의 혈통이 이어진 다음일까? 뿔충영을 보면 후자의 경우가 인정될 것 같다. 거기는 새끼 낳는 어미가 많은데, 단지 한 어미만 기원이었다면 그렇게 많은 숫자를 설명할 수 없겠다. 물론 주민이 훨씬 적은 충영은 단지 한 세대의 붉은 녀석이면 충분할 것 같다.

숫자를 어림잡아 보자. 9월 첫 주, 가장 커서 길이는 20cm, 가장 굵은 부분의 너비는

6 인형극에 등장하는 인물로 그녀의 치마 밑에서 많은 아이들이 나온다.

202

거의 4cm인 뿔충영을 갈라 보았다. 안에는 배가 뚱뚱하고 반들거리며 날개 싹을 가진 녀석이 압도적으로 많았는데, 꼬마 어미들의 자손이다. 빨간색 어미들은 땅딸막하고 주름졌으며, 앞쪽은 홀쭉하고 뒤쪽은 잘린 것 같아 거의 삼각형이다. 이토록 많은 무리가 섞인 혼란 속에서, 내 판단에는 적어도 수백 마리는 된다.

주민 전체를 추산하려고 지름 18mm 유리관을 녀석들로 꼭꼭 채웠더니 기둥 길이가 65mm였다. 총량은 16,532mm³, 진딧물 한 마리를 대략 1mm³로 보면 충영의 총 진딧물 수는 약 16,000마리가 된다. 셀 수 없어서 용적으로 계량한 것이다. 허셜(Herschell)[7]은 은하수를 이런 식으로 계량했다. 진딧물이 수적 무한으로 별과 겨룬 것이다. 충영의 첫 개척자는 넉 달 동안 이만큼의 후손을 남겼다. 그런데 이것이 끝이 아니다.

[7] William Herschel. 1738~1822년. 독일 태생으로 영국(Bath)의 음악 교사였다. 천문학에 흥미를 가져 1781년에 새 행성과 그것의 달 두 개(티타니아와 오베론)를 발견했다. 우리 태양계의 일곱 번째 행성인 천왕성인데, 처음에는 영국왕 조지 3세를 기려 'Georgium Sidus'라고 명명했으나 채택되지 않았고, 몇 년 후 'Uranus'라는 이름으로 정해졌다.

11 유럽옻나무의 진딧물
– 이주

9월 말, 뿔충영이 꽉 차서 거의 작은 멸치통과 비슷해진다. 만일 빨대를 박는 진딧물이 한 겹으로 나란히 붙는다면 자리가 모자란다. 하지만 남는 녀석은 시추기의 길이에 따라 층을 이룬다. 그래서 작은 녀석도 조금 큰 녀석 다리 사이로 주둥이 박기에 전념한다. 수액을 빨고 있는 녀석 위에서 새 약수터를 찾으려는 녀석이 움직이자 혼잡해진다. 무리 사이에 소란이 일어난다. 위에 있던 녀석이 밑으로 내려오고 밑의 녀석은 위로 올라간다. 이렇게 끊임없는 소란 속에서 각자가 조금씩 빨아먹을 시간을 얻는다.

이렇게 뒤얽혀서 흰 밀랍 장식을 가루로 만들어 공간을 채운 곳에서, 그리고 전체가 우글거리는 집단이 만들어진 곳에서 탈바꿈을 한다. 그런 소란 속에서 허물을 벗어도 다리 하나 꺾이는 일 없으며, 자유로운 공간이 모자라도 큰 날개가 어느 곳 하나 구겨짐 없이 펼쳐진다. 그런 소란에서 지장 없이 탈바꿈하려면 상황에 따른 은총이 필요하겠다.

배가 뚱뚱하던 주황색 진딧물이 이제는 날씬하고, 날개 넉 장을 갖춘(유시형, 有翅形) 검은색의 아름다운 모기처럼 되었다. 이제 은둔 생활이 끝나 자유롭게 공중으로 날아오를 시간이다. 하지만 간힌 녀석은 연장이 없으니 성벽에 구멍 뚫기는 절대로 불가능한데 어떻게 나올까? 그런 조건이라면, 녀석이 하지 못하는 일을 요새가 직접 할 것이다. 안에 사는 녀석이 성숙했을 때는 충영도 무르익어서 열린다. 그만큼 나무와 벌레의 달력이 맞아떨어진 것이다.

간단히 접힌 것(= 단순충영)은 윗면이 조금 쳐들리고, 방추형(= 방추형 충영)은 내부가 분홍색 비단 지갑처럼 방긋 열리며, 귀마개(= 귀마개 모양 충영)는 굳은 테두리를 넓게 벌린다. 수액만 작용해서 초조한 녀석들의 문이 열렸다. 공충영(= 공 모양 충영)과 뿔충영은 다른 충영처럼 기계장치가 부드럽지 못하고 세차게 열린다. 나날이 팽창해진 공충영은 옆구리가 방사상으로 찢어지며, 뿔충영

은 꼭대기가 갈라진다.

　대탈출 역시 자세히 관찰할 가치가 있다. 끝에 금이 가서 머지 않아 터질 것이 예고된 뿔충영을 골라서 연구실 창문 앞, 닫힌 유리에서 몇 걸음 떨어져 해가 비치는 곳에 놓아두었다. 그 앞에 잎이 달린 유럽옻나무의 굵은 가지 하나를 세워 놓았다. 날아오른 녀석을 유인할 휴게소로, 즉 미끼로 쓰일 것에 기대를 건 것이다. 해가 밝게 비치는 이튿날 정오 무렵, 따뜻하며 고요한 날씨에 충영 하나가 열려 유시형 진딧물들이 나온다.

　녀석들은 서두름 없이 작은 무리를 이루며 나타난다. 예전에 흰 장식이 부서져서 생긴 밀랍색 가루를 뒤집어쓴 녀석들이 마치 천천히 흐르는 조용한 물결 같다. 열린 입구에 도착하자 날개를 펴고 날아간다. 이때 어깨의 진동으로 흔들린 가루가 휙 뿌려지며 떠난다. 물결치듯 빛이 들어오는 창문 쪽으로 곧장 간다. 유리창에 부딪쳐 창살 위로 미끄러진다. 거기서 햇볕을 받을 뿐 다시 날려는 시도가 없이 그대로 머물러서 겹겹이 쌓인다.

　문이 어느 쪽 방향으로 열려 있든 떠나는 녀석이 날아가는 곳은 언제나 밝은 쪽을 향한, 즉 햇빛이 들어오는 창문 쪽이다. 수천 마리에서 다른 방향으로 가는 녀석은 하나도 없고 좌우로 약간 기우는 경우조차 없다. 사방이 밝고 자유로운 공간에서도 첫째부터 맨 끝 녀석까지 모든 극미동물이 고집스럽게 환희의 햇빛을 향한 진로로만 가는 것에 약간 놀랐다. 위로 던진 한 줌의 납 알갱이도 이보다 충실하게 땅으로 돌아오지는 않는다. 납 알갱이는 자연물을 지배하는 중력에 끌려온다. 그런데 살아 있는 미물인 진딧물은 빛에 복종한다.

녀석들은 유리창에 막혔다. 장애물이 없다면 어디로 갈까? 눈앞에 있는 확실한 증거가 가까운 유럽옻나무로 가지 않음을 분명히 말해 준다. 녀석들이 좋아할 휴게소로 나뭇가지를 세워 놓았으나 어느 녀석도 거기에는 관심을 갖거나 머물지 않았다. 지나치다 녹색 덤불에 부딪쳐 잎으로 떨어진 녀석은 즉시 일어나 창문의 햇빛을 향해 도망친다. 이제는 배고픔에서 해방된 녀석들이니 유럽옻나무를 상대할 필요가 없다. 그래서 모두 그 나무를 피한다.

모두 탈출하는 데 이틀가량 걸린다. 마지막 지각생까지 떠난 다음 충영을 완전히 쪼개 보자. 처음에는 붉은색이며 날개가 없는 녀석(무시형. 無翅形)과 검정 유시형이 섞인 입주자가 분명하게 구별되었었다. 그런데 이제는 유시형이 모두 떠났고 무시형만 남았다. 집에 충실한 이 녀석들은 전처럼 작고 땅딸막하며 주름이 잡힌 붉은색이다. 모성(母性) 주머니인 배낭을 짊어진 녀석도 여럿이다. 대부분 열린 충영 속에서 일기불순을 막지 못하며 활기도 없지만, 아직 덜 지친 녀석은 얼마 동안 계속 새끼를 낳는다. 하지만 이 새끼들은 발육 부진으로 미래가 없다. 시간도 없고 집도 못 쓰게 되어 결국은 녀석도 너무 늦게 태어난 새끼들과 함께 죽는다. 충영이 이제는 아무도 없는 폐허가 되었다.

유리창으로 날아가다 막힌 이주민을 보자. 모양과 색깔, 크기가 모두 같다. 무리가 동질의 단조로운 반복일 뿐 특색에는 미미한 차이조차 없다. 그래도 지금까지는 하찮은 애벌레 형태였던 녀석이 이제는 완전한 진딧물의 속성을 갖췄다. 배가 뚱뚱하고 둔하던 이(蝨)가 넉 장의 무지갯빛 날개로 찬양되어 날씬한 모기처럼 된 것이다. 사람들은 여기서 암수의 발견을 기대할 것이다. 다른 곤충이었다면 이 모습이 즐거운 짝짓기의 확실한 전조였을 것이다.

자, 그런데 충영에서 나온 날개가, 즉 성숙한 멋쟁이가 약속을 어긴다. 혼례가 없고 있을 수도 없다. 성을 가진 녀석은 없고, 각자가 선배처럼 한배의 새끼를 직접 분만한다.

지푸라기에 침을 묻혀 유시형 한 마리를 잡아 핀으로 배를 눌렀다. 난폭한 조산(早産) 시술이 당장 결과를 보여, 강요된 옆구리에서 태내의 새끼 5~6마리가 줄줄이 밀려나온다. 어느 녀석이든 모두가 이런 출산뿐이다.

한편, 자연 상태를 조사해 보자. 창문틀에 갇힌 녀석들은 2시간이 지나자 유리창이나 구멍을 메운 석고, 가로지른 창살에 대고 분만을 계속한다. 어느 장소라도 상관없을 만큼 출산이 다급했던 것이다.

해산(解産)하는 진딧물은 넓은 앞날개 두 장을 들어올리고, 작은 뒷날개 두 장은 흐느적거리며 움직인다. 배 끝이 구부러지며 바닥에 닿으면 일이 끝난다. 바닥에 수직으로 붙여진 새끼의 머리는 위로 향했다. 조금 뒤 두 번째 녀석 역시 빨리 나오고, 그다음 녀석들도 연속해서 나온다. 씨뿌리기는 짧은 시간에 끝났고, 한배의 총 새끼 수는 평균 6마리였다.

새끼가 바닥에 수직으로 세워진다고 했는데, 이렇게 균형 잡기 힘든 자세도 필요한 조치였다. 사실상 얇은 속옷에 감싸인 갓난이는 우선 그것부터 벗어야 한다. 약 2분 뒤 배내옷이 찢어지며 위로 젖혀진다. 다리가 빠져나와 자유로이 움직인다. 만일 꼬마가 바닥에 누웠다면 그럴 수 없을 것이다. 세워져야 처음 움직이는 관절이 힘을 얻어 부드러워질 것이다. 얼마 동안 체조를 한 극미동물

208

은 독립해서 넓은 세상을 이리저리 돌아다닌다.

　때로는 어려서 연약한 녀석이 서서 애쓰고 있을 때 지나가던 녀석이 무심코 넘어뜨린다. 그러면 대단히 위험하다. 고무풀이 발린 채 바닥에 떨어진 극미동물은 대개 옷을 벗어 버릴 힘이 없어서 죽는다. 창문 구석에 거미줄 몇 토막이 있다. 거기에 날개가 걸려 꽃장식처럼 매달린 녀석들 역시 새끼를 낳는다. 하지만 갓난이들은 창틀가로 떨어져서, 바로 선 자세를 취하지 못해 배내옷을 벗지 못한다.

　창문틀은 금세 유시형 진딧물과 매우 활발히 종종걸음을 치는 어린것들로 가득 찬다. 끝이 보이지 않는 경계선 위에서 얼마나 소란스럽더냐! 미물들이 무엇을 그렇게 분주히 찾을까? 녀석들에게 무엇이 필요할까? 나의 무지로 녀석들이 파멸당한다. 유시형은 2~3일 만에 죽어 제 역할이 끝났고, 이제는 새끼들의 역할이 시작되어 얼마 동안 돌아다닌다. 그러다가 마침내 창문틀에서 아무것도 움직이지 않는다. 군단 전체가 죽은 것이다. 군단을 붓으로 쓸어버리기 전에 짤막하게 특징을 적어 놓자. 갓난이는 연녹색으로 날씬한 몸매에, 길이는 1mm를 별로 넘지 않는다. 다리가 매우 길고 재빠른 녀석이 분주하게 종종걸음을 쳤다.

　뿔충영보다 조금 앞선 9월 중순경 공충영이 터지고, 주름·귀마개·방추형도 열린다. 유럽옻나무 충영에 사는 5종의 면충은 관습이 모두 같았다. 열린 집에서 나온 성충인 까만 유시형 면충이 그날이나 다음 날 새끼 몇 마리를, 즉 뿔충영처럼 5~6마리를 낳는다.

　귀마개에서는 앞쪽이 뒤보다 넓고 우중충한 빛깔의 올리브색 땅딸보들이 나온다. 가장 두드러진 특색은 주둥이로서, 극미동물의 몸 밑에서 뒤쪽으로 비껴 나와 일종의 여치 산란관을 연상시킨다. 가냘픈 녀석이 그것으로 무엇을 할까? 그 칼을 세우면 걸음에 방해되고, 양분공급 식물에 꽂으려면 엄청나게 큰 시추기의 길이에 맞추려고 다리를 바짝 세워야 할 것이다. 그렇게 엄청난 빨대의 작동을 보고 싶지만 포로가 제공한 잎이나 신선한 충영을 거절한다. 그저 유리관을 막은 솜뭉치 틈에 쪼그리고 있다. 할 일이 있어서 떠나고 싶은 녀석들인 것이다. 어디로 가려는 것일까?

공충영의 면충도 땅딸보인데 엷은 갈색의 아주 작은 두꺼비처럼 약간 귀엽다. 단순충영의 면충은 검푸른색이다. 이들이든, 저들이든, 너무 긴 빨대를 갖지는 않았다. 하지만 뒤로 비껴 나와서 쉬고 있을 때는 꼬리돌기처럼 보이는 이상한 빨대가 또 다시 갸름한 연녹색의 방추형에서 보인다.

재미없는 이야기는 줄이자. 우리는 유럽옻나무를 함께 먹는 다섯 종류가 작업 양상만 다른 게 아니라 서로 다른 5종임을 안 것으로 충분하다. 앞 세대는 모두가 서로 비슷해서 녀석들 사이의 동일성을 단언하는 것 같았다. 하지만 유시형 가족이 반대 사실을 증명했다. 몸집이 땅딸막하거나 날씬한 녀석, 주둥이 길이가 정상이거나 꼬리의 산란관처럼 이상하게 긴 녀석, 몸이 연녹색, 올리브색, 엷은 갈색으로 서로는 분명히 관계가 없는 형태들이다.

꼼꼼하게 조사하면 여기서 5종의 특성을 훌륭하게 찾아낼 것이다. 그러나 산문적인 묘사에 싫증난 독자는 책장을 넘겨 버릴 테니 그냥 지나가자. 곤충 실험실, 유리관, 유리병을 버리고 자연 상태를 보러 울타리 안의 유럽옻나무로 가 보자.

제일 더운 시간에 자주 가 보면 충영이 내 앞에서 열린다. 뿔충영은 꼭대기가 터지고, 공은 옆구리가 갈라지고, 다른 것들은 테두리가 분리된다. 이렇게 열리면 햇볕이 쨍쨍 내리쬐어도 까만 이주민이 전혀 서두름 없이 조용히 한 마리씩 나타난다. 그늘인 연구실에서 나오는 것도 이보다 더 절제 있는 것은 아니다. 녀석들은 열린 테두리에서 몇 초 동안 머문다. 그다음 날개를 펴고 등에 앉았던 가루를 뒤로 길게 날리며 떠난다. 바람이 조금만 있어도 날기에 유리해서 빠르게 멀리 날려간 녀석이 안 보인다.

대개는 탈출이 여러 날에 걸쳐 부분적으로 이루어진다. 대집단이 모두 사라진 뒤에도 붉은색 무시형과 혹을 가진 난쟁이들은 아직 남아 있다. 난쟁이는 떠나간 큰 녀석들은 낳고는, 어떤 녀석은 출구 둘레에서 햇볕을 조금 쬐다가 다시 들어간다. 다른 녀석도 뒤를 잇는데 아마도 밝은 빛에 호기심이 생겼나 보다. 하지만 이제는 아무도 나타나지 않는다. 빛의 환희도 도움이 안 된다. 녀석들은 다 헐어 빠진 충영 속에서 1~2주 이상 근근이 살아가지만 종말은 멀지 않았다. 충영이 말라서 굶주리게 되며 나이도 많아 그 자리에서 죽는다.

여기까지는 새로운 게 전혀 없다. 정원의 유럽옻나무가 알려 준 것은 이미 실험실의 기교가 보여 주었다. 유리창과 유리관은 나무에서보다 훌륭한 일, 즉 유시형 진딧물의 분만까지 보여 주었다. 들판에서는 어딘지 모르는 먼 곳에서 분만이 이루어져 이야기의 근본 특성을 놓치게 된다. 갓 태어난 녀석은 이주민의 날아오름이 입증했듯이 상당히 먼 간격의 여기저기에 뿌려지는 것이 틀림없다. 그렇다면 실험실 관찰로 친숙해진 새끼를 나무에서는 발견하지 못할까? 아니다. 다시 이야기할 가치가 있는 상황에서 발견했다.

다시 말해 보자. 유럽옻나무의 진딧물은 출구가 없고 튼튼한 지하 감방인 충영에서 나올 벽 뚫기 수단이 없다. 식물 조직을 계속 긁어서 부풀려 혹을 만드는 능력은 있어도 자신을 둘러싼 벽에게는 아무것도 할 수 없다. 떠날 때가 되면 아무리 나오고 싶어 안달이 나도 충영이 저절로 열리길 기다려야 한다. 특히 뿔충영은 꼭대기가 모난 여러 부분으로 분해되고, 공충영은 옆구리가 터져야 한다. 보루가 저절로 파괴되지 않으면 나올 가능성이 전혀 없다.

그런데 충영이 아직 충분히 부풀지 않았거나, 벽에 금이 생기기전에 말라 버려 열릴 수 없게 된 충영에서 유시형이 급속도로 성숙하여 번식할 준비가 되었을 수도 있다.

갇힌 녀석들이 이런 재난을 만나면 어떻게 할까? 자유로운 공간에서와 마찬가지로 일을 미룰 수는 없다. 임계 시간이 되면 자리를 겨우 옮기기조차 어려울 정도의 혼잡 속에서 서로 상대편 위에 새끼를 낳는다. 큰일은 그럭저럭 치렀다.

밀랍색 가루 속에서 심한 날갯짓으로 혼란스럽고, 계속 흔들리는 바탕 위에서 균형을 잡으려고 애쓰는 다리끼리 서로 뒤얽히며 어린 새끼들이 밟힌다. 그래서 손상을 입은 녀석이 허물을 벗지못하고 마른 먼지 알갱이가 되어 버린다. 그렇지만 대부분은 생명력이 너무도 강해서 그렇게 우글거리는 혼잡 속에서도 용케 곤경을 빠져나온다.

10월, 말랐으나 안 터진 공충영이나 뿔충영을 갈라 보자. 모두 죽은 유시형 검정 진딧물들로 가득 찼음을 발견할 것이다. 그것은 새끼를 낳은 다음 죽은 어미들 무더기였다. 쌓인 시체 밑에서, 특히 벽 쪽에서 돋보기가 수천 마리의 새끼를 보여 주어서 깜짝 놀

밤나무왕진딧물 사진 속 진딧물은 무시형이다. 유시형은 몸에 긴 털이 많이 나 있으며, 뿔관은 매우 짧은데 털이 많이 난 융기 위에 있다. 날개는 검으나 군데군데에 흰색 무늬가 있다. 포천, 28. IV. '96

란다. 녀석들은 새 식구로서, 과거의 시체 더미 속에서 활동하는 미래이다. 즉 유시형이 낳은 새끼이며 감옥에서 태어난 가족이다. 어린것이 우글거리는 사이의 여기저기서 빨간색으로 물든 점이 보인다. 거동은 좀 서툴러도 역시 왕성한 생명력을 가진 어린 집단의 할머니이다. 아직 건강이 좋아서 겨울을 나기에도 적합할 것 같다.

할미들이 어찌나 훌륭한 모습을 갖췄던지 잘 보존될 것이라는 희망이 생겼다. 어쩌면 역할이 아직 남아 있을 수도 있을 것 같아 주머니칼에 쪼개진 충영과 함께 따로 놓아두었다. 못쓰게 된 집안이 악천후의 궂은 날씨를 만나면 죽을 것이다. 그러면 유리 속에서는 살아남을까? 나는 거의 살아남을 것으로 기대했었다.

처음에는 실제로 괜찮게 계속되어 빨간 꼬마 할미들이 겉모습을 훌륭하게 유지했다. 그러다가 첫추위가 닥치자 움직이지 않았다. 하지만 여전히 생생한 모습이라 봄에는 다시 살아날 것 같았다. 이런 겉모습에 내가 속았다. 활동을 멈춘 녀석이 다시는 안 움직였다. 4월이 되기 훨씬 전에 무리 전체가 죽었다. 내 보살핌이 쇠퇴를 약간 늦추긴 했어도 피할 수 없는 종말을 막지는 못했다. 그렇기는 해도 빨간 할미의 끈질긴 생명력에 감탄했다. 그 딸은 며칠 동안만 사는데 할미는 반년이나 살았으니 말이다.

이제는 먹기에서 해방된 검정 유시형 이주민이 제 삶터였던 유럽옻나무를 떠났다. 준비해 놓았던 나뭇가지를 지나는 길에 임시 휴게소로조차 이용치 않음도 증명되었으니 다른 나무는 찾아볼 필요도 없다. 녀석들은 가족을 정착시킬 장소를 선정하는 일에도 별로 흥미가 없는 것 같았다. 창문 앞에서 유리 틈을 메운 석고, 가로 문살, 거미줄도 상관없이 날아간 곳에서 새끼를 낳았다. 그런 곳이 부적당해 보인다거나 불안하다는 표시도 없었다. 좋은 곳을 찾아 날아가려는 시도도 없었다. 점잖고 조용한 유시형 군단은 돌아다니며 새끼를 낳을 뿐이다.

야외에서도 다르지는 않을 것이다. 이주민은 자유로워지자 곧 몸에 얹힌 흰 가루를 털며 그때 부는 바람에 따라 여기저기로 날려간다. 처음의 뚱뚱한 배와는 대조적으로 어깨에 공중을 나는 기계장치가 돋아난 녀석들이 빨리 햇빛으로 날아가, 공중에서 발레를 추는 기쁨을 누리게 하자. 연약한 날개가 허락하는 동안 떠돌다가 햇빛 속 축제에 지쳐서 닥치는 대로 아무 데나 내려앉는다. 포로들이 닫힌 창문 앞에서 그랬듯이 이 녀석들도 다시는 날지 않는다. 장소의 성질이 어떻든 거기서 분만이 행해진다. 이제는 죽을 일밖에 남지 않았다.

이렇게 급한 방법이라 긴 탐색을 무시했다면 틀림없이 이주민의 새끼인 극미동물이 살아남지 못할 경우가 많을 것이다. 의심할 것도 없이 맨땅이나 바싹 마른 나무껍질 위에 있는 새끼들이 죽을

214

것이다. 녀석들은 즉시 양분이 필요하겠지만 스스로 멀리 여행하며 찾아낼 능력은 거의 없다. 빨대는 엄청나게 길어서 긴 칼 모양 꼬리처럼 배 끝으로 비죽 나왔는데, 이것이 세워져서 연한 수액 샘에 꽂히기를 바라지만 마시거나 죽기의 둘 중 하나밖에 없다. 내 눈앞에서 태어난 새끼를 모아 놓은 유리관에서는 먹지 못해서 보름 안에 모두 죽었다.

여러 식물로도 시험해 보았지만 어느 것도 좋은 결과를 가져오지 않았다. 직접 관찰은 부족했어도 논리가 도와준다. 지금은 종족의 유일한 대표인 꼬마들이 분명히 겨울을 나고 봄에 유럽옻나무를 차지할 집단의 어미 노릇을 할 것이다. 연약한 그 녀석들이 겨울의 혹독한 기후를 그대로 무릅쓸 수는 없으므로 피신처가 필요하다. 먹을 것과 집을 동시에 제공할 피신처가 반드시 필요한 것이다. 어디서 그런 곳을 찾아낼까? 한 곳만 가능한데 거기는 겨울에도 약간 푸른 기운을 보존하는 풀밭의 땅 밑이다.

사실상 어느 벼과 식물(Graminées: Poaceae)의 빽빽한 포기가 녀석들에게 피신처를 제공할 것으로 추측된다. 달콤한 뿌리에 빨대가 꽂히고 비나 눈이 스며들기 어려운 집을 여러 종의 진딧물이 좋아한다. 유럽옻나무의 진딧물(면충)도 거기서 얼마든지 겨울 숙영지를 만들 수 있다. 다만 이럴 것 같다는 정도로 그칠 수밖에 없구나. 이런 지하 서식지에서 무슨 일이 일어날지도 모르겠구나.

12 유럽옻나무의 진딧물
- 짝짓기와 알

운이 좋아서 겨울 피신처에 도달한 극미동물은 그곳 뿌리에 빨대를 박고 수액을 마시며 집단 하나를 낳는다. 하지만 더운 여름의 혜택을 받은 앞 세대보다는 정열이 훨씬 덜해도 여전히 수컷 없이 빠른 생식 방법인 직접 분만으로 조촐한 가족에 둘러싸인다. 가족의 최종 형태는 충영에서 이주한 녀석처럼 까만 유시형 진딧물(Pucerons→ *Pemphigus*, 면충)이다.

나는 재주를 타고 나서 여행을 하지만 제 조상과는 반대 방향으로 여행한다. 조상은 유럽옻나무(*Pistacia terebinthus*)에서 들로 갔는데 여기서 태어난 녀석은 그 나무로 간다. 벼과 식물(Poaceae) 밑에 있던 녀석이 겨울 숙영지를 떠나 관목으로 가서, 앞으로 살아갈 여름 숙영지인 충영을 만들 것이다. 녀석의 여행을 지켜보기는 조금도 어렵지 않다.

5월 전반부, 울타리 안 유럽옻나무를 매일 찾아갔다. 벌써 잎들이 펼쳐졌으나 아직 푸른색은 띠지 않아 성숙했다는 표시가 없다. 하지만 대부분의 소엽은 끝이 부풀어 올라 카민의 빨간색 작은 주

216

머니처럼 되었다. 봄 주민의 첫 작품인 것이다. 아침 10시경, 바람이 잔잔하고 햇볕이 밝게 내리쬐면 유시형 면충이 사방에서 한 마리씩 모여든다. 녀석들은 위쪽 잔가지의 잎에 내려앉는 즉시 걸어서 탐색하기 시작한다. 상당히 많이 모여든다.

녀석들은 가지와 줄기로 매우 분주하게 돌아다닌다. 가끔씩 끊기기도 하는 행렬의 대부분은 위에서 아래로 내려온다. 이는 추구하는 목표가 땅 쪽에 있다는 표시이다. 전체가 이렇게 내려오는 것이 아주 분명해서 처음에는 주목을 끌었다. 그렇지만 약간은 흐름을 거슬러 올라가거나 무턱대고 왔다 갔다 하는 녀석들도 있는데, 대개 몸이 잘린 모습이라 내려오는 녀석과 구별된다. 즉 뒷다리 뒤쪽이 절단되어 배를 잃어버린 모습이다. 가슴만 걸어 다니니 정말로 이상한 모습의 동물이로다! 이와 달리 내려오는 녀석들은 좀 뚱뚱하고 아래쪽이 연한 녹색인 잘 생긴 배를 가졌다. 겉보기에는 잘린 모습인 녀석들의 비밀도 곧 알게 될 것이다.

우선 뚱뚱한 녀석부터 지켜보자. 아무것도 없는 매끈한 껍질에는 관심이 없어서 멎지 않고 지나간다. 그러다가 지의류 근생엽(Rosette de Lichens)을 만나면 얼마 동안 거기에 머문다. 나무 밑동의 줄기는 지의가 많은 곳이며 내려오는 행렬이 즐겨 찾아가는 곳이기도 하다.

노란 근생엽 모양 지의가 찾아온 면충으로 뒤덮인다. 녀석들은 비늘 사이로 배 끝을 들여보내고 잠시 기다린다. 은화식물(Cryptogamique: Cryptogames) 밑에서 무슨 일이 벌어지는지 알 수가 없다. 재빨리 일을 끝낸 녀석이 다시 걸어가는데, 이번에는 배가 없어졌고 올라갔다가 날아간다. 오후 1시경, 나무에는 배가 없어진 지각생만 남았다. 날씨가 좋으면 보름 동안 같은 일이 계속된다.

은밀한 지의 밑에서 어떤 일이 일어났을까? 실험이 알려 줄 것이다. 내려오는 행렬을 붓으로 쓸어서 유리관에 담았다. 가을에 이주한 녀석의 태내(胎內)를 알아보려고 강제로 실행했던 조산(早産)법을 적용시켜 본다.

녀석의 배를 종이에 대고 바늘귀로 누른다. 하나의 예외도 없이 까만 눈의 반점을 가진 태아 집단을 내놓는다. 결국 우리는 무성(無性)으로 태생하는 번식자를 다시 한 번 만난 것이다. 모두가 새끼를 낳으니 아비로도, 어미로도 불릴 자격이 없다.

결국 녀석은 새끼를 담는 주머니로서, 너무 연약해서 제 힘으로 이동하지 못하는 집단을 담아 유럽옻나무로 옮기는 역할을 하는 것이다. 두 가지 형태의 유시형이 날아서 종족을 나르는데, 날씨가 따뜻해서 오두막을 짓는 계절이 오면 벼과 식물에서 관목으로 옮기고, 추위가 다가와 땅속 피난처 생활의 계절이 되면 관목에서 풀로 옮기며 왕래하는 것이다.

복장도 같고 형태와 크기도 거의 같은 두 유시형은 모두 새끼를 많이 낳지는 않는다. 가을 이주민은 한배의 새끼가 반 타(6마리) 정도였는데 봄철 이주민 역시 같은 수로 한정되었다.

잉태한 것이 바늘에 눌려서 나온 배아의 증언을 들었으니 이제는 정상 흐름을 따라 보자. 유럽옻나무 꼭대기에서 내려오는 진딧물 몇 마리를 쓸어서 유리관에 넣고 탐색 장소로 관목의 마른 가지를 넣어 준다. 곧 사건이 벌어진다. 15분도 안 되어 새끼를 낳는 것이다.

여기서도 유리창 앞에서의 가을 이주민처럼 서두름을 보인다.

분만 때가 되면 장소가·유리하든 불리하든, 먼저 만나는 받침에 대고 낳는다. 그래서 유럽옻나무에서 내려오는 녀석은 서둘러서 훌륭한 피신처, 즉 지의가 덮인 줄기 밑동으로 온다. 만일 거기에 도착하는 것이 늦어지면 도중에 주머니를 비운다. 그렇게 되면 의지할 곳 없는 새끼들이 크게 위험하다.

지금은 유리관에 넣어 준 나뭇조각이 지의를 대신한다. 유시형이 그 위로 급하게 걸어 다니며 새끼를 낳는다. 여기저기에 잠깐씩 머무는 동안 아무렇게나 하나씩 낳아서 세워 놓는다. 마치 무의식적이며 아주 무관심하게 제품을 토해 내는 기계 같다.

녀석도 가을에 낳는 새끼처럼 바닥 표면에 꽁무니가 붙어 선 채로 낳아지며, 돋보기로 겨우 확인될 정도의 매우 얇은 배내옷에 싸여 있다. 새끼는 약 2분 동안 꼼짝 않는다. 다음 배내옷이 찢어지고 다리가 나오면, 꼬마가 벗어 떨어뜨리고는 배를 깔고 기어간다. 세상에 진딧물 한 마리가 또 태어난 것이다.

몇 분 만에 배 속이 빈다. 처음에는 포동포동하던 태아 주머니였는데, 내용물을 내놓자 오그라들어 하찮은 알갱이처럼 되었다. 곤충은 이제 날개 달린 가슴에 지나지 않는다. 두 행렬의 유럽옻나무 진딧물이 제시한 수수께끼를 푸는 열쇠를 이제는 얻었다.

잔뜩 부른 배로 내려오는 행렬은 짐을 내려놓으러 지의 쪽으로 가는 것이고, 올라가는 행렬은 새끼를 낳아 배가 없어진 모습으로 되돌아가는 것이다. 결국 비늘 같은 근생엽 모양 지의에 머문 것은 새끼를 낳으려는 것이었다.

실제로 지의 조각을 뜯어냈더니 유리관에서 실컷 관찰한 것과 같은 아주 작은 벌레들이 비늘 밑에 많이 쪼그리고 있었다. 유시형 진딧물은 새끼를 낳고 배가 없어진 다음, 이튿날이나 그다음 날 죽는다는 말을 덧붙여 두자. 녀석의 임무가 끝난 것이다.

유리관에서 꺼냈든, 자연 은신처에서 나왔든, 꼬마 진딧물(면충) 은 색깔로 쉽게 구별되는 네 종류가 있다. 가장 많은 것은 풀빛 초록색에 머리와 다리는 무색투명한 종류로서 비교적 미끈하고 날씬한 형태이다. 다른 녀석들은 2~3배나 크고 배가 뚱뚱하다. 그 중에는 희미하며 아주 엷은 노란색, 선명한 호박색, 밝은 초록색을 띠는 녀석들이 있다.

같은 유시형 진딧물이 한배의 새끼 6~8마리를 낳을 때 항상 초록색이며 날씬한 녀석과 뚱뚱하며 창백하거나, 호박색이거나, 초록색인 녀석을 같은 시간에 낳는다. 세 부류가 서로 다른 종일 가능성은 충분하나, 녀석들을 생산한 유시형의 겉모습에서는 차이점이 확인되지 않았다. 아주 힘들게 현미경으로 세밀히 조사하지 않으면 차이를 찾아내지 못할 것 같다.[1]

더 흥밋거리를 다루어 보자. 어떤 진딧물은 색깔이 어떻든 모두 주둥이가 없고, 눈을 나타내는 검은 점 두 개가 아주 분명하다. 따라서 녀석은 볼 수 있고, 어디를 향해 가거나 서로 찾으며 모일 수도 있다. 하지만 빨대가 없으니 전혀 먹지 않음을 증명하는 셈이다.

유리관 녀석들은 태어난 유럽옻나무 가지에서 활발히 돌아다닌다. 껍질의 갈라진 틈에 멎어 그 속을 살펴보고, 다시 분주한 방황이 계속된다. 마침내 가지가 거칠게 잘린 틈새로 들어간다. 벌어진 섬유 틈에 머리를 박고 꽁무니는 밖으로 내놓은 채 웅크리고 있다.

이튿날, 녀석들 대부분 유리관의 솜마개

<hr>

1 진딧물을 분류할 때는 형태적 특징보다 생활사를 아는 것이 더 중요하다. 따라서 현미경 관찰이 절대적인 의미를 갖지는 않는다.

안 보일 거야~

에 모여서 꼼짝 않는다. 마개는 그럭저럭 지의류 은신처에 해당하며 거기서 한참씩 머문다. 그러다가 서로 다리를 살짝 건드리는 녀석도, 배가 뚱뚱한 녀석 위에 날씬한 녀석이 짝지어 함께 어울린 것도 보인다.

얼마나 소심한 애인들이더냐! 이 얼마나 유별난 혼인이더냐! 가끔 더듬이가 겨우 흔들리고 다리가 움직인다. 짝을 이룬 두 미물이 약 1시간 동안 붙어 있다 헤어지는 게 끝이다.

이토록 시시한 짝짓기를 보고 처음에는 내 눈의 증언조차 믿을 수 없었다. 결혼 적령기가 개화기임은 통칙이다. 곤충은 짝짓기를 위해 탈바꿈으로 튼튼하고 멋있는 형태를, 즉 날개를 달고 장신구로 몸치장을 하는 것이다. 그런데 유리관의 신랑 신부는 반대로 굴욕의 맨 끝 단계까지 내려간다.

무성인 녀석의 선대(先代)는 날개가 있다. 또 충영에 갇혔을 때도 통통한 꽁무니에 흰담비 털 긴꼬리 옷을 걸치고 있었다. 그런데 종족의 꽃인 이 녀석은 날개도, 눈처럼 흰 장식도, 살찐 주황색 배도 없다. 혈통 중에서 가장 형편없고 제일 빈약하다. 다른 경우는 어디서나 성이 진보였는데, 여기서는 쇠퇴이며 생물의 철칙에 대한 우롱이었다.

이제까지 유럽옻나무의 주민은 이원성 생식이 면제되었다. 그렇다고 해서 타격을 받기는커녕 아주 훌륭하게 번성해서 한 마리가 한 철에 100마리, 어쩌면 1,000마리가 될지도 모른다. 그런데 왜 프로방스 마늘(*Allium sativum*)ᵉ, 갈대(Roseau de Provence: *Arundo donax*, 왕갈대＝물대)ᵉ, 사탕수수(Canne à sucre: *Saccharum*), 그 밖의 수많은 예처럼 끝까지 (단성생식을) 계속하지 않는가? 혼자서도 그렇게 잘 주던 것을 왜 둘이 할 필요가 생겼을까?

방법의 갑작스러운 변화가 존재하는 이유는 생산물의 변화에 있다. 새싹에 둘러싸여 조상으로 비교되던 선대는 즉시 행동하여 충영 벽에 빨대를 꽂는 새끼를 낳았다. 그런데 변변찮은 지금의 어미는 알을 낳기로 결정되어 있다. 알은 일 년 내내 숨겨서 보존해야 하는 까다로운 과정이다. 그동안은 꺾꽂이 가지를 가지고 있었는데 지금은 씨앗을 가진 것이다.

먼 장래까지 시간에 저항하며 생명유지 능력을 혼수상태로 보존하려면 알도 씨앗처럼 잠재성과 협약할 필요가, 즉 더욱 유효해지는 두 에너지가 합칠 필요가 있다. 이 필요성의 동기에 대해 우리는 아무것도 모르며, 어쩌면 영영 모를 거라고 고백하는 편이 현명하겠다.

그래도 진딧물의 경우는 어떻게 진행되는지 보기로 하자. 초록색 수컷이 짝짓기한 다음 유리관 솜마개의 어느 가닥에 달라붙는다. 그날이나 다음 날 거기서 먼지 알갱이로 말라 죽었다. 녀석의 짝인 암컷은 그 자리에 머물러서 꼼짝 않았다.

진딧물 태내에서 무슨 일이 일어났는지 보고 싶었다. 현미경으

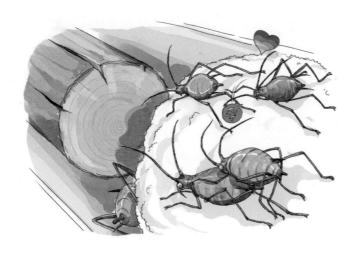

로 보니 반투명한 피부 밑에 아주 잘게 오톨도톨한 우윳빛 타원체가 보이는데, 이것이 극미동물 용적의 거의 전체를 차지했다. 그것은 무한히 작은 성운(星雲)으로, 그곳의 태양은 알 하나를 농축해서 완성시킨다. 더는 안 보인다. 보통 곤충의 염주처럼 배열된 배아도, 수란관도 없다.

어미의 실체 외의 전체가 해체되고 다시 융합해서 새로운 법칙에 따라 빚어진 것이다. 그 실체는 생명이 있었는데 무기력해졌고, 그 속에서 공처럼 뭉쳐져 배아가 되는 미래가 졸고 있을 것이다. 어미의 실체는 죽었으나 같은 존재로 있으면서 다시 살아날 것이다. 생명의 변화를 주재하는 고급 연금술에서 이보다 훌륭한 예를 발견하기는 어려울 것이다.

이 도가니에서 무엇이 나올까? 지금 당장은 산란이 없으니 나오는 게 없다. 벌레 전체가 알이 되었다. 껍질이 극미동물의 피부로 된 오직 한 개의 알이다. 그런데 이런 알이 자신을 낳은 자의 다리, 머리, 가슴, 배, 몸마디, 그리고 피부를 가졌다. 겉모습에서의 무기력 말고는 처음의 작은 진딧물 그대로였다.

이제 주기가 끝나서 다시 출발점으로, 즉 유럽옻나무의 지의류 밑과 갈라진 줄기의 틈새에서 수집했던 저 수수께끼의 미소 물체로 돌아오게 된다. 유리관의 솜마개에는 두 종류가 있었다. 즉 나무가 내게 제공한 것과 같은 검정과 갈색 면충이다.

두 면충도 싹이 트려고 좋은 계절을 기다리는 씨앗처럼 거의 1년 동안 그 상태로 남아 있다. 5월에 만들어진 녀석이 이듬해 4월이 되어서야 깨난다. 그리고 이상한 혈통이 다시 시작된다. 그것이 너무도 복잡해서 간단히 몇 줄로 요약하는 게 좋겠다.

알에서 나온 극미동물은 새로 돋아나는 소엽 끝을 자줏빛 작은 주머니처럼 부풀린다. 녀석은 혼자 거기서 한 가족을 낳는데, 낳는 족족 다른 데로 흩어져서 충영을 만든다.

처음에 혼자 충영을 제작하던 기술자가 협력자를 생산한다. 협력자는 몸을 붉은색으로 치장하고, 자라면 곱사등이 되어 배낭을 짊어지고 혈기왕성하게 종족을 불린다. 주황색 무시형 후손을 많이 낳는데, 후손은 9월에 탈바꿈하여 검정 유시형이 된다.

이 시기에 팽창한 충영이 터지며 유시형이 여기저기의 들로 날아가 6~8마리의 새끼를 낳는다. 새끼들은 땅속에서 겨울을 나는데, 아마도 어느 벼과 식물 밑일 것이다.

겨울 은신처에서 충영을 제작할 혈통이 또 생산될 게 틀림없으나 숫자는 적을 것 같다. 마지막 새끼는 유시형인데 가을 면충처럼 땅속 집을 떠나 유럽옻나무로 간다. 나무에서 틈새나 지의 밑에 제 배 속의 것을 낳는데 이번에도 6~8마리의 새끼이다.

종전까지는 모든 세대가 무성(無性)인 상태로 새끼를 낳았다. 그런데 지금은 유성이며 그 작품인 알이 나타난다. 수컷과 암컷이 섞여 있는 봄의 유시형 새끼는 매우 허약하며 전 가족 중 제일 작다. 먹는 것이 면제된 난쟁이가 짝짓기를 하지만 또 달리 할 일은 없다. 조금 뒤에 수컷은 죽고 암컷은 꼼짝 않고 있다가 알 상태로 바뀐다.

13 진딧물 포식자

잡아먹힌 자의 영양 물질이 먹는 자로 옮겨질 때, 복잡한 조작을 하지 않고 화학성분을 수집하는 과정은 연속적인 협력자, 말하자면 각자가 나름대로 고르고 정제하는 협력자들의 계승을 요구하는 까다로운 과정이다. 이 과정은 세포의 조제실인 식물에서 시작된다. 식물에서는 공기와 흙의 무기물이 태양에너지에 의해 가공되어 열(熱)의 창고인 화합물로 바뀐다. 즉 태양에너지가 동물의 활동에서 소비될 열로, 즉 생활의 화덕으로 전환하려고 화합물 속에 농축된 것이다.[1]

영양분의 전달 과정은 원소 수집 생물로 계속 이어지며, 각 생물은 변변찮은 것을 한 조각씩 꾸준히 모아서 훌륭한 것으로 완성시킨다. 아주 작은 한입거리에서 곤충과 새의 먹이가 만들어지고, 소비자에서 소비자에게로 넘어가면서 큰 동물의 양식이 되고,

1 설명이 부정확하다. 생물의 기본 영양소를 제조하는 광합성의 재료는 물과 이산화탄소이며, 두 물질을 화학적으로 합성하는 데 필요한 에너지는 태양광선, 합성 공장은 식물의 엽록소이다. 여기서 말한 공기는 이산화탄소라고 풀이할 수 있다. 한편 무기염류가 생명체의 생존에 필수적임은 사실이나 흙의 무기물이 물을 대신한 재료일 수는 없다. 이 점을 파브르는 잘못 알았고, 태양에너지가 농축되었다는 말도 사실상 부적합하다. 독자는 이런 점에 유념하여, 앞으로 계속 잘못 전개되는 내용을 폭넓게 이해해 가며 읽어야 하겠다.

우리의 양식도 된다.

영양 분자 축적자 대열에는 진딧물(Pucerons)[2]도 끼어 있다. 녀석은 작다. 작아도 아주 작은 게 사실이다. 하지만 숫자는 얼마나 많으며, 또 얼마나 연하고 포동포동하더냐! 녀석의 배는 즙이 들어 있는 작은 병인데 진액이 든 병이다. 그런 병에서 한 방울을 얻으려면 수백 수천 마리가 필요하나, 이 진액 잔치에 달려올 녀석은 시간 여유가 있다. 진딧물 무더기는 무진장한 무리이며, 계속 소비되어도 열성적인 생식 방법으로 극복해 낸다. 그래서 더 높은 등급의 많은 창자에게 식량을 매우 빨리, 풍성하게 준비해 주는 공장인 것이다.

진딧물의 작업 모습을 유럽옻나무(Térébinth: *Pistacia terebinthus*)에서 보자. 이 관목은 햇볕에 타서 석회처럼 굳은 바위틈에 뿌리를 내리고, 거기서 체념하며 검소하게 산다. 더욱이 기적적인 구조로 잘 자라기까지 한다. 그렇게 인색한 환경에서 뿌리가 무엇을 얻을까? 몇몇 광물성 염분, 바위 부스러기, 가끔 시원하게 공급되는 비 몇 방울의 흔적이다. 그래도 그것이면 충분해서 잎이 덮이며, 돌을 먹는 생물이 된다.[3]

그러나 테레벤틴이 속속들이 밴 녹색[4]을 이용하려면 이런 약품 냄새에도 불쾌감을 일으키지 않는 특별 소비자가 필요하다. 이 잎을 먹는 경향의 곤충은 사실상 드문 것 같다. 그런 소비자 곤충을 나는 알지 못한다. 아무래도 좋다. 바니시가 스며 나오는 나무도 전체적인 피크닉에서 제 몫 나누기가 면제될 수는 없다. 다른 곤충은

2 다음 중 첫 축적자(소비자=
천적)인 꼬마구멍벌은 면충의
천적, 그 뒤는 진딧물 전체가 대
상인 천적이다.
3 재료 나열이 또 잘못되었다.
4 엽록소를 뜻하며 실은 광합성
결과의 생성물인 녹말이라고 했
어야 맞다.

거절한 것을 가장 하찮은 곤충의 하나인 진딧물(면충)이 접수했다. 녀석은 맛있다고 생각하며 더 바라지도 않는다. 주둥이로 잎에서 얌전히 피(조직액)를 뽑으면 잎이 부풀어서 방(집)처럼 된다. 그러면 그 속에서 급속도로 살찌며 번식한다.

진딧물은 바위에서 온 물질을 식물이 대충 다듬어 놓으면 그 정수를 뽑아내, 더 고상한 생성물로 가공한다. 어느 날 녀석의 배 속에 든 물질이 중개자에 의해 전해지는데, 어쩌면 새의 엉덩이에 기름 분자 하나가 보태질 것이다.

나는 소중한 이(Pou, 虱)[5]의 첫번째 이용자를 알고 싶고, 특히 그 녀석의 행동을 보고 싶었는데 우연한 기회에 만족하게 되었다. 유럽옻나무 주민은 작은 공이나 뿔 모양으로 부푼 것에서, 또는 주름 모양 성채에서 기분 좋게 생활한다. 물론 틈이 벌어져서 연한 알을 대단히 밝히는 침입자가 들어가기 전의 성채(충영)이다. 충영이 말라서 팽팽해지면 도리 없이 틈이 벌어진다. 갇혔던 녀석에게는 이주 시기에 이 틈이 없어서는 안 되는 한편, 통조림 깡통을 뜯을 줄 모르는 침입자에게는 이때가 약탈의 적기가 된다.

8월 말, 정원의 유럽옻나무에서 아름다운 공충영 중 가장 빠른 것에 금이 가기 시작한다. 며칠 뒤 해가 뜨겁게 내리쬘 때 무심코 가 본 바로 그 순간, 3개의 틈이 방사상으로 벌어져 끈적이는 진이 흘러나왔다. 유시형 진딧물이 한 마리씩 천천히 나오는데, 열린 테두리에서 날기 전의 서투른 날갯짓을 한다. 안에서는 많은 녀석이 대여행 준비로 우글거린다.

자, 그런데 날씬하며 까만 꼬마 사냥벌이 열린 바구니로 급히 달려든다. 검정꼬마구

5 진딧물이 너무 작아서 '이'로 표현했다.

멍벌(Psen: *Psen*→ *Psenulus atratus*)로서 마른 찔레나무(Ronce: *Rubus*) 줄기의 방안에다 매미충(Cicadellidae)이나 검은 진딧물을 저장해 놓은 것을 자주 보았었다. 벌 8마리가 끈적이는 유럽옻나무 진에 달라붙을 걱정도 않고 주머니로 들어간다.

검정꼬마구멍벌
실물의 4배

녀석들은 즉시 진딧물 한 마리를 물고 나와, 새끼의 식량 창고에 넣으러 급히 떠난다. 다시 빨리 돌아와서 또 한 마리를 물고 갔다가 곧 다시 나타난다. 세련된 포획이 재빨리 행해진다. 그야말로 좋은 기회이니 진딧물 무리가 모두 떠나기 전에 최대한으로 이용해야 한다.

때로는 충영 속으로 들어가지 않고 뚜껑 둘레에서 나오는 녀석을 잡는 게 더 좋다고 생각한다. 일이 더 빠르고 위험은 덜하다. 충영이 비지 않는 한 정신 못 차릴 만큼 빠르게 약탈이 계속된다. 8마리의 강도는 통조림 깡통이 뜯겼음을 어떻게 알았을까? 녀석들은 제 힘으로 벽을 뚫을 능력이 없으니, 일찍 왔다면 사냥하지 못했을 것이고 늦게 왔다면 빈 깡통만 발견했을 것이다. 깡통이 열리는 정확한 순간을 알았기에 그때 달려온 것이다. 마침내 바구니가 바닥나자 녀석들도 떠났다. 아마도 다른 충영을 찾아갔을 것이다.

많은 유시형 진딧물은 구멍벌이 없을 때 달아날 시간이 있어서 학살을 모면했다. 하지만 나머지는 뒤이어 찾아온 소비자인 송충이에게 완전히 몰살당한다. 분홍색과 갈색이 얼룩덜룩한 꼬마 송충이[6]가 무시형 진딧물이 가득하며 아직 말짱한 충영을 뚫는데, 주로

6 233쪽 내용으로 보아 곡식좀
나방과(Tineidae)의 애벌레이다.

공충영을 착취한다. 살찐 벽을 물어뜯을 때 스미는 신맛의 바니시 걱정도 하지 않고, 조금씩 떼어 내 구멍 둘레에 내려놓는다. 큰턱을 안으로 들이밀고 끈적이는 부스러기를 물어뜯어, 머리를 좌우 어느 쪽으로 숙여 내려놓는 녀석의 조작을 나는 흥미 있게 지켜보았다. 이렇게 해서 반죽된 것이 구멍 둘레에 쌓였다가 흐르는 테레벤틴 속에 잠기게 된다.

반시간도 안 되어 벽에 겨우 머리가 들어갈 정도의 둥근 구멍이 뚫린다. 두개골이 통과한다면 몸의 나머지도 들어갈 게 틀림없다. 송충이는 힘들여 몸을 늘리고 좁은 구멍으로 철사처럼 빠진다. 들어가면 곧 몸을 돌려 하늘창에 코가 넓은 비단 커튼을 쳐놓는다. 틈을 더 막지 않아도 상처에서 흘러나온 진이 그물에 모이며 굳어서 단단한 마개가 되어, 이제는 먹을 것이 풍부한 집이 완전히 안전해졌다. 녀석의 즐거운 생활에 더 필요한 것도 없다.

진딧물이 한 마리씩 목이 졸리고, 체액이 모두 빨리면 도살자의 목덜미 운동으로 뒤로 던져진다. 녀석은 곧 가로거치는 껍질을 모아 약간의 명주실로 펠트를 만들어 천막을 짠다. 그러면 움직이는 무리와 분리되는 동시에 그 둘레에서 마음대로 잡아먹으며 즐길 수 있다.

조금 절약하면 식량이 끝까지 충분하고도 남을 텐데, 아낄 줄 모르는 녀석이 재물을 낭비한다. 녀석이 먹은 것보다 죽인 진딧물이 훨씬 많다. 진딧물의 배를 갈라 시체를 싼 보자기에 보태 놓는 것이 고작이라 학살이 빨리 진행되며, 이를 모면하는 녀석이 전혀 없게 된다.

잔인한 송충이는 성장이 끝나기 전에 움직이는 게 없으면 다른 충영을 뚫어야 한다. 녀석의 강력한 큰턱으로 새 구멍을 뚫기란 쉬운 일이니, 막았던 하늘창을 안에서 뜯어내거나 다른 구멍을 뚫고 나간다. 새 충영에서도 식욕이 더 요구하면 세 번째, 네 번째 충영에서 같은 살육이 재현된다. 나방 시대가 올 것을 생각해야 한다. 녀석은 말라서 단단한 상자가 된 바로 그 충영 속에서 곰팡이가 핀 진딧물의 넓은 천막으로 자신을 감싼다. 그리고 거기서 흰 명주실로 아름다운 셔츠를 짜 입고 겨울을 보낸 뒤에 나방이 되어야 한다.

굴착기 연장을 갖춘 송충이는 충영을 쉽게 드나들겠지만, 상자 안에서 태어난 나방은 어떻게 나갈까? 녀석도 다른 나방처럼 연약하며 재주가 없다. 그래도 태어난 방이 저절로 터지지 않는 점에 유의하자. 진딧물이 죽자 팽창이 중단된 충영은 스스로 터질 만큼 늘어나지 않는다. 모양의 변화도 없이 닫혀서 호두 껍데기처럼 단단해진다. 마른 진딧물의 깃털 이불을 덮고 겨울을 나기에는 훌륭한 방이었지만, 공중에서 즐겨야 할 시간에는 틀림없이 괴로운 감옥이 될 것이다. 연약한 나방이 거기서 어떻게 나올지 나는 전혀 모르겠다.

송충이는 이 점을 아주 잘 예견했다. 봄에 탈바꿈의 혼수상태가 오기 훨씬 전부터 진주 모양의 수지 벽으로 막았던 출입문을 뜯는다. 뜯기가 너무 힘들면 처음의 구멍처럼 머리가 겨우 빠져나갈 만큼 뚫는다. 지금은 혹이 말랐으니 바니시가 스미지 않아 하늘창이 열려 있다. 이런 예방 조치를 취한 다음 죽은 진딧물의 펠트 밑으로 물러나 탈바꿈 준비를 한다.

이제 더는 해방 준비를 하는 게 없다. 예방 조치한 출구가 혹시

이 하늘창이라면 나방이 옷을 구기지 않고 나올 곳은 이 창뿐이다. 그러니 해결책은 짐작조차 할 수 없는 미묘한 문제였는데, 7월에 나방이 상자에서 나오자 모든 게 설명된다. 녀석이 준비한 구멍은 좁아도 날개의 배치 덕분에 충분했다. 날개를 펼친 게 아니라 안쪽으로 말아서 옆구리와 등을 꼭 둘러쌌다. 통로로 미끄러져 들어가려고 옷을 반원통처럼 말아서 마치 붓뚜껑 같았다.

녀석은 끝까지 충영에서 나온 모습 그대로였다. 눈앞에 나타난 것은 우리 눈에 익숙한 형태의 나방이 아니라, 공간을 아주 아끼려고 말아 놓은 비단 같았다. 하지만 흰색, 갈색, 짙은 맨드라밋빛 얼룩이 진 멋있는 비단이다. 진홍색 부분 앞쪽의 흰줄이 등을 가로지른 띠를 이루고, 덜 분명한 두 번째 흰줄은 뒤쪽 1/3의 위치로서 날개 싹 위에 첨두아치를 그려 놓았다. 옷의 뒤쪽 가장자리는 넓은 회색 술로 장식되어 있다. 실처럼 긴 더듬이는 등에 뉘었고, 수염들은 일종의 뾰족한 투구 장식처럼 세웠다. 아아! 진딧물을 몰살시킬망정, 그래도 아름다운 강도로다! 몸길이는 12mm 정도였다.[7]

구멍 뚫을 능력이 없는 또 다른 녀석이 차지한 것은 소엽이 단순하게 접힌 단순충영인데, 때로는 편평한 녹색 또는 유색(有色)에 부푼 방추형이나 오톨도톨한 반달 모양도 있다. 우리 눈에는 양쪽의 겹쳐짐이 너무도 정확해서, 전에 본 일이 없다면 이음매가 없이 연속된 것으로 알았을 것이다. 하지만 녀석은 연결 부위가 있음을 아주 잘 알고 있으며, 바로 거기에 알 하나를 낳는다. 여러 마리라면 식량이 부족할 테니 한 개만 낳는

[7] 전혀 도움이 안 되는 형태 설명(기재)보다는 학명 제시가 더 분명한 자료임을 파브르는 이해하지 못하고 있다.

것이다. 자라던 충영이 팽창해서 주름이 조금이라도 열리면 이 사태를 끈질기게 기다리던 애벌레가 즉시 틈을 비집고 들어간다.[8] 스스로 주둥이와 꽁무니로 가장자리를 벌려 가면서 안으로 깊숙이 들어가는 것이다.

진딧물을 잡아먹는 꽃등에류 애벌레
제천, 10. Ⅵ. '92

들어간 녀석은 진딧물 방을 제집처럼 차지하고, 방은 빨리 부풀어 틈이 꽉 닫힌다. 진딧물을 게걸스럽게 다 잡아먹고, 충영이 자라 터질 때쯤 작고 예쁜 파리(Moucheron: Diptera)가 나온다. 녀석의 심한 공복감과 착취 문제는 나중으로 미루자. 파리는 꽃등에(Syrphides: Syrphidae) 종류로서, 그 중 자유로운 공중에서 일해 관찰이 편한 종도 있다.[9]

다른 살육자[10]도 같은 이유로 유럽옻나무에서는 관찰하지 않았다. 이런 녀석은 모든 사람이 볼 수 있는 식물에서 작업하는 것을 만나게 될 것이다. 뚜껑 밑으로 미끄러져 든 벌레, 터진 충영에서 사냥하는 구멍벌, 작은 주머니를 뚫는 애벌레를 기억하면서 그냥 지나가자.

약탈자가 이렇게 3종밖에 안 되어도 생명 유지에 필요한 변환의 연금술은 분명하게 일어난다. 구멍벌은 자신처럼 날개 달린 가족을 만들고, 구더기는 작은 꽃등에로, 송충이

8 합리적인 말이 아닌 점으로 보아 어떤 보조 문장이 누락되었을 법하다. 다음 문단 참조
9 앞 문단에서, 충영이 팽창해서 열린다면 빈집에 산란하게 되는 점, 이 문단에서 진딧물을 잡아먹었는데 터진다고 한 점, 또 성충 꽃등에는 포식성이 아닌데 심한 공복감 운운한 점 등이 전혀 이해되지 않는다.
10 다른 종의 꽃등에를 지칭한 것으로 보인다.

는 곡식좀나방
(Teignes: Tinei-
dae)으로 태어
날 것이다. 하지
만 모두가 밝은
대낮에 날아다
니는 새에게 쉽
사리 한입감이
되어 줄 것이다.
바위에서 온 물
질이 처음에 유럽
옻나무 조제실에서
가공되었고, 다음은 진딧

물의 증류 솥에서, 그다음은 진딧물을 먹는 곤충의 위장에서 가공
되어 생명의 가장 멋진 작품 중 하나인 제비(Hirondelle: Hirundini-
dae)에게 제공되었다가 암석으로 돌아갈 것이다.

창고의 입고와 출고의 완전한 총결산은 어떻겠더냐! 진딧물이
잔뜩 붙은 관목은 하나의 세계인 동시에 소 외양간, 사냥터, 도살
장, 제당 공장, 푸줏간, 통조림 공장이다. 모든 공업, 모든 방법이
거기 있으면서 동화된 물질 무더기를 이용한다. 우리네 공장만큼
소란스럽고 직업 형태는 더 다양하다. 독특한 솜씨가 제법 풍부한
공장 하나를 자세히 살펴보자.

조사 대상은 줄기가 거의 골풀(Joncs: *Juncus*)을 닮아 가는 막대처
럼 뻗는 금작화(Genêt: *Spartium junceum*)⁰이다. 6월에 손바닥만 한

234

내 뜰에서 향기를 뿜는 꽃은 거룩한 축제날인 성체 성혈 대축일 (Fête-Dieu)[11]의 꽃이기도 하다. 노란 꽃잎이 개양귀비(Coqulicot : *Papaver rhoeas*)의 빨간 꽃잎과 함께 레이스 장식이 된 작은 바구니를 가득 채웠다가, 천진난만한 화동(花童)들에 의해 한 움큼씩 꺼내져 향로를 받든 사람의 흔들리는 연기 속에 봉물로 던져진다. 성대한 축제에는 산에서 수많은 금작화 꽃을 따온다. 울타리 안의 금작화에서는 매일 가까이 지내는 이 사람이 지식의 작은 꽃인 몇 가지 생각을 주워 모은다.

여름 날씨가 약간 서늘해지면 금작화가 까만 진딧물로 끝없이 덮인다. 녀석들은 서로 꼭 끼어 있어서 녹색 가지를 감싼 동물성 껍질이 되는데, 야외의 다른 진딧물처럼 배 끝 근처에 있는 한 쌍의 뿔관(Cornicules creux)으로 개미(Fourmis : Formicidae)에게 맛있는 시럽을 내보낸다. 유럽옻나무 충영 속 면충은 뿔관을 갖지 않았음에 유의하자. 세상과 격리된 면충은 이용할 자가 없는 제당 공장의 건립에까지 힘쓰지는 않았다.[12] 하지만 야외에서는 진딧물이 모든 탐욕의 대상이 되어 대단히 위험하다. 그래서 틀림없이 시럽을 만들어 내보내는 것이다.

개미의 암소(Vaches, 젖소)인 진딧물에게 녀석이 찾아와 젖을 짠다. 다시 말해서 개미가 간질이면 달콤한 액체를 내보낸다. 액체의 작은 방울이 뿔관 끝에 나타나면 우유 장수가 즉시 마셔 버린다. 어떤 개미는 목축업을 하는 습성이 있는데, 흙 부스러기로 어느 식물을 둘러싸 지은 오두막에 진딧물 떼를 가두어 놓는다. 개미는 집에서 나오지 않고도 젖을 짜 우유 통을

---

11 가톨릭교의 축일
12 진딧물은 뿔관이 있으나 면충에는 대부분 없다. 있는 경우는 고리나 반고리 모양이다.

채우는 것이다. 내 금작화 밑의 많은 백리향(Thym: *Thymus vulgaris*)이 이런 가축우리로 바뀌었다.

목축 기술에 능통하지 못한 녀석은 자연의 작은 목장을 탐색한다. 개미가 끝없는 행렬을 지어 분주하게 금작화로 기어오르는 게 보인다. 배가 불러, 혀로 입술을 핥으며 내려오는 행렬도 보인다. 녀석들의 팽팽한 배는 반투명한 구슬이 되었다.

열심히 우유를 짜는 녀석이 아무리 많아도 그토록 큰 무리의 생성물을 처분하는 데는 역부족이다. 그러면 넘쳐나는 것을 뿔관이 그냥 내보내서 아무렇게나 떨어진다. 그 밑의 크고 작은 가지와 잎은 맛있는 이슬을 받아 끈적이는 칠이 되어 반들거린다. 이것이 감로주이다.

자, 그런데 젖을 짤 줄 모르는 미식가 무리가 햇볕에 익은 감로주의 캐러멜로 달려온다. 땅벌(Guêpes: Vespidae), 조롱박벌(Sphex: Sphecidae), 무당벌레(Coccinelles: Coccinellidae), 꽃무지(Cétoines: Cetoniidae), 특히 크고 작은 각종 파리(Diptère와 Moucherons)가 온다. 시식성(屍食性)인 금록색 파리도 많은데, 썩은 혈농을 먹은 다음 시럽을 핥으러 온 것이다. 끊임없이 새로 와서 우글거리며 윙윙대는 수많은 무리가 서로 다투어 빨고, 핥고 긁어먹는다. 진딧물은 많은 곤충에게 호감을 사는 사탕 제조자로서, 삼복더위에 목마른 곤충 모두를 인심 좋게 제당 공장으로 초대한다.

녀석들의 더 큰 가치는 식용벌레가 된다는 점이다. 제당 공장은 사치이며, 푸줏간은 필수이다. 한 종족 전체가 다른 식량이 없는 경우도 있다. 가장 유명한 종족을 상기해 보자.

검은색인데 자두나무(Prunier: *Prunus*) 열매처럼 청록색 가루가 덮인 진딧물이 금작화의 가는 가지를 완전히 둘러싸서 껍질을 만들었다는 말을 했다. 녀석들은 두 층이 서로 바짝 달라붙었고 꽁무니는 하늘로 향했다. 나이를 먹어 뚱뚱한 녀석은 위층에, 어린 것은 아래층에 있다. 흰색, 빨간색, 검정색으로 얼룩덜룩한 벌레가 무리 위를 거머리처럼 찰싹 달라붙어서 움직인다. 꽁무니의 넓은 바닥으로 고정하고, 뾰족한 앞쪽을 세워서 갑자기 폭발하듯 획 내밀어 휘두르고 비틀다가 진딧물이 좍 깔린 곳에 아무렇게나 내리꽂는다. 큰턱 작살이 여기저기 내리 꽂힐 때마다 언제든 잡히는 녀석이 있다. 요리가 어디든 좍 깔렸으니 악당은 장님이라도, 또한 무턱대고 주변 어디를 갑자기 찔러도, 잡을 것을 확신한다. 그렇게 꽂아 댔다.

입의 포크 끝에 진딧물 한 마리가 찔리면 포크가 뒤로 물러난다. 그러고는 앞뒤로 드나드는 목구멍 피스톤의 펌프질로 진딧물의 내용물을 빼낸다. 잡힌 녀석은 잠시 다리를 떤다. 그것으로 끝이다. 진딧물은 몸속이 말라 버렸고, 악당은 급작스런 머릿짓으로 구겨진 허물을 내던진다. 곧 다른 녀석, 또 다른 녀석을 이렇게 실컷 먹는다. 마침내 식충이도 싫증 나서 몸을 오그리고 졸면서 소화시킨다. 얼마 있다가 다시 그럴 것이다.

학살이 진행되는 동안 진딧물 무리는 어떻게 할까? 떼거리에서 뽑힌 녀석 말고는 어느 녀석도 움직임이 없다. 바로 옆에 있던 녀석도 불안하다는 표시가 전혀 없다. 진딧물은 마음이 동요될 만큼 자신의 생명을 대단하게 여기지도 않는다. 빨대가 좋은 자리에 꽂혀 있는데 죽음이 임박했다는 사실 때문에 빨기에 방해를 받아 무엇하겠나? 옆에 바짝 붙어 있던 동료가 하나씩 괴물에게 물려 사라져도, 태연하게 수액을 빠는 녀석이 불안으로 떨지는 않는다. 마치 양이 풀을 뜯어먹으며 지나갈 때 다른 풀들이 제 종족의 운명에 무관심한 격이다.

그러는 동안 끈적이며 기어 다니는 벌레가 진딧물 떼의 여기저기서 몇 마리를 떼어 낸다. 그 자리는 쫓겨났던 녀석이 종종걸음으로 달려가 재빨리 메운다. 때로는 괴물이 무서운 식욕을 가진 것도 모르고, 그 적의 등으로 올라가 실려 다닌다. 한 마리가 작살에 찔려 배가 갈라진다. 거기서 흘러나오는 체액에 다른 녀석들이 달라붙어서 사냥꾼의 입술에 주렁주렁 매달렸다. 어쨌든 아직은 온전하지만 집어삼키는 기계 앞에 있는 녀석이 옆으로 비키려는 노력은 좀 할까? 전혀 안 한다. 그저 다음 차례에 내장이 빠져나가기를 기다릴 뿐이다.

사냥감을 아끼지 않는 살육자가 빨리 해치운다. 식량이 없어지면 또 생길 것이다. 잡힌 진딧물의 배를 뚱보 녀석이 가른다. 못마땅한 물건이다. 그래서 옆으로 던져지고 다른 녀석이 대신 들어선다. 이 녀석도 버려진다. 벌레가 제 구미에 맞는 것을 찾을 때까지 다른 녀석들이 줄을 잇는다. 때로는 많이 잇는다. 잡힌 녀석은 이빨에 치명상을 입었으니 모두 죽어 간다. 그래서 뚱보 벌레가 지나가면 속이 완전히 빈 허물, 죽은 녀석, 죽어 가는 녀석들의 시체 더미가 생긴다. 몰살시키는 녀석이 지나간 자리는 이렇다.

희생된 녀석의 숫자를 대강 알아보고 싶은 호기심이 생겼다. 진딧물이 다닥다닥 붙어 있는 백리향 가지와 살육자를 함께 유리관에 넣었다. 살육자는 하룻밤에 16cm 길이의 잔가지에서 동물성 껍질을 완전히 벗겨 버렸다. 대략 진딧물 300마리에 해당하는 길이였다. 이 숫자는 녀석이 살아 있는 2∼3주 동안 수천 마리가 처분됨을 입증하는 셈이다.

열렬히 배를 가르던 벌레에서 나온 멋쟁이 파리를 곤충학에서는 꽃등에(Syrphe: *Syrphus*)라고 하는데, 그 이름은 그저 작은 파리를 가리킬 뿐 별 특색이 없다. 레오뮈르(Réaumur)는 비유적 표현이 풍부한 용어로 이 벌레를 '진딧물 사자(Lion des pucerons)'라고 불렀다.

금작화를 점령한 검정 진딧물의 아주 가까이에 귀여운 도가머리 장식이 서 있고, 비단

서양풀잠자리 실물의 3.5배

풀잠자리 알 우리나라의 풀잠자리류는 대개 단단한 물체 위에 산란하는 경향이 있는데, 사진 속 풀잠자리 알은 털이 많은 과일 표면에 산란했다.
가평, 23. Ⅶ. '96

같은 실 끝에 초록색 작은 물체인 알 하나가 붙어 있다. 진딧물을 잡아먹는 또 다른 곤충인 서양풀잠자리(Hémerobe→ *Chrysopa vulgaris*)[13] 알이다. 알이 독특하게 흔들거려서 호리병벌(*Eumenes*)이 매달았던 알의 가는 줄을 연상시킨다. 벌은 살아 있는 사냥감 앞에서 태어나는 새끼를 보호하려고 천장에서 내려오는 실 끝에 알을 매달아 놓았다. 하지만 풀잠자리는 매달지 않았다. 반대로 가녀린 기둥 다발을 세워 놓고 그 위에 한 개씩 얹어

13 본문은 프랑스 어 이름(Hémerobe)을, 그림 설명은 학명(*Ch. vulgaris*)을 썼다. 그런데 전자는 뱀잠자리붙이과이며, 학명은 풀잠자리과 곤충이다. 전자는 실 끝에 산란하지 않으며, 그 애벌레는 몸에 털이 없이 매끈하다. 결국 본문 설명과 곤충 이름이 서로 어긋났는데, 실제로는 후자인 풀잠자리 이야기이다.

진딧물을 잡아먹으러 온 꽃등에류 애벌레들 원주, 3. Ⅵ. 05, 변혜우, 최득수

놓았다. 말뚝 위에 산란한 셈인데, 이렇게 이상한 장치의 목적이 무엇일까? 나도 선배처럼 이삭 대신 멋진 알 다발에 감탄하지만 그 유익성은 모르겠다. 아름다운 것 역시 유익함이니 나름대로 존재 이유가 있다. 어쩌면 이것이 유일한 답변일지도 모르겠다.[14]

풀잠자리 애벌레가 소름 끼치는 동물로서 부족한 점은 몸집이 작다는 것뿐이다. 털 뭉치가 불규칙하게 곤두서서 소름 끼쳐 보이며, 다리가 길어 걸음이 빠르고, 창자 끝을 목발로 개조했다. 녀석은 결국 긴 다리의 앉은뱅이였다. 구부러진 큰턱은 속이 비었으나 강력한 집게로서, 진딧물의 뚱뚱한 배 속으로 깊이 뚫고 들어가 특별한 입놀림 없이 바싹 말려 버린다. 개미귀신(Fourmi-Lion)[15]과 물방개(Dytisque: *Dytiscus*) 애벌레의 튜브 같은 이빨도 이렇게 작용한다.

두 번째 풀잠자리 애벌레는 사납고 추하기가 먼저 녀석보다 더하다. 마치 휴런(Huron)[16] 족이 머리 가죽을 벗긴 적의 머리채를 허리에 꿰찼던 것처럼, 녀석도 속을 비운 진딧물 껍질로 등을 덮었다. 이런 전투복을 입고 진딧물이 깔린 곳에서 골라 쪼아 먹는다. 진딧물 껍질은 하나하나 넝마가 되어 겉옷

서양풀잠자리 애벌레 실물의 3배

14 『파브르 곤충기』 제7권 294쪽 참조
15 명주잠자리의 애벌레이며, 이 곤충도 풀잠자리목(Neuroptera)에 속한다.
16 북미 휴런 호수 동쪽의 토인

에 보태진다.

이제 멋쟁이인 무당벌레 족속이
있다. 가장 흔한 녀석은 붉은 딱지
날개를 까만 휘장 일곱 개로 장식한
칠성무당벌레(C. à sept points : *Cocci-nella septempunctata*)°이다. 프로방스에
는 녀석이 흔하며 농부들이 까따리
네또(Catarineto)라는 귀여운 이름을
주었다. 시골 처녀들은 손가락을 세운 끝에 녀석을 올려놓고, 멋
대로 날아가게 하며 노래를 부른다.

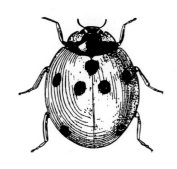

칠성무당벌레 실물의 4배

까따리네또야, 말해 주렴(*Digo-me, Catarineto*),

내가 어디로 갈거나(*Ounte passarai*)

나는 언제 시집가니(*Quand me maridarai*).

무당벌레가 날아오른다. 성당 쪽으로 날면 수녀원을 가리키는
것이고, 반대쪽으로 날면 결혼 예고란다. 녀석이 날아오르는 것은
아무래도 옛날 속신이겠지만 까따리네또의 순박한 점괘도 확실히
우리네 환상이 다른 데서 물어보는 점만큼의 값어치는 있다.

평화롭다는 이 곤충의 평판[17]이 녀석의 습
성과 일치하지 않아 유감이다. 언제나, 또 여
기서도 현실은 시를 죽인다. 무당벌레는 사
실상 살육곤충이며, 녀석보다 악착스러운 곤
충은 별로 없을 만큼 굉장한 학살자 자격을

17 프랑스에서는 Coccinelle 외
에도 하느님벌레(bêtes à bon
Dieu)란 이름이 있고, 영어권에
서는 숙녀벌레(Lady-bird 또는
Lady-bug)라고 부른다. 서양에
서는 이렇게 사납지 않은 이름을
받아 평화롭다고 한 것이다.

갖췄다. 녀석은 천천히 걸어가면서 진딧물 떼를 뜯어먹는데, 지나간 자리가 빤빤해진다. 거기서 역시 육식성인 제 새끼와 섞여서 뜯어먹은 곳에는 살아남은 녀석이 하나도 없다.

이제 금작화 밑을 보자. 말라 떨어진 부스러기 사이에 복장은 화려하나 내가 잘 모르는 애벌레가 보인다. 피부에서 스민 흰색의 아름다운 밀랍 비슷한 것이 곱슬곱슬한 털실 다발처럼 분포되어, 마치 아주 작은 푸들 강아지 같은 모습이다. 잡으려 하면 종종걸음으로 빨리 달아나서 모래알 뒤에 숨는다. 하얀 이 벌레만큼 멋진 녀석도 없다. 옛날 박물학자는 녀석을 복슬강아지(Barbet)[18]라는 뜻의 이름으로 찬양했다. 우리도 이 단어를 쓰자.

복슬강아지도 진딧물을 열심히 먹는 녀석이다. 하지만 망토가 몸의 균형을 잡기 어렵게 한다. 그래서 땅바닥에서 기다렸다가 칠성무당벌레와 그 애벌레가 꼭대기의 빽빽한 떼거리를 약탈하다 떨어뜨린 녀석 주워 먹기를 더 좋아한다. 높은 곳에서 떨어진 녀석들 사이로 뛰어다니며 사냥하는 것이다. 만일 진딧물이 조밀하게 떨어지지 않아 부족하면, 위험을 무릅쓰고 기어 올라가 다른 녀석들과 함께 뜯어먹는다.

6월 중순, 잡아서 기른 복슬강아지가 쌓인 낙엽 사이로 들어가 웅크리고 있다가 쇳빛 다갈색 번데기로 탈바꿈하여 털실 망토에서 절반쯤 솟아올랐다. 2주 뒤 성충이 나오는데, 딱지날개에 커다란 반점이 있고, 솜털이 약간 덮인 검은색 무당벌레였다. 내 생각에는 녀석이 에링무당벌레(*Coccinella interrupta* → *Cycloneda eryngii*)[19]

18 곱슬곱슬하며 긴 털을 가진, 또는 오리 사냥개인 복슬강아지

19 전자는 후자의 동물이명이다. 이 종은 칠레산으로서 담황색 딱지날개에 두 쌍의 매우 크고 불규칙한 검정 무늬가 있어서 파브르가 연구한 종과 같은 종인지 의심된다.

242

인 것 같다.

게걸스런 손님인 꽃등에, 무당벌레, 풀잠자리 따위는 난폭하게 학살한다. 역시 죽이기는 해도 아주 세련되게 작업하는 녀석으로 넘어가 보자. 진딧물을 직접 먹지는 않으며 배에다 알을 하나씩 낳는 녀석이다. 두 종을 관찰했는데, 하나는 장미(Rosier)에서 또 하나는 땅빈대(Euphorbe characias: *Euphorbia characias*)에서였다. 녀석들은 접종용 시추기를 갖춘 꼬마벌, 좀벌(Chalcidiens: Chalcidoidea)이다.

무당벌레 칠성무당벌레는 항상 딱지날개에 7개의 커다란 검정무늬가 있다. 그러나 무당벌레는 28개의 작은 점을 가진 것이 정상인데 사진처럼 크고 붉은 점무늬가 2개나 4개인 개체, 또는 전체가 노란색뿐인 개체 등으로 무늬의 변이가 심하다.
시흥, 14. VI. '96

애벌레 진딧물을 찾은 무당벌레 애벌레
관악산, 28, IV. '95

광택 나는 다갈색 진딧물이 잔뜩 붙어 있는 대형 땅빈대의 줄기 끝과 여기서 탐색 중인 벌 5~6마리를 시험관에 넣었다. 녀석들은 내가 그렇게 옮겨도 방해받는 줄을 모른다. 필요하면 돋보기를 대고 창자를 쑤시는 꼬마의 기술을 마음 놓고 관찰할 수 있을 정도였다.

한 마리가 진딧물 떼의 등 위로 아주 쾌활하게 돌아다닌다. 녀석은 눈으로 적당한 물건을 찾는 중이다. 찾았다. 진딧물층이 어찌나 빽빽하던지 식물 줄기에는 몸을 의지할 수가 없다. 그래서 선택된 희생물 옆의 진딧물 등에 앉아서 연장 끝이 제 눈앞에 오도록 배를 앞으로 끌어당긴다. 이렇게 하면 기계로 조작하는 시술이 잘 보일 것이며, 수술받는 녀석을 아무렇게나 죽이지 않고 시추기가 분명히 도달해야 할 지점으로 향하게 될 것이다.

칼집에서 짧고 가는 꼬챙이가 뽑힌다. 눈에 띌 정도의 망설임은 없이 꼬챙이가 말랑말랑한 버터 주머니를 뚫고 들어간다. 상처를 받은 진딧물이 전혀 항의하지 않는다. 일의 진행이 부드럽다. 자, 됐다! 알 하나가 포동포동한 배 속에 들어앉은 것이다.

좀벌은 칼을 칼집에 집어넣고 뒷다리끼리 비빈다. 발목마디에 침을 묻혀 날개에 문질러 윤을 내기도 한다. 의심할 것도 없이 만족하다는 표시였고, 시추기의 공사가 성공한 것이다. 빨리 다른 녀석에게 가자. 둘째, 셋째, 넷째 녀석이 선택되는데, 그 중간에 짧은 간격의 휴식이 따른다. 작업은 난소가 소진될 때까지 며칠이고, 며칠이고 계속될 것이다.

한 손에 식물, 다른 손에 돋보기를 들고 관찰할 때도 작고 날씬함에 자신 있는 난쟁이 살육자 녀석이 확대경 밑에서 작업한다. 녀석에게 나는 무엇일까? 아무것도 아니다. 녀석은 엄청나게 큰 나를 허망한 바탕으로 본다. 몸길이는 기껏해야 2mm, 더듬이는 실 같으며, 자루마디[20] 끝에 연결된 배가 있다. 이 자루마디의 기부와 위쪽은 붉은색이다. 나머지 부분은 모두 까만색으로 아름답게 반짝인다.

장미의 초록색 진딧물에 산란하는 녀석은 좀 크다. 암컷은 가슴 아랫면과 다리가 붉고, 수컷은 좀 작고 새까맣다. 좀벌 무리는 진딧물의 종별로 특별한 접종자가 따로 있

[20] 가슴과 가늘게 연결된 첫째 배마디인데, 벌의 배마디 수를 셀 때에는 대개 이 마디의 뒤쪽부터 센다.

는 것 같다.

장미 진딧물은 기생충이 배를 찌를 때 심한 복통을 일으키며 빨아먹던 가지를 떠난다. 무리에서 한 마리씩 떨어져 나와 이웃 잎에 가서 자리 잡고, 거기서 기포(氣泡) 모양의 껍질로 말라붙는다. 땅빈대 진딧물은 반대여서 쫙 깔린 진딧물 무리를 떠나지 않는다. 계속 빽빽한 곳에 남아서 차차 마른 기포 무더기로 변한다.

말라서 상자가 되어 버린 진딧물에서 나오려는 좀벌은 등 쪽에 둥근 구멍을 뚫는다. 그 자리에 남아 있는 껍질은 창백하게 말라버리는데, 모양의 변화는 없고 오히려 살았을 때보다 뚱뚱한 편이다. 상자가 장미 잎에 어찌나 단단하게 달라붙었던지 붓으로 쓸어서는 떨어지지 않는다. 항상 바늘 지렛대의 힘을 빌렸으며 이렇게 달라붙은 게 이상했다. 그 이유를 잎에 박혀서 죽은 진딧물의 발톱에서는 찾지 못했으니, 분명히 다른 것이 작용한 것이다.

마른 진딧물을 떼어 내 아랫면을 살펴보자. 배 전체가 끝까지 넓은 단춧구멍처럼 열렸고, 구멍에는 마치 너무 좁은 옷에 댄 것과 같은 조각이 끼워져 있다. 그 천은 짜임새가 양피지처럼 단단해진 가죽과는 분명히 구별된다. 즉 비단이지 가죽은 아닌 것이다.

안에 있던 애벌레는 때가 되었음을 느끼고 속이 빈 껍질을 비단으로 대충 발랐다. 그러고 숙주(宿主)의 배를 끝까지 갈랐다. 아니, 그보다는 안을 차지한 녀석이 자라서 밀려 찢어진다. 애벌레는 이렇게 열린 틈으로 다른 곳보다 많은 실을 내보내서 잎과 직접 닿는 곳이 달라붙게 넓은 리본을 만든 것이다. 천은 진딧물 가죽 천막 안에서 평온하게 탈바꿈하도록 비바람과 흔들림을 버티며 달라붙게 한 장치였다.

매우 간단한 내용이었으나 여기서 끝내고 결론을 요약해 보자. 진딧물은 식량 제조실의 첫 제조자 중 하나였다. 녀석은 제 탐색기로 바위의 제공물을 식물이 대충 다듬은 것에서 매우 중요한 진액 원소를 끈질기게 긁어모았다. 이 유동식을 자신의 통통한 증류솥에서 몇 번 정제해서 고급 요리인 살로 변화시켜 소비자 군단에게 넘겨주고, 이 소비자는 더 높은 등급의 소비자에게 넘겨준다. 마침내 이동 주기를 끝낸 물질은 이미 죽어서 쓸모없는 것인 동시에 삶이 예정된 바위가 된다. 다시 말해서 전체적인 무더기 속으로 들어가는 것이다.

　초기의 지구에 바위를 개척한 식물과 이 식물을 이용하는 진딧물이 있었음을 인정하자. 이것이면 충분하다. 생명을 주는 연금술은 확립되었고, 높은 등급의 피조물도 가능해진다. 이제 곤충과 새가 찾아와도 된다. 녀석들은 차려진 잔칫상을 발견할 것이다.

14 금파리

나는 일생에 몇 가지 소원이 있었으나 공공의 재산을 어지럽힐 수는 없었다. 행인들의 무분별한 행동을 벗어나 골풀(Joncs: *Juncus*) 무더기와 개구리밥(Lentilles d'eau: *Lemna*)이 좍 깔린, 그리고 우리 집과 붙어 있는 물웅덩이를 가지고 싶었다. 그랬다면 한가한 때 그곳 버드나무(Saule: *Salix*) 그늘에서 우리 생활보다 쉽고, 다정하고 우악스러운 가운데도 원시의 순수한 생활인 물속 생활을 묵상했을 것이다.

연체동물(Mollusque: Mollusca)의 더없는 즐거움, 뱅뱅 도는 물맴이(Gyrins: Gyrinidae)의 환희, 실소금쟁이(Hydromètres: *Hydrometra*)의 스케이팅, 물방개(Dytique: Dytiscidae)의 자맥질, 벌렁 누운 송장헤엄치게(Notonectes: *Notonecta*)가 가슴에 접어놓은 짧은 앞다리 두 개로 접근하는 먹이를 덥석 잡으려고 기다리며, 긴 노 두 개로 젓는 것을 엿보았을 것이다. 하늘의 성운 속에서 항성들이 응결하듯, 생명의 중심에서 응결한 점성물질인 또아리물달팽이(Planorbe: Planorbidae)의 산란을 연구했을 것이다. 둥근 알 속에서 조용히 돌

송장헤엄치게 배를 위로 향한 채 헤엄을 쳐서 송장헤엄을 친다는 이름을 얻었으며, 체액을 빨아 먹히는 작은 물고기나 올챙이, 곤충 따위에게는 무서운 존재이다. 안산, 16. Ⅱ. '98

면서, 어쩌면 장차 존재할 조가비의 뱅뱅 도는 설계도의 나선을 그리며 태어나는 생물을 감탄하며 바라보았을 것이다. 행성도 자체 인력의 중심 둘레를 더 큰 기하학 지식으로 돌지는 못한다.

연못을 자주 찾아가 보았다면 몇 가지 사고를 얻었을 텐데 운명은 달리 결정했다. 내게는 거절된 운명이기에 판유리 넉 장으로 인공 연못을 만들어 보았었다. 변변찮은 수단이었다. 내 수족관은 노새(Mulet)[1]의 발굽이 남긴 진흙 발자국에 소나기가 와서 물을 채운, 그렇게 하찮은 대야에 희한한 것들을 만들어 놓은 생명만큼도 가치가 없었다.

산사나무(Aubépine: *Crataegus monogyna*) 꽃이 피고 귀뚜라미(Grillon: Gryllidae)가 합창하는 봄에 두 번째 소원이 여러 번 떠올랐다. 죽은 두더지(Taupe: *Talpa*)와 독사도 아닌데 돌에 맞아 죽은 구렁이(Couleuvre)를 길에서 만났다. 둘 다 어리석은 인간의 희생물이다. 두더지는 해충을 없애 주고 토양을 배수시켜 주는데, 농부는 삽으로 쳐서 허리를 부러뜨려 멀리 던진다. 4월의 따뜻한 기운에 겨울잠을 깬 몽펠리에구렁이(*Malpolon mons-*

송장헤엄치게
실물의 1.5배

---

1 노새는 말과 당나귀 사이에서 일시적으로 생산된 잡종이다. 그래서 정상적인 동물의 자격이 없으며, 학명도 받을 수 없다.

pessulanus)는 새 가죽이 필요해서 허물을 벗고자 햇볕을 찾아왔다. 그런데 녀석을 발견한 사람이 이렇게 말한다. "아아, 못된 놈! 나는 모든 세상을 위해 선행을 하련다." 그러면서 곤충과의 무서운 농업 전쟁에서 우리의 협력자이며 죄도 없는 짐승이 머리가 깨져서 죽는다.

상한 두 시체에서 벌써 고약한 냄새가 난다. 그 광경을 안 보려는 행인이 눈을 다른 곳으로 돌리며 지나친다. 하지만 관찰자는 걸음을 멈춘다. 시체를 발로 쳐들고 들여다본다. 많은 녀석이 그 밑에서 우글거린다. 열성적인 생명이 죽은 동물을 먹고 있었다. 시체를 제자리에 놓아 장의사 일꾼이 일하도록 놔두자. 녀석들은 크게 찬양받을 일을 하고 있는 중이다.

시체 처분 임무를 맡은 녀석들의 습성을 알고, 분주히 부수는 활동을 보고, 죽은 것을 빨리 생명의 보화 속으로 다시 들여보내는, 즉 변환시키는 작용을 자세히 관찰하고 싶은 꿈이 오래전부터 머리에서 떠나질 않았다. 길 먼지 속에 누워 있는 두더지를 보고도 마지못해 떠난다. 죽은 녀석과 그것을 이용하는 녀석들을 한번 흘낏 보고는 떠나야 했다. 고약한 냄새가 나는 거기는 철리(哲理)를 탐구할 장소가 아니다. 행인들이 뭐라고 하겠나?

독자 역시 그 광경을 보라고 권하면 무슨 말을 할까? 천한 시체처리 일꾼에게 관심을 기울이는 것은 눈을 더럽히고, 사고의 품위를 떨어뜨리는 짓은 아닐까? 천만에, 그렇지 않다. 우리의 불안한 호기심 영역에서는 두 가지 문제, 즉 시작의 문제와 종말의 문제가 정점을 이룬다. 물질이 어떻게 집성되면 생명이 얻어질까? 무기력(무생물)으로 돌아갈 때는 어떻게 해체될까? 연못은 뱅뱅 도는 또아리물달팽이 알로 첫 문제에 대한 몇 가지 자료를 제공했을 것이다. 혐오감이 지나치지 않을 만큼 적당히 썩기 시작한 두더지는 모든 게 다시 시작되려고 다시 융해되는 용광로의 작용을 보여 줄 것이다. 즉 두 번째 문제에 대한 자료를 제공할 것이다. 인간의 하찮은 세련됨은 잠자코 계시라! 속인은 여기서 물러가라(*Odi profanum vulgus et arceo*). 당신들은 썩음의 고상한 교훈을 이해하지 못할 것이다.

이제 나는 두 번째 문제를 풀 수 있게 되었다. 울타리 안의 조용한 곳에 넓은 공간과 공기, 평온함이 있다. 거기는 아무도 나를 방해하거나 연구를 비웃고 눈살 찌푸리러 오지는 않을 것이다. 여기까지는 모든 게 순조로웠다. 그러나 일이 꼬임을 보시라. 행인에게서 해방되었으나 열심히 돌아다니는 내 고양이를 염려해야 했다. 녀석은 내가 준비해 놓은 것을 발견하고는, 틀림없이 휩쓸어서 흩어 버릴 것이다. 녀석의 못된 짓을 예측하여 공중 작업장을 만들었다. 거기는 정말로 썩은 것 취급자들만 날아올 수 있을 것이다.

울타리 안 여러 곳에 갈대를 세 대씩 박고, 위쪽 끝을 한꺼번에 묶어 튼튼한 삼각대를 세웠다. 삼각대마다 사람 키 높이에 가는 모래를 가득 채운 항아리를 매단다. 밑에는 구멍을 뚫어 빗물이 빠져나가게 한 장치에 시체를 놓는다. 특히 털이 없어서 찾아온 녀석들의 침입과 공사를 잘 관찰할 수 있는 구렁이, 장지뱀(Lézard), 두꺼비(Crapaud: *Bufo bufo*) 따위를 좋아했다. 하지만 털이나 깃이 달린 짐승(Mammalia와 Aves)도, 다양한 파충류(Reptile: Reptilia), 양서류(Batraciens: Amphibia), 물고기(Poissons: Pisces)도

교대로 가져다 놓았다. 두 푼(sou)짜리 동전에 유혹된 이웃 어린이 몇 명이 단골 공급자였다.

여름 내내 어린이들은 막대기 끝에 뱀을 걸거나, 배춧잎에 장지 뱀을 싸서 의기양양하게 달려온다. 쥐덫으로 잡은 시궁쥐(Surmu-lot: *Rattus norvegicus* = 집쥐)°, 혓병(pépie)으로 죽은 병아리(Poulet: *Gallus*), 채소 경작자가 죽인 두더지, 어떤 사고로 희생된 고양이 (Chat: *Felis catus*) 새끼, 독풀을 뜯어먹고 죽은 토끼(Lapin: *Oryctolagus cuniculus*) 새끼를 가져온다. 장사는 사고파는 사람 양쪽 모두가 만족하면 이루어지는 법이다. 이 마을에서 이런 장사는 일찍이 있어본 적이 없고, 나중에도 결코 보지 못할 것이다.

4월이 끝나자 항아리에 물건들이 빨리 놓인다. 아주 작은 개미 (Fourmis: Formici-dae)가 제일 먼저 달려왔다. 기구를 땅에서 멀리 떨어지게 매달아 놓아 귀찮은 녀석이 얼씬거리지 못할 것으로 생각했는데 개미가 내 조심성을 비웃었다. 아직 생생해서 별로 냄새도 나지 않는 물건을 내려놓은 지 몇 시

간이면 악착스러운 수집가, 개미 행렬이 찾아와서 삼각대 줄기를 타고 올라가 해부하기 시작한다. 물건이 제게 적당하면 항아리의 모래 속에 자리 잡기도 한다. 마음 놓고 풍부한 횡재물을 이용하려고 그 속에 임시 정착지를 건설한다.

개미는 따뜻한 계절이 시작될 때부터 끝까지 항상 가장 열성적일 것이며, 죽은 짐승을 언제나 제일 먼저 발견하고는 햇볕으로 하얘진 뼈 무더기만 남은 마지막에 물러갈 것이다. 먼 거리에서 지나가던 떠돌이가 보이지도 않는 저 말뚝 꼭대기에 좋은 식량이 있음을 어떻게 알아낼까? 진짜 각을 뜨는 다른 종류는 재료가 썩어 심한 냄새를 풍기기를 기다린다. 하지만 녀석들보다 훌륭한 후각을 가진 개미는 역한 냄새가 나기 전부터 서두른다.

이틀쯤 지난 물건이 햇볕에 익어 냄새를 풍기면 시체 취급자들이 몰려온다. 시체를 직접 소비해서 거의 아무것도 남기지 않는 수시렁이(Dermestes), 둥근풍뎅이붙이(Saprinus), 송장벌레(Silpha), 곤봉송장벌레(Nicrophorus), 반날개(Staphylinus)와 파리(Diptera) 들이다. 매번 극소량만 가져가는 개미에 의해 위생처리가 되려면 너무 오래 걸릴 것이다. 하지만 저 녀석들이 오면 빠르다. 어떤 녀석은 화학적 용해 방법을 알아서 더욱 빠르다.

냄새 정화자의 자격을 당당히 갖춰 먼저 이야기해야 할 곤충은 종류가 매우 많은 파리이다. 시간만 있다면 용감한 파리를 종별로 조사할 가치가 있으나, 이 관찰자도 진력나고 독자도 싫증날 것이다. 한 종의 습성을 알면 다른 종의 습성도 대충 알게 될 테니 주요 조사 대상을 금파리(Lucilies: *Lucilia*)와 쉬파리(Sarcophages: *Sarcophaga*)로 한정하자.

강한 금속성 광택으로 화려한 금파리는 누구나 다 아는 쌍시류(Diptera, 雙翅類)이다. 대개 금빛을 띠는 초록은 가장 아름다운 딱정벌레인 점박이꽃무지 (*Cetonia*), 비단벌레(*Buprestis*), 잎벌레(Chrysomelidae)의 광택과 경쟁한다. 썩은 것을 취급하는 녀석이 이토록 화려한 옷으로 호사한 것을 보면 약간 뜻밖이라는 생각이 들기도 한다. 항아리

금파리류 녹색에 광택까지 있어서 모양은 예쁘지만 더러운 곳을 좋아하다 보니 병원균을 옮길 염려가 많아서 위생곤충 목록에 올라 있다. 우리나라에서는 10여 종이 알려졌는데 그 중 3~4종은 주로 인가 근처에서 썩은 물질이나 동물의 똥에 모여든다.
괴산, 31. VII. 08, 한태만

를 자주 찾아오는 녀석은 금파리(*L. caesar*), 송장금파리(*L. cadaverina*), 구릿빛금파리(*L.→ Rhyncomya cuprea*)의 3종이다. 금록색인 첫 두 종이 많고, 구릿빛인 셋째는 별로 많지 않았다. 3종 모두 눈은 빨갛고, 그 가장자리에는 은빛이 둘러쳐졌다.

송장금파리보다 몸집이 큰 금파리(*caesar*)가 더 일찍 활동하는 것 같다. 4월 23일, 산란 중인 녀석을 발견했다. 양(Mouton: *Ovis aries*)의 목뼈 척추관 속 척수에 낳는 중인데, 한 시간 이상 깜깜한 굴 속에서 꼼짝 않고 낳는다. 빨간 눈과 은빛 얼굴이 어슴푸레 보인다. 마침내 녀석이 나오자 그 알덩이를 채취했다. 실은 알덩이가 아니라 척수를 통째로 쉽

금파리 실물의 2배

게 빼냈다.

숫자를 알아보고 싶은데 배아가 빽빽한 무더기를 이루어서 지금 당장은 셀 수가 없다. 제일 좋은 방법은 가족을 표본병에서 기르고 나중에 모래 속에 묻힌 번데기를 세는 것이다. 번데기는 157개였다. 이것은 분명히 최소한의 숫자이다. 나중의 관찰에서 알았지만 금파리 무리는 여러 번 알 무더기를 낳는다. 미래에 엄청난 군단을 약속하는 대가족인 것이다.

금파리가 여러 번 나누어서 산란함은 다음 장면이 증명한다. 며칠 동안 말라서 납작해진 두더지 한 마리가 항아리의 모래 위에 놓였는데, 배의 한쪽 가장자리가 들처져서 깊고 둥근 천장이 되었다. 시체를 먹는 녀석은 금파리든, 다른 파리든, 해가 너무 뜨겁게 내리쬐어 연약한 배아가 위험할 만큼 노출된 표면에는 산란하지 않는 점에 유의하자. 녀석에겐 캄캄하게 숨겨지는 곳이 필요하다. 제일 좋아하는 곳은 죽은 짐승의 밑이다.

지금은 유일하게 들어갈 수 있는 지점이 배 가장자리의 접힌 부분이다. 오늘은 산란 중인 금파리가 8마리였는데 거기, 오직 그곳에만 낳는다. 물건을 조사하고 양질임이 인정되자 천장 밑으로 사라진다. 지금 한 마리, 다음에 다른 녀석이 들어가고, 여러 마리가 한꺼번에 들어가기도 한다. 두더지 밑에서 한동안 머문다. 밖에서 기다리던 녀석은 굴 입구로 자주 가 보며 안에서 무슨 일이 벌어지는지, 먼저 들어간 녀석이 일을 끝냈는지 알아본다. 이번에는 한번 들어갔다 나온 녀석이 시체 위에 앉아서 기다린다. 다른 녀석은 즉시 밑으로 들어가 얼마 동안 머문다. 일이 끝나면 새로 산란할 어미에게 자리를 내주고 햇볕을 찾아간다. 이렇게 드나드는 녀석들의 회전목마 활동이 오전 내내 그치지 않았다.

산란은 이렇게 주기적인 휴식으로 중단되며 여러 번 배출됨을 알았다. 성숙한 알이 산란관으로 내려오는 느낌이 없는 금파리는 햇볕에 머물면서 조금씩 푸르륵, 푸르륵 날기도, 시체에서 몇 모금 빨아먹기도 한다. 난소에서 새로운 흐름이 내려오면 즉시 유리한 자리로 가서 짐을 내려놓는다. 전체 산란은 십중팔구 여러 날에 걸쳐 여러 군데로 분산된다.

밑에서 그런 일이 벌어지고 있는 짐승을 살그머니 들춰 본다. 어미들이 어찌나 산란에 골몰했던지 자리를 뜨지 않는다. 망원경의 통 모양인 산란관을 뻗고 알을 하나씩 포개 놓는다. 머뭇거리며 더듬는 연장 끝으로 알이 나오는 족족 배아 무더기의 앞쪽에 낳으려고 애쓴다. 빨간 눈의 점잖은 어미 주변에는 약탈에 전념하는 개미가 돌아다닌다. 흔히 알 하나를 물고 물러간다. 바로 산란관 밑까지 가서 약탈하는 대담한 녀석도 보인다. 그래도 침착한 산모는 움직이지 않고, 녀석들 마음대로 하게 내버려 둔다. 마치 그런 도둑질쯤은 제 배가 보충할 만큼 풍부함을 알고 있는 것 같다.

개미의 약탈을 모면하면 사실상 한배에 많은 새끼가 약속된다. 며칠 뒤 시체를 다시 들춰 보자. 밑에서는 죽 같은 혈농 속에서 우글거리는 꽁무니와 뾰족한 머리들이 솟아오른다. 팔딱거리다 다시 빠져들며 물결을 친다. 마치 물이 끓는 것 같다. 속이 메슥거린다. 소름이 끼치고 또 끼친다. 익숙해지자. 다른 곳에는 이보다 더 흉한 광경도 있을 것이다.

지금은 큰 구렁이가 빽빽한 똬리처럼 감겨 항아리를 가득 채웠다. 금파리가 많다. 계속 새 식구가 몰려오는데, 싸움도 없이 알

낳기에 전념한 녀석들 사이에 자리 잡는다. 선호하는 자리는 똬리처럼 말린 시체의 틈새인 고랑이다. 좁게 겹쳐진 틈새만 뜨거운 햇볕에서 피신처가 되었다. 거기에 금파리가 옆구리를 맞대고 나란히 앉는다. 날개가 구겨져 머리 쪽으로 젖혀져도 가능한 한 배와 산란관을 더 깊이 꽂으려고 애쓴다. 이런 중대한 일에서 옷차림 따위는 잊게 마련이다. 빨간 눈이 평온하게, 하지만 줄곧 바깥쪽을 바라보며 이어진 끈을 만들고 있다. 가끔 여기저기서 줄이 끊겨 자리를 뜬 어미가 시체 위를 배회하며, 난소에서 알 무더기가 다시 성숙되길 기다린다. 배란되면 다시 달려가 나란히 앉은 줄에 끼어들어 산란한다.

이렇게 자주 중단되어도 증식은 빠르다. 아침나절에 고랑이 끊이지 않은 흰색 알 무더기가 껍질처럼 덮였다. 그것을 전혀 흩뜨리지 않고 넓은 판자처럼 깨끗이 떼어 낼 수도, 종이주걱으로 삽처럼 떠낼 수도 있다. 변화를 자세히 보려면 지금이 좋은 기회이다. 그래서 하얀 만나(진수성찬)를 듬뿍 떠서 유리관, 시험관, 표본병에 필요한 먹이와 함께 넣었다.

길이가 1mm가량인 알은 매끈한 원기둥 모양에 양끝이 둥글다. 24시간 뒤 부화한다. 금파리 애벌레는 어떻게 양분을 섭취할까? 이것이 첫번째로 제기된 문제였다. 녀석에게 무엇을 주어야 할지는 아주 잘 안다. 하지만 어떻게 먹는지는 전혀 모른다. 엄밀한 의미에서 녀석에게 먹는다는 말이 맞을까? 나는 여러 이유로 이 점을 의심한다.

사실상 구더기도 충분히 큰 동물이라는 점을 생각해 보자. 파리의 애벌레인 구더기는 언제나 앞은 뾰족하고 뒤는 잘린 형상의 긴 원뿔 모양이다. 대단히 예민해 보이는 피부의 갈색 점 두 개는 숨구멍이다. 몸의 앞쪽은 창자의 입구가 있는 곳일 뿐 진짜 머리라고 부를 곳이 없다. 어쨌든 거기서 까만 갈고리 2개가 투명한 케이스 안을 번갈아 미끄러져 몸 밖으로 조금 나왔다가 다시 들어간다. 그것을 큰턱으로 보아야 할까? 절대로 아니다. 만일 큰턱이 맞는다면, 그것의 작동원리에 따라 뾰족한 끝끼리 서로 만나야 한다. 그런데 그 갈고리는 평행으로 움직일 뿐 서로 만나는 일은 절대로 없다.

그 갈고리는 보행기관, 즉 이동용 스파이크인 신발이다. 편평한 곳에 의지한 벌레가 신발을 반복적으로 움직여서 몸을 전진시킨다. 피상적인 조사에서는 먹는 기계라고 생각되는 기관으로 구더기가 전진한다. 목구멍에 등산가의 지팡이에 해당하는 도구를 가진 것이다.

고기 조각 위에 있는 녀석에게 돋보기의 초점을 맞추어 두자. 머리를 들었다가 숙일 때마다 두 갈고리로 고기를 찍으며 거니는 게 보인다. 만일 녀석의 꽁무니가 못 가게 방해하면 앞쪽을 계속 구부리며 공간을 더듬는다. 뾰족한 머리가 연상 앞으로 나왔다가 뒤로 오므라들며 까만 장치를 드나들인다. 마치 계속적인 피스톤의 움직임 같다. 그런데 아무리 세밀하게 조사해 봐도 입틀이 고기 조각을 잡거나 떼어 내서 삼키는 것은 한 번도 보지 못했다. 갈고리가 계속 고기를 덮치기는 해도 한입 떼어 내는 일은 절대로 없었다.

그런데도 구더기는 자라며 살이 찐다. 먹지 않고 영양을 취하는 이런 이상한 소비자는 대관절 어떻게 행동한 것일까? 만일 씹어

먹지 않는다면 마실 게 분명하다. 녀석의 식사는 수프였다. 고기는 저절로 액화하지 않는 한 거의 고체처럼 꽉 찬 물질이다. 그런 것을 유동체인 맑은 수프가 되게 하려면 특별한 조리법이 필요하다. 자, 구더기의 비밀을 밝혀내 보자.

호두 알 크기의 질긴 고기 조각을 거름종이로 눌러서 물기를 빼고 끝을 막은 유리관에 넣는다. 이 식량 위에 항아리의 구렁이에서 지금 막 떼어 낸 금파리 알 몇 판을 놓아둔다. 배아의 수는 대략 200개이다. 유리관을 솜으로 막고 해가 들지 않는 연구실 구석에 똑바로 세워 둔다. 이와 똑같이 만들었으나 파리 알이 들어 있지 않은 대조군도 준비했다.

부화 2~3일 뒤 벌써 결과가 뚜렷하다. 거름종이로 물기를 뺀 고기가 축축해져서, 어린 구더기가 유리 위로 기어가면 액체의 흔적이 남을 정도였다. 우글거리는 무리가 일종의 부표처럼 가로지르며 항해한다. 하지만 대조군은 말라 있다. 구더기가 활동한 곳의 액체는 순전히 고기에서 저절로 스민 것은 아니라는 증거이다.

게다가 구더기의 작업임이 점점 더 분명하게 입증된다. 고기가 불 앞에 놓인 얼음덩이처럼 흘러내리다가 얼마 후에는 완전히 액체가 되어 버렸다. 이제는 고기가 아니라 흐르는 고기 진액이다. 유리관을 엎지르면 한 방울도 남지 않을 것이다.

썩어서 녹았다는 생각은 완전히 버리자. 대조군에서는 같은 고기, 같은 부피였으나 빛깔과 냄새 말고는 처음의 상태대로 보존되어 있다. 그 조각은 덩어리였는데 지금도 덩어리이다. 그런데 구더기가 가공한 조각은 녹은 버터처럼 흐른다. 이것은 위액(胃液)의 작용을 연구하는 생리학자가 샘낼 만한 구더기 화학이다.

달걀 흰자위로 더 훌륭한 결과를 얻었다. 개암 크기로 잘라서 금파리 구더기에게 맡긴 삶은 흰자위가 물과 혼동할 정도의 무색 액체로 변했다. 유동 상태의 정도에 따라서는 조각 받침이 없어져서 구더기가 말간 국물에 빠져 죽을 판이다. 녀석들의 숨구멍이 있는 몸통 뒤쪽 끝마저 빠져서 질식사하는 것이다. 약간 걸쭉한 액체에서는 표면에 머물 수 있겠지만 이런 정도의 액체에서는 그럴 수가 없다.

같은 재료였으나 파리 알이 없는 대조군에서는 역시 액화 현상이 일어나지 않았고, 삶은 흰자위의 모양과 견고도를 그대로 보존했다. 오래 두면 곰팡이가 슬던가, 딱딱해질 뿐이다.

같은 흰자질 계열의 다른 화합물인 알부민과 동질성인 것들, 곡물의 아교질, 혈액의 피브리노겐, 치즈의 카세인, 이집트콩의 레구민 따위도 정도는 다르나 비슷한 변화를 가져왔다. 이런 물질 중 어느 것이든 알 상태부터 영양을 취한 구더기는 매우 잘 자랐다. 너무 말개진 유동식에 빠져서 죽는 것만 피한다면 말이다. 시체에 있었던 녀석이라고 해서 더 잘 발육하지도 않았을 것이다. 게다가 흔히는 물질이 절반 정도밖에 액화하지 않아 빠질 걱정을 할 필요가 없었다. 진짜 액체보다는 흐르는 퓌레가 되기 때문이다.

금파리 구더기는 역시 식품을 미리 액화시킴이 분명하다. 고형 먹이를 먹을 수 없는 녀석이 식품을 먼저 흐르는 물질로 변화시킨다. 그다음 거기에 머리를 박고 천천히 빨아들이며 마신다. 녀석이 고등동물의 위액과 비교되는 용해제를 입에서 토해 냈음은 의심의 여지가 없다. 끊임없이 움직이는 갈고리 피스톤은 극소량의 용해제를 그치지 않고 토해 냈다. 그것이 닿는 지점은 무엇이든 미량의 펩신(Pepsine)²을 받는다. 그러면 그곳이 곧 흘러내릴 정도가 된다. 녀석의 소화는 결국 액화시키는 것에 불과하다. 따라서 구더기는 음식을 삼키기 전에 소화시킨다고 말해도 모순이 아닐 것이다.

더럽고 고약한 냄새로 불쾌한 시험관 실험이 내게는 더없는 기쁨의 순간들을 가져왔다. 훌륭한 스팔란짜니(Spallanzani)³ 신부도 까마귀(Corneilles: *Corvus*) 위에서 해면(Éponge: Porifera) 덩이로 꺼낸 위액의 작용으로 날고기 조각이 녹아내림을 보았을 때 나처럼 기뻤을 것이다. 그는 소화의 비밀을 발견했고, 당시는 알려지지 않은 위의 화학작용을 시험관에서 실현한 것이다. 먼 훗날의 이 제자도 그가 놀랐던 것을 뜻밖의 모습으로 다시 보았다. 구더기가 까마귀를 대신했다. 구더기가 침을 흘린 고기, 아교질, 삶은 흰자위 따위는 액체가 된다. 우리의 위는 수수께끼 같은 증류 솥에서 하는 일을 구더기는 밖에서 한다. 녀석은 소화시킨 다음 삼키는 것이다.

구더기가 시체 국물에 잠겨 있는 것을 보고 부분적이나마 직접 영양을 취할 가능성까지 생각해 보았다. 어느 피부보다도 얇은 피부가 왜 직접 흡수할 수 없겠나? 나는 진왕소똥구리(*Scarabaeus sacer*)와 다른 소똥구리(Bousiers) 알이 부화실의 기름진 대기 속에서 상당히 자라는 것을 보았다. 아니, 차라리 영양을 섭취하는 것을 보았다고 말하고 싶다. 금파리 구더기가 이런 성장 방식을 쓰지 않는다고 단정할 만한 것도 없다. 나는 녀석

2 동물의 위에서 분비되는 단백질 분해 효소로서 물질 자체는 독일 동물학자 테오도어 슈반(Theodor Schwann, 1810~1882년)이 발견하였다.

3 Lazzaro Spallanzani. 1729~1799년. 동물에서 위액의 역할을 알아냈다. 기타 업적은 『파브르 곤충기』 제2권 55쪽 참조

들이 몸 표면 전체로 양분을 취한다는 상상을 해본다. 입이 흡수하는 말간 국물을 피부가 흡수해서 거르기(배설하기)까지 보태진 것이다. 미리 액화된 식량의 필요성이 이렇게 설명될 것이다.

예비 액화의 마지막 증거를 대 보자. 항아리에 놓아둔 두더지, 구렁이, 그리고 다른 시체에 쌍시류의 침입을 막을 철망뚜껑을 씌워 두면 시체는 뜨거운 햇볕을 받아 마르고 딱딱해진다. 밑의 모래를 적시지도 않는다. 어느 유기체든 물로 부풀어 오른 해면처럼 되어 액체가 흘러나올 수 있다. 하지만 너무 느리게 나오며, 나온 즉시 마른 공기와 열에 흡수되어 그 밑의 모래는 마른 상태이거나 거의 말랐다. 시체는 가죽처럼 마른 미라가 된다.

반대로 철망뚜껑을 씌우지 말고 파리가 마음대로 참견하게 놔둬 보자. 모습이 즉시 달라진다. 3~4일 만에 짐승 밑에 많은 혈농이 새나와 모래에 스며든다. 액화가 시작된 것이다.

이야기를 끝맺으려는데 그 광경이 어찌나 깊은 인상을 주었던지, 잔상이 언제까지나 남을 것 같다. 길이 1.5m, 굵기는 병목만한 훌륭한 아스클레피오스(Esculape)[4] 뱀 이야기이다. 몸집이 항아리보다 커서 둘둘 말아 두 층으로 감아 놓았다. 푸짐한 덩치가 한창 분해될 때, 거기는 하나의 늪이 되어 수많은 금파리 구더기와 더 강력한 액화 기계인 고기쉬파리(*S. carnaria*) 구더기가 철벅거렸다.

항아리의 모래가 흠뻑 젖어서 마치 소나기를 맞은 것처럼 진흙탕이 되었다. 납작한 조약돌로 받친 밑의 구멍에서 국물이 방울방울 새나온다. 증류 솥이 활동 중이다. 구렁이 시체가 증류되는 증류 솥이다. 1~2주 기다리면 모두 땅에 배어 사라지고, 진흙탕에는 비늘과 뼈만 남을 것

---

4 Asclépios. 그리스 신화의 의신(醫神). 별자리에서 뱀자리

이다.

　결론을 내리자. 구더기는 이 세상에서 하나의 힘이다. 녀석들은 죽은 시체를 가장 짧은 기간에 생명으로 되돌려 주려고 그것을 증류한다. 시체로 진액을 만드는데, 그것이 식물을 기르는 땅에 배어들어 기름지게 한다.

15 쉬파리

이제 복장이 바뀌었다. 그러나 생활 방식은 바뀌지 않아 여전히
시체를 부지런히 찾아다니며, 고기를 재빨리 액체로 만드는 적성
을 가졌다. 금파리(*Lucilia*)보다 몸집이 큰 회색 파리를 말하는 것
인데, 등에는 흑갈색 줄이 있고, 배에서는 은빛 반사 부분이 눈에
띈다. 각 뜨기 전문가의 냉혹한 눈초리를 가진 핏빛 빨간 눈에도
유의하자. 학명은 고기를 먹는다는 뜻의 쌀코파가(Sarcophages:
Sarcophaga), 보통 사람은 쉬파리[1]라고 부른다.

　비록 이런 두 표현이 맞아도 우리를 잘못 인도해서는 안 된다.
즉 쉬파리는 특히 가을에 집 안까지 드나들며 우리 눈길을 피해
고기에 쉬를 깔기는 대담성을 가졌거나 썩은 고기를 침범하는 녀
석이 아니다. 그런 못된 짓은 더 뚱뚱하고 암청색에다 고기에 달
라붙는 검정파리(Mouche bleue de la viane:
Calliphora vomitoria)°가 한다. 녀석은 유리창 가
까이서 윙윙거리며 약삭빠르게 식료품 창고
를 포위하고는 우리의 감시를 따돌릴 기회를

1 원문은 고기쉬파리(Mouche
grise de la viande: *S. carna-
ria*)로 쓰였는데, 지금은 새 장의
서문이므로 통칭인 과명 Sarco-
phagidae로 썼어야 할 것이다.

검정파리 실물의 2배

엿본다.

한편, 고기쉬파리(M. grise→ S. carnaria)는 우리 집 안까지 모험하지는 않고 밖에서 일하는 금파리(Lucilies: Lucilia)의 협력자인데, 겁이 적어서 밖에 적당한 것이 없으면 가끔 못된 짓을 하러 집 안에도 들어온다. 일이 끝나면 제집이 아님을 깨닫고 재빨리 달아난다.[2]

지금 야외 실험실의 지부인 변변찮은 시설들은 거의 모두 시체 안치소가 되어 버렸는데 고기쉬파리가 찾아왔다. 창문틀에 고기 한 점을 놔두면 이리 달려와서 산란한다. 선반에 어수선하게 널린 표본병, 유리컵 따위의 모든 그릇 중에서 녀석에게 들키지 않을 곳은 아무 데도 없다.

어떤 연구 목적으로 땅속 둥지에서 질식한 땅벌(Guêpe: Vespula)의 살찐 애벌레 한 무더기를 놓아두었다. 그것을 발견한 고기쉬파리가 몰래 와서 제 종족이 한 번도 본 일이 없는 식량을 뜻밖의 훌륭한 보물로 생각하여 가족을 맡겨 놓았다. 금파리 구더기에게 조금 떼어 주고 유리컵에 넣어둔 삶은 달걀 흰자위도 녀석이 차지했다. 그것 역시 그

2 앞의 두 문단 내용에는 의문스러운 점들이 있다. 우선 쉬파리와 검정파리의 습성이 거의 반대로 설명되었다. 말하자면 두 종명이 서로 바뀐 것이다. 우리나라의 경우 전자는 여름에 집 안까지 들어와 부뚜막의 고기나 생선에 쉬(구더기)를 깔기고 다녀서 얻은 이름이며, 후자는 여름에 장독대를 찾아오기도 하나 그보다는 초여름과 늦가을에 산이나 들에 많다. 금파리는 야외의 오물에 많으나 장독대에도 제법 잘 찾아온다. 더욱 중요한 문제는, 곤충의 행동에서 지능은 절대로 부정해 온 파브르가 어째서 감시를 따돌릴 기회를 엿본다거나, 쉬파리가 제집 아님을 깨닫는다는 등의, 즉 지능적 행동을 하는 파리로 묘사했는지에 있다. 파브르가 이제는 곤충의 지능을 인정하려 했는지, 아니면 80세의 고령에서 온 실수인지 알수가 없다.

종족에게는 알려지지 않았었다. 녀석은 단백질 계열의 물질이면 무엇이든 다 좋아한다. 양잠실 쓰레기인 죽은 누에로부터 강낭콩이나 이집트콩 퓌레에 이르기까지 무엇이든 다 좋아한다.

고기쉬파리 실물의 2배

　그래도 녀석이 더 좋아하는 것은 털이나 깃이 달린 짐승(Mammalia와 Aves), 파충류(Reptilia), 물고기(Pisces) 따위의 시체들이다. 녀석은 금파리와 함께 내 항아리를 부지런히 찾아온다. 날마다 구렁이(Couleuvre: *Malpolon*)를 찾아와 물건의 숙성도를 알아보고, 주둥이로 맛을 보고 갔다가 다시 와서, 뜸을 들이다 마침내 일을 시작한다. 하지만 달려온 녀석들이 웅성거리는 그곳에서는 행동을 지켜보지 않으련다. 실험실 책상 앞의 창문에 내놓은 고기 한 조각이 눈에도 덜 거슬리고 관찰하기도 쉬울 테니 말이다.

　쉬파리는 고기쉬파리와 개울쉬파리(S.→ *Bercaea haemorrhoidalis*)[●]의 두 종이 드나들었다. 전자가 후자보다 약간 크고, 수도 압도적으로 많으며 대부분 항아리에서 작업한다. 가끔, 외딴 창문에 올려놓은 미끼에 달려오는 것도 언제나 그 녀석이다. 후자는 배 끝에 붉은 점이 있다.[3]

---

3 배 끝에 붉은 점이 있다기보다는 제2생식절이 등적색이며, 유럽에서 마이아시스(Myiasis, 파리유충증)를 일으키는 종인데, 파브르는 이런 사실을 몰랐을 것이다.

　녀석(고기쉬파리)이 느닷없이 우악스럽게 달려온다. 하지만 곧 진정된다. 고기 조각이 좋아서 내가 접근해도 도망칠 생각을 않으며, 작업은 놀랄 만큼 재빠르다. 좍! 좍! 두

차례에 걸쳐 배 끝이 고기에 닿으면 일이 끝난다. 한 무리의 구더기가 팔딱거리며 빠져나와 어찌나 재빨리 흩어지는지, 숫자를 세려고 돋보기를 집어들 틈조차 없을 지경이다. 눈에 띈 것은 한 타(12마리)쯤 되었는데 녀석들은 어떻게 되었을까?

녀석들이 어찌나 빨리 사라졌는지, 마치 낳은 자리에서 고기 속으로 들어가 버린 것 같다. 연약한 갓난이 구더기가 제법 저항력을 가진 물체 속으로 그렇게 빨리 들어갈 수는 없는 일이다. 그러면 어디에 있단 말인가? 흩어진 녀석들을 고기가 주름진 곳 여기저기에서 찾아냈는데, 그새 주둥이로 뒤지고 있었다. 녀석들을 세겠다고 다시 모으기란 실현 불가능한 일이며, 모으다가 상하는 것도 원치 않는다. 그러니 한번 흘낏 보고 센 숫자에 만족하자. 12마리가량이 거의 측정할 수 없을 만큼 짧은 시간의 사출로 세상에 태어난 것이다.

쉬파리가 알을 낳지 않고 새끼를 낳는다는 것은 이미 알고 있었다. 다른 파리처럼 알이 아니라 구더기로 대체되었음이 오래전부터 알려졌다. 녀석은 할 일이 대단히 많아서 매우 급박하다. 죽은 것 변화시키기 중개자인 녀석에게 하루는 완전한 하루로 이용해야 하는 긴 시간이다. 금파리도 빠르지만 구더기를 내보내는 데 24시간을 지체했다. 이 시간을 단축시킨 쉬파리는 어미로부터 직접 일꾼이 빠져나오며, 나오는 즉시 일을 시작한다. 대중위생에 열렬한 이 선구자는 1분이라도 부화로 허비하지 않는다.

작업반원의 수가 그리 많지 않은 것은 사실이나 얼마나 여러 번 생산할 수 있더냐! 레오뮈르(Réaumur)의 책에서 쉬파리의 생식기관에 대한 놀라운 설명을 읽어 보자. 기관은 나선 모양의 리본, 즉 소용돌이 꼴 우단 같다. 거기에 털 대신 서로 맞닿아 있으나 각각은 분리된 집 안에 구더기가 들어 있다. 끈질긴 대변자께서는 군단을 세어 보았는데, 2만 마리에 가깝다고 했다. 이런 해부학적 확인 앞에서 우리는 깜짝 놀라게 된다.

쉬파리가 새끼 정착 시간을 어떻게 얻을까? 특히 창문에서처럼 조금씩 낳을 때는 어떨지 말이다. 들에는 부피가 큰 시체가 많지 않은데, 어미가 배아를 남기지 않으려면 죽은 개(Chiens), 두더지(Taupes), 구렁이 따위를 얼마나 많이 찾아다녀야 할까? 무엇이든 다 좋은 녀석은 작은 시체에도 낳을 것이며, 푸짐한 물건이면 내일도 모래도, 다음에도 다시 올 것이다.

여름 내내 여기저기에 무더기를 내려놓다 보면 혹시 한배의 새끼를 모두 정착시킬지도 모른다. 하지만 그래서 모두가 잘 자라면 얼마나 붐비겠더냐! 1년에 여러 세대가 번식했으니 더욱 그럴 것이다. 이렇게 지나친 생식에는 틀림없이 제동을 거는 것의 존재가 예측된다.

우선 구더기를 알아보자. 녀석은 더 크고 튼튼한 점과 특히 몸 뒤쪽의 잘린 방식 때문에 금파리 구더기와 쉽게 구별된다. 잘린 자리가 깊은 컵처럼 급하게 파였다. 그 분화구 바닥에 호흡용 환기창 2개가 뚫려 있으며, 테두리는 호박색을 띤 갈색이다. 구멍 가장자리에는 10여 개의 모가 졌고 통통한 왕관 모양 술장식이 사방으로 펼쳐졌다.

왕관의 톱날 장식은 구더기가 마음대로 붙이거나 벌리며 여닫는다. 주변의 퓌레 속으로 사라질 때는 이것을 여닫아 처박힐 위험에 놓인 숨구멍이 보호된다. 만일 뒤쪽의 이 두 환기창이 막히는 날이면 질식할 것이다. 빠져들 때는 왕관의 술장식이 마치 꽃이 꽃잎을 모아 오므리는 것처럼 닫혀서 액체가 구멍으로 들어가지 못한다.

다음 액체 위로 떠올라 뒤쪽이 대기 중에 다시 나타나는데, 뒤쪽만 액체 표면과 나란히 나온다. 그때는 왕관이 다시 벌어져 컵이 열린다. 가장자리의 흰 톱니 모양 장식은 꽃잎, 아래의 선명한 갈색 점들은 수술에 해당하는 작은 꽃 모양이 된다. 구더기가 빽빽이 모여서 머리를 고약한 냄새가 나는 수프 속에 묻고, 떼를 이루었을 때는 밸브가 혀를 차듯 작은 소리를 내며 여닫힌다. 이렇게 작은 컵들이 숨 쉬는 광경은 썩은 곳에서의 소름끼침을 거의 잊게 해주며, 양탄자처럼 귀엽게 깔린 말미잘(Anémone) 같아서 구더기도 나름대로 매력이 있다.

만일 사물에 논리가 있다면, 액체에 빠져 질식할 것에 이토록 잘 대비된 구더기가 액체 환경을 드나들게 되어 있음은 당연한 일이다. 녀석이 뒤쪽을 여는 데만 만족하려고 왕관을 씌운 것은 아니다. 위험에 대한 방사형 기구의 기능 역시 고기쉬파리 구더기가 설명해 준다. 그것이 어쨌다고? 삶은 흰자위를 먹던 금파리 구더

기를 기억해 보자. 요리는 녀석의 마음에 들었으나, 펩신의 작용
으로 너무 묽어진 액에 빠져 죽었다. 녀석은 뒤쪽 끝이 피부와 나
란히 잘려서, 어떤 보호 장치나 의지할 곳이 없어 액체에서 익사
한 것이다.

　쉬파리 구더기는 그야말로 시체를 액체로 만드는 대가이면서도
그렇게 묽은 죽에서 익사할 위험이 없다. 뚱뚱한 뒤쪽이 부표 노
릇을 하며, 호흡용 환기창은 밖에 위치하도록 되어 있다. 고기를
깊이 쑤시기 위해 잠수해야 하면 말미잘이 닫혀서 뒤쪽을 보호한
다. 고기쉬파리 구더기는 잠겨서 위험해질 정도의 액체 제조가이
므로 잠수 장비를 타고난 것이다.

　구더기를 마른 데서 관찰하려고 골판지 위에 올려놓았더니, 장
미꽃 같은 호흡기를 열고 마치 입안의 의치처럼 오르내리면서 활
발하게 전진한다. 골판지는 열린 창문에서 세 걸음 떨어진 탁자
위에 놓았는데, 이 시간에는 그저 공중의 은은한 빛만 창문을 통

해 비춰 든다. 그런데 모든 구더기가 창문과 반대 방향으로 간다. 간다기보다는 필사적으로 도망친다.

　도망치는 녀석을 건드리지 않고 골판지만 앞뒤로 돌려보았다. 무리가 당장 정지하여 머뭇거리다 뒤로 돌아서서 다시 어두운 쪽을 향해 달려간다. 마라톤 거리의 끝에 도착하기 전에 다시 돌려놓는다. 다시 돌아서서 되돌아간다. 아무리 반복해도 소용없다. 매번 녀석들 분대가 창문의 반대쪽으로 향해서, 골판지 돌려놓기를 끈질기게 실패시킨다.

　골판지의 경주로가 손바닥 세 개의 길이라 별로 길지 않으니 넓은 공간을 주어 보자. 구더기를 방바닥에 정렬시키고 핀셋으로 머리를 밝은 창문 쪽으로 돌려놓았다. 핀셋을 놓자마자 뒤로 돌아 밝은 쪽을 피한다. 앉은뱅이 같은 움직임으로 연구실 바닥의 타일을 최대한 전속력으로 기어가다 여섯 발짝 정도의 벽에 부딪친다. 이제 각각 좌측이나 우측으로 벽을 끼고 간다. 녀석들은 밝게 비추는 가증스런 창에서 충분히 멀어졌음을 느끼지 못한다.

　녀석들이 피하는 것은 분명히 빛이다. 골판지를 돌렸어도 차폐막으로 어둡게 하면 방향을 바꾸지 않는 것이 그 증거였다. 이때는 창문 쪽으로도 아주 잘 가는데 차폐막을 치우면 즉시 돌아선다.

　시체로 덮여 어두운 아래쪽에 살기로 되어 있는 벌레가 빛을 피하는 것은 아주 자연스러운 일이나, 빛을 감지한다는 게 참으로 희한하다. 구더기는 장님이다. 머리라고 부르기조차 망설여지는 뾰족한 앞쪽에는 시각기관이 절대로 없다. 희고 반들반들한 피부뿐인 몸통에도 역시 눈은 없다.

　눈과 연결된 신경의 흔적이 전혀 없는 소경이 빛에 대해 극도로 민감하니, 결국 녀석의 피부 전체가 일종의 망막인 것이다. 물론 볼 수는 없어도 명암을 구별할 재간은 있다. 매섭게 뜨거운 태양의 직사광선을 받았다면 벌레의 불안을 설명하기가 쉬웠겠다. 구더기 피부보다 훨씬 거친 우리 피부도 눈의 도움 없이 햇볕이 드는 것과 그늘을 구별하니 말이다.

여기서는 문제가 유달리 복잡해진다. 지금 실험 중인 구더기는 분산된 하늘의 빛이 창문을 통해 연구실로 들어오는 것밖에 받지 못한다. 그렇게 희미한 빛에도 동요되며 공포에 빠진다. 무슨 수를 써서라도 나타난 괴로움을 피해 떠나려 한다.

그런데 녀석은 무슨 일을 당했기에 도망치는 것일까? 화학적 방사(放射)의 고통을 당했을까? 알려졌든 아니든, 다른 방사로 짜증이 났을까? 빛은 우리에게도 아직 많은 비밀을 간직하고 있는데, 어쩌면 구더기를 살피는 광학이 몇 가지 귀중한 자료를 줄지도 모르겠다. 만일 나에게 필요한 도구 일습이 있다면 아주 기꺼이 문제를 더 깊이 파고들었을 것이다. 그러나 내게는 연구를 크게 도와줄 힘이 오늘도 없고, 과거에도 없었고, 물론 미래에도 결코 없을 것이다. 그런 수단은 아름다운 진리보다는 돈벌이가 되는 부서에 더 신경 쓰는 능란한 사람만이 가지는 것이다. 그렇더라도 쓸모없는 내 수단이 허락하는 한도 내에서 계속해 보자.

적당히 성장한 쉬파리 구더기가 번데기로 탈바꿈하려고 땅속으로 내려간다. 내려간 목표는 분명히 조용한 탈바꿈에 있고, 귀찮은 빛 피하기도 목적이다. 녀석이 수축해서 작은 통 모양(= 고치)이 되기 전에 가능한 한 따로 떨어져서 빛에서의 혼란을 벗어나려는 것이다.

쉬파리류 우리나라에서 알려진 쉬파리는 30종을 훨씬 넘는데 대부분 산이나 들에 살며, 인가 주변에도 모여드는 종은 6~7종에 불과하다. 또 4~5종가량은 다른 동물에게 기생한다. 횡성, 20. VIII. 06, 강태화

정상조건에서는 쉽게 파이는 땅이라도 손바닥 너비 이상 파 내려가는 경우는 드물다. 성충 파리가 지상으로 나올 때, 연약해서 부자유스런 날개 문제에 대비할 필요가 있어서, 별로 깊지 않은 곳에서 적당히 흩어진다. 양옆은 빛에서 보호되는 층이 무한정 두껍다. 위쪽 지층은 10cm가량, 이 차폐막 뒤쪽은 묻힌 녀석의 환희인 짙은 어두움뿐, 이쯤이면 된다.

혹시 전 깊이에 걸쳐서 인공적으로 옆의 흙층을 벌레가 만족하지 못할 만큼 얇게 해놓으면 어떻게 될까? 이번에는 문제를 해결할 도구가 있다. 길이 1m 정도에 너비 2.5cm의 굵은 유리관인데 양끝은 열렸다. 화학 수업 때 수소의 불꽃 소리를 내는 데 쓰이는 기구이다.

유리관 한쪽을 코르크 마개로 막고, 가늘고 마른 모래를 체로 쳐서 채운다. 연구실 한 구석에 세로로 매달아 놓은 이 긴 기둥 위쪽에 쉬파리 구더기 20마리 정도와 식량인 고기 조각을 넣는다. 너비가 한 뼘가량인 표본병에도 비슷하게 설치해 놓았다. 양쪽 모두 충분히 자란 구더기가 제게 적당한 깊이까지 내려갈 테니, 이제 녀석들 마음대로 놔둔다.

마침내 구더기가 묻혀 번데기로 굳는다. 지금 이 두 기구를 살펴볼 때이다. 표본병은 야외에서와 같은 답변을 준다. 10cm 정도 깊

이에서, 위는 녀석이 지나온 모래층, 양옆은 표본병의 두꺼운 흙으로 조용히 보호된 집터를 발견하고, 거기에 만족해서 정지한다.

유리관에서는 사정이 아주 딴판이다. 제일 얕게 묻힌 번데기가 50cm 깊이에 있었고, 다른 녀석은 더 밑에 있었다. 대부분 관의 밑바닥까지 가서 넘을 수 없는 방책인 코르크 마개와 만났다. 만일 기구가 허락했다면 더 깊이 내려갔을 것이다. 모두가 힘닿는 데까지 흙기둥 속으로 파고들어, 20마리 중 한 마리도 보통 깊이에는 자리 잡지 않았다. 불안해서 한없이 빠져들며 도망친 것이다.

녀석들은 무엇을 피했을까? 빛이다. 위쪽은 저희가 지나온 층이 충분하고도 남는 피난처를 만들어 주지만, 옆은 축의 중심을 따라 내려갔더라도 12mm가량의 흙만 가려져서 여전히 기분 나쁘다. 그래서 신경을 건드리는 느낌을 피하려고, 즉 더 안에서 안식을 얻으려고 하강을 계속했다. 녀석들은 힘이 다했거나 장애물에 막혀서 겨우 멎은 것이다.

은은히 분산된 빛에서 어두움을 무척 좋아하는 녀석에게 작용하는 방사는 어떤 것일까? 분명히 보통 광선은 아니다. 고운 흙으로 1cm 넘게 다져진 차폐막은 완전히 불투명하다. 그렇다면 구더기를 동요시키고 바깥이 너무 가깝다는 것을 알려서 말도 안 되는 깊이까지 찾아가게 하려면, 보통 방사가 뚫지 못하는 차폐막을 뚫을 만한 방사가 필요하다. 우리에게 알려졌든 아니든 그런 방사가 필요한 것이다. 구더기 물리학이 어떤 개관으로 우리를 데려갈지 누가 알겠나? 기구가 없으니 나는 그저 의심에서 그치련다.

고기쉬파리 구더기가 땅속으로 1m 깊이까지, 만일 기구가 허락했다면 훨씬 더 깊이 내려갔을 것은 실험이란 계략에 이끌린 판단

착오였다. 제 본래의 지혜에 맡겨 두었다면 절대로 그렇게까지 내려가지 않았다. 손바닥 너비면 충분한데 이 정도면 탈바꿈한 다음 지상으로 올라올 때는 지나친 깊이이다. 이 깊이에서 공간이 생기는 대로 무너져서 메워지는 모래와 싸워야 하니, 진짜 흙 속에 묻힌 우물 파기 인부처럼 힘든 작업일 것이다. 어쩌면 지렛대와 곡괭이도 없이 응회암처럼 단단한 곳, 즉 비를 맞아 빡빡해진 흙 속을 뚫어야 할 것이다.

구더기로 내려갈 때는 갈고리를 가졌으나 성충이 되어 올라오는 파리는 연장이 전혀 없다. 갓 우화한 녀석은 약하고 살도 아직 안 굳었는데 어떻게 나올까? 흙을 가득 채운 시험관 밑에 넣어 둔 번데기 몇 마리를 살펴보면 알게 될 것이다. 쉬파리가 모두 같은 방법으로 나올 금파리나 다른 집파리(Muscides: Muscoidea, 상과)의 방법을 알게 해줄 것이다.

고치 속 파리는 태어나면서 두 눈 사이가 늘어나, 머리의 부피를 2~3배로 부풀려 상자(고치) 뚜껑을 날려 버린다. 머리의 피막이 꿈틀거려 피가 번갈아 몰렸다 빠지며, 그때마다 부풀어 올랐다 꺼진다. 그것은 작은 통의 앞쪽을 압박해서 밀어내는 수압기의 피스톤이다.

머리가 나온다. 괴물 같은 뇌수종(腦水腫)은 움직이지 않아도 이마의 작업은 계속된다. 고치 안에서는 흰 피막을 벗어 던지는 미묘한 일이 진행되는데, 이때 헤르니아는 부풀어 오른 채로 있다. 이런 머리는 파리의 머리가 아니다. 아래쪽 눈은 두 개의 붉은 빵떡모자처럼 부풀어 올라 엄청나게 크며, 괴상하게 생긴 주교관의 모자 같다. 머리 가운데를 갈라서 반쪽씩 좌우로 열고 그 사이로 부풀음이 솟아나게 한다. 이때의 압력으로 가둔 통을 깨뜨리는 것인데, 이는 집파리상과의 독특한 탈출 방식인 것이다.

통이 열린 다음에도 왜 계속 오랫동안 부풀어 있을까? 내 생각에는 모든 피를 임시로 그곳에 넣어 두어, 그만큼 몸의 부피를 줄여서 번데기 허물에서 쉽게 빠져나오고, 다음은 고치 껍질의 좁은 출구에서도 쉽게 빠지려고 잡동사니를 넣어 둔 주머니 같다. 즉 해방 작업이 계속되는 동안 주입할 수 있는 체액덩이를 모두 몰아내는 것이다. 그래서 통 밖은 보기 흉할 만큼 몸을 부풀리지만 안쪽의 몸은 줄인 것이다. 힘든 빼내기가 2시간도 넘게 걸린다.

마침내 파리가 드러났다. 날개는 변변찮게 잘린 토막처럼 겨우 배의 중간까지 내려왔다. 날개 바깥쪽의 옆은 오목하게 파인 바이올린처럼 깊이 파였다. 그래서 표면적이 작고 길이가 짧아 뚫고 나와야 하는 흙기둥을 지날 때 마찰을 줄이는 훌륭한 조건이 된다.

뇌수종을 다시 잘 조작하여 이마의 혹을 부풀렸다 꺼뜨렸다 한다. 충격 받은 모래알이 몸의 길이를 따라 우수수 쏟아져 내린다. 다리는 부차적인 역할을 할 뿐으로, 뒤로 뻗치고 있다가 피스톤이 타격을 가할 때 받침대 노릇을 한다. 모래가 내려오면 다리가 다지고 위로 올라서서 다음 번 모래가 쏟아질 때까지 그만큼 올라간다. 머리는 매번 무너진 모래 길이만큼, 즉 이마가 부풀어 오른 타격만큼 전진한다. 모래가 말라서 유동적이면 진행이 상당히 빨라 15cm의 흙기둥을 15분도 안 걸려서 통과한다.

흙투성이 곤충이 지상으로 나오자마자 몸치장을 한다. 마지막으로 한 번 더 이마 혹을 부풀리고, 앞다리 발목마디로 정성껏 솔질한다. 혹을 들여보낸 다음 다시는 부풀지 않을 이마가 되기 전

에, 머리 사이에 모래가 낄까 봐 급히 털어 내는 것이다. 날개를 솔
질하고 또 한다. 움푹했던 자리도 없어지며 길게 펼쳐진다. 그러고
는 모래 위에서 꼼짝 않고 파리를 마저 완성시킨다. 녀석에게 자유
를 주자. 항아리 안 구렁이에 앉아 있는 녀석들에게 갈 것이다.

16 둥근풍뎅이붙이와 수시렁이

2만 개, 레오뮈르(Réaumur)는 고기쉬파리(*Sarcophaga carnaria*) 배 속에서 배아 2만 개를 확인했단다. 2만 개라! 파리는 그 엄청난 가족으로 어쩌려는 걸까? 1년에 여러 번 낳은 새끼로 세상을 지배하려는 야망이라도 품었을까? 그럴 수도 있겠지. 린네(Linné)는 생식력이 훨씬 약한 검정파리(*Calliphora vomitoria*)°에 대해 이런 말을 했다.

파리 3마리가 사자 1마리보다 빨리 말 시체를 해치운다.

그러니 고기쉬파리는 어떨까? 레오뮈르의 말이 우리를 안심시킨다.

그렇게 놀라운 다산성에도 불구하고 이 파리는 저와 비슷하면서 난소에 알이 2개뿐인 파리보다 별로 흔하지가 않다.[1] 녀석의 애벌레(구더기)는 아마도 다른 곤충을 먹여 살릴 운명이며, 그 운명에서 벗어난 녀석은

1 알이 2개뿐인 곤충은 없다. 비례를 나타내기 위한 표현이겠으나 좀 과장되었다.

극히 적은가 보다.

그런데 어떤 곤충이 녀석들을 솎아 내기를 담당했을까? 선생은 녀석을 추측하고 짐작은 했지만 관찰할 기회는 갖지 못했다. 내가 마련한 썩히는 곳이 이야기의 공백을 채울 자료를 제공한다. 썩히는 곳에서 귀찮은 구더기를 몰살시키는 임무를 맡은 손님이 열심히 작업하는 것을 볼 수 있었다. 이런 간단치 않은 일에 대해 이야기해 보자.

우글거리는 구더기가 뱉어 내는 용해제 덕분에 커다란 구렁이(Couleuvre: *Malpolon*)가 액화한다. 실험 용기는 시체가 변한 기름 항아리가 되었고, 거기에 똬리 같은 파충류(Reptilia)의 척추가 떠 있다. 비늘 달린 가죽이 부어오르고, 마치 그 속으로 조수가 드나들며 피부를 들어 올리는 것처럼 부드러운 물결 모양이 꿈틀거린다. 좋은 일터를 찾아 살과 가죽 사이를 돌아다니는 일꾼 패거리였다. 어떤 녀석은 비늘이 벌어진 틈 사이로 잠시 나타났다가 빛을 보고 급히 뾰족한 머리를 박아 다시 들어간다. 바로 옆에는 양념이 많이 된 고랑에 묽은 죽이 좁은 길처럼 괴어서 펼쳐졌다. 대부분 거기서 떼를 이루어 장미꽃 모양의 호흡기관을 액체와 찰랑거리게 늘어놓고는, 서로 꼭 끼어 꼼짝 않고 먹어 댄다. 녀석들은 끝없이 많아서 세어 볼 엄두조차 내지 못하겠다.

구더기의 향연에 수많은 외지 녀석이 끼어든다. 그 중 제일 먼저 달려온 녀석은 둥근풍뎅이붙이(Saprin: *Saprinus*)였는데, 그 학명처럼 악취를 풍기는 곤충이다.[2] 녀석은 액체가 넘쳐흐르기 전에

2 악취에 유인되기는 해도 곤충 자신이 악취를 풍긴다는 말은 적절치 않다.

금파리(Lucilies: *Lucilia*)와 함께 와서 자리 잡고 물건을 조사한다. 때로는 햇볕에서 장난치거나 시체 밑에서 쪼그리고 있는데, 아직 생생한 진수성찬 때가 오지 않아서 기다리는 것이다.

풍뎅이붙이가 고약한 냄새에 머물망정 모양은 예쁘다. 단단한 갑옷을 입은 땅딸막한 녀석이 종종걸음을 치는데 마치 흑옥처럼 반짝인다. 어깨에는 거꾸로 V자 모양인 비스듬한 줄무늬가 있는데, 분류학자는 이 무늬에 유의해서 다양한 종을 식별한다. 검정 딱지날개의 무늬 구역은 반사하는 빛의 광택을 완화시킨다. 어떤 녀석은 끌로 새긴 것처럼 광택 없는 청록색 바탕에다 반들반들 반짝이는 판을 마련해 놓았다. 때로는 흑단처럼 까만 옷이 선명한 빛깔로 장식되었다. 무늬둥근풍뎅이붙이(S. maculé: *S. maculatus*)는 딱지날개를 훌륭한 주황색 반달무늬로 장식했다. 어쨌든 멋이라는 점만 보면 이 꼬마 장의사 일꾼도 가치가 없지는 않으며, 수집용 표본상자에서도 예쁘다.

하지만 무엇보다도 먼저 녀석의 작업을 보아야 한다. 구렁이는 제 살이 녹은 수프에 잠겨 있고, 구더기는 1개 군단은 된다. 고기가 녹아서 형성된 늪의 수면에 부드럽게 여닫는 왕관 모양 밸브로 꽃장식 식탁보를 만들어 놓았다. 풍뎅이붙이에게 푸짐한 식사시간이 된 것이다.

풍뎅이붙이가 아직은 위쪽의 마른 부분에서 분주히 돌아다닌다. 파충류의 굴곡이 만들어 놓은 암초와 불쑥 솟은 곳으로 기어오른다. 위험한 밀물로부터 보호된 곳에서 엄선한 물건을 잡으려는 것이다. 구더기 한 마리가 기슭 가까이에 있다. 아직 크게 자라지 않아 빈약하지만 식충이 한 녀석이 조심조심 깊은 구렁으로 다가간다. 그러고는 큰턱으로 냉큼 물어서 끌어당겨 빼낸다. 작은 순대가 파닥거리며 딸려 온다. 늪가의 마른 곳으로 끌려와 배가 갈리고 맛있는 먹이가 된다. 이쪽저쪽에서 서로 끌면서, 그러나 싸우지는 않으며 두 친구가 나누어 먹을 때도 자주 있다. 이제 아무것도 남지 않는다.

이렇게 구더기 사냥이 기슭 전체에서 일어나는데, 굵은 녀석은 둥근풍뎅이붙이가 들어가지 못하는 저 안쪽의 깊은 물에 있다. 녀석은 절대로 물속에 다리를 담그지 않는다. 그래서 대부분 잔챙이만 잡혀 어획이 푸짐하지는 않다. 하지만 물이 모래 속으로 스며들고, 햇볕에 증발되어 밀물이 차차 물러간다. 구더기가 시체 밑으로 들어가지만 풍뎅이붙이가 쫓아가 전반적인 학살이 이루어진다. 며칠 뒤 구렁이를 들쳐 보자. 구더기가 없다. 모래 속에서 탈바꿈 준비를 하는 녀석도 없다. 구더기 떼가 몽땅 먹혀서 없어진 것이다.

이런 곳에서 번데기를 얻고 싶으면 몰래 길러서 풍뎅이붙이의 침입을 막아야 한다. 항아리를 바깥에 설치하여 녀석이 멋대로 드나드는 곳에서는 구더기가 아무리 많아도 결코 한 개도 얻지 못한다. 처음 연구 때, 며칠 전까지도 시체 밑에 구더기가 많았지만 이런 몰살은 예상치 못했었다. 그래서 번데기를 한 개도 못 찾고 모래 속에도 전혀 없어서 무척 놀랐다.

살찐 순대를 좋아하는 풍뎅이붙이는 고기쉬파리를 솎음질하는 임무를 맡았다. 2만 마리나 되는 새끼 중에서 종족을 적당한 수준 이내로 유지할 몇 마리만 겨우 살아남을 뿐이다. 풍뎅이붙이가 두더지(Taupes: *Talpa europea*)와 구렁이 시체 둘레로 급히 달려왔으나 너무 묽은 혈농이라 접근하지 못한다. 단지 간소한 몇 입으로 영양을 취하면서 녀석들의 활동이 끝나기를 기다린다. 시체의 액화가 지나간 다음에는 그곳에 있던 녀석들을 몰살시킨다. 결국 지상의 시체를 빨리 치워 정화시키는 구더기가 처음에는 지나치게 많은 군단을 만들었고, 다음에는 자신의 숫자로 위험해져 정화 작업이 끝나는 즉시 몰살당해 사라진다.

집 근처에서 둥근풍뎅이붙이 9종을 수집했다. 그 중 일부는 시체, 일부는 오물 밑에서 발견했다. 주석에 목록을 달아놓겠다.* 항아리에는 앞의 4종이 달려오는데, 숫자가 가장 많고 제일 끈질겨서 가장 중요한 업무를 담당한 녀석은 무광둥근풍뎅이붙이(*S. subnitidus*)와 시체둥근풍뎅이붙이(*S. detersus*)였다. 녀석들은 4월부터 금파리와 함께 와서 금파리까지 쉬파리 가족처럼 열심히 휩쓸어 버린다. 삼복 때 야외에 놓인 시체는 뜨거운 햇볕이 아주 빨리 말려 버린다. 시원한 가을이 시작되는 9월에 파리와 풍뎅이붙이가 다시 나타나, 양쪽 모두 썩히는 내 작업장에 많이 온다.

무광둥근풍뎅이붙이
실물의 2배

살코기와 물고기(Poissons: Pisces), 털이나 깃 달린 짐승(Mammalia와 Aves), 파충류(Reptile: Reptilia)는 모두가 구더기를 훌륭하게 받아들이며, 녀석들 모두 그것들이 좋다며 만족해한다. 한편 풍뎅이붙이는 구더기가 통통해지길 기다리며 혈농 몇 모금을 마신다. 혈농은 적당히 살쪄 푸짐한 먹잇감이 준비되는 동안의 식욕 촉진제에 지나지 않

* 시체 밑- *Saprinus subnitidus, S. detersus, S. maculatus, S. aeneus.* 오물 밑- *S. speculifer, S. virescens, S.→ Hypocacculus metallescens, S. furvus, S.→ Gnathoncus rotundatus*

는다.

풍뎅이붙이가 그토록 부지런한 것을 보고 사람들이 처음에는 가족 돌보기에 골몰한 것으로 생각했다. 나도 그렇게 생각했었는데 실제로는 아니었다. 항아리에서 처리되는 시체 밑이나 구더기에는 절대로 산란하지 않았다. 가족은 다른 곳에, 어쩌면 두엄이나 오물에 자리 잡을 게 틀림없다. 실제로 3월에 닭(Gallus)똥이 스며든 닭장 밑에서 번데기를 발견했다. 결국 성충이 항아리를 찾아오는 것은 구더기 희생물로 잔치를 벌이기 위한 것이다. 분명히 저희 사명을 끝내고는 늦가을에 오물로 돌아갈 것이다. 그 밑에서 준비되는 세대는 겨울이 끝나자마자 쉬파리와 금파리의 과잉 발생을 조절하려고 죽은 짐승에게 달려올 것이다.

파리의 작업이 위생 문제 해결에 충분치는 않다. 구더기가 만들어 낸 시체의 즙을 흙이 흡수해 버린 다음에도 액체로 변할 수 없는 것과 더위로 딱딱해진 찌꺼기가 많이 남는다. 이렇게 미라가 된 물건에서 다시 마른 힘줄과 힘살을 갉아먹어서 마침내 시체를 상아처럼 깨끗한 뼈 무더기로 만들 다른 이용자가 필요하다.

장시간 일감인 설치류(Rongerse: Rodentia, 齧齒類)[3] 청소를 책임진 물결털수시렁이(Dermestes de Frisch: *Dermestes undulatus*)와 눈빨강수시렁이(D. ondulé: *D. frischii*)가 풍뎅이붙이와 함께 항아리로 온다. 전자는 검정 바탕에 가늘고 흰 물결 모양 줄무늬가 있고, 적갈색 앞가슴에 갈색 점무늬가 있다. 후자는 몸집이 좀 크고 전체가 검정인데 앞가슴 양옆에 가루 같은 잿빛 무늬가 있다. 두 종 모두 몸 아랫면에 흰색 무

3 설치류란 쥐목(Rodentia)의 별명인데, 파브르는 고슴도치나 두더지가 이에 속하지 않는다는 것을 몰랐거나 착각한 것 같다. 주로 쥐 종류를 이용했다면 이 용어도 무방하겠으나 여기서는 맞지 않다.

늬가 있어서 나머지 부분과 대조적이며, 하는
일은 서로 반대인 것 같다.

눈빨강수시렁이
실물의 2배

　죽은 짐승을 파묻는 곤봉송장벌레(*Nicro-phorus*)는 전에 부드러운 천과 지나치게 강한
빛깔로 대조되는 부조화 경향을 보여 주었다.
녀석은 가슴에 담황색 플란넬 조끼를 입었고,
딱지날개는 붉은 줄로 장식했으며, 더듬이 끝에 주황색 술장식을
달았다.[4] 수수한 표범가죽 무늬의 짧은 외투와 몸에 꼭 맞으며 줄
무늬가 있는 흰담비가죽 옷을 입은, 즉 물결무늬를 가진 수시렁이
가 멋으로는 이 대형 매장꾼과 거의 경쟁한다.

　같은 목적으로 내 영역에 온 두 수시렁이는 시체를 뼈까지 쑤셔
서 남아 있는 구더기를 잡아먹는다. 만일 마지막 작업이 끝나지
않았거나 아직 시체 조각 밑에서 스미는 무엇인가가 있다면, 그것
이 그릇 가장자리에 모여 떠 있는 끈 모양으로 모아지길 기다린
다. 가끔씩 서툴게 뒤집혀서 흰 플란넬의 배를 순식간에 드러내
초조함을 보이거나 추락하는 소동을 벌이기도 한다. 경솔하게 덤
벙대다 밑으로 떨어진 녀석이 다시 동아줄을 타고 올라온다. 또
햇볕에서 짝을 짓거나 다른 일로 시간을 보내기도 한다. 향연은
풍족하며 모두를 위한 것이 준비되어 있으니, 가장 좋은 부분이나
장소를 차지하려고 싸우지도 않는다.

　수시렁이가 드디어 적당히 조리된 요리를 차지했다. 구더기를
약탈해서 없앴던 풍뎅이붙이는 다른 구더기 보물로 찾아가서 드
물어졌다. 너무 덥고 가물어서 모두가 도망
치는 혹독한 삼복더위에 수시렁이는 무한정

----
4 『파브르 곤충기』 제6권 6, 7장
참조

머문다. 먹을 만한 부스러기가 조금이라도 남아 있는 한, 바싹 마른 해골 그늘이나 두더지 털의 불투명한 커튼 밑에서 깨물어 먹으며 쏠고 쪼아 낸다.

먹어 치우는 일이 빨리 진행된다. 눈빨강수시렁이가 식욕이 같은 가족(새끼)을 거느리고 있어서 더욱 그렇다. 여러 어미와 나이가 각각인 애벌레가 마구 섞여서 게걸스럽게 진탕 먹어 댄다. 시체 해부 협력자인 물결털수시렁이는 어디에 알을 낳는지, 항아리가 이 점은 알려 주지 않아서 모르겠다. 하지만 다른 수시렁이의 애벌레에 대해서는 아주 잘 알려 주었다.

봄철 내내, 그리고 여름에도 시체 밑에 성충이 많은데, 거무스레한 털이 사납게 곤두서서 보기 흉한 애벌레를 데리고 있다. 나이가 든 애벌레는 검은 등 가운데의 앞에서부터 끝까지 적갈색 줄무늬가 있고, 흰 납으로 문지른 아랫면은 벌써 성충의 흰 플란넬을 예고한다. 끝에서 두 번째 마디에는 끝이 뾰족하며 구부러진 털 두 개를 장착했는데, 이 털은 애벌레가 뼈 사이로 쉽고 빠르게 미끄러져 다니기에 유용한 갈고리이다.

시체 바깥은 너무도 조용해서 이용하는 녀석이 전혀 없는 것처럼 보인다. 하지만 시체를 들춰 보자. 이 얼마나 활기 넘치며, 얼마나 소란스럽더냐! 빛이 갑자기 들어오자 놀란 털보 애벌레가 시체 밑으로, 뼈의 틈새로 미끄러져 숨어든다. 움직임이 둔한 성충도 매우 당황해서 종종걸음을 친다. 재주껏 땅에 엎드리거나 날아오르는 녀석들을 어둠 속에 그냥 놔두자. 그러면 중단했던 일을 다시 할 것이다. 7월에는 별도의 보호 시설도 없고 시체 무더기뿐인 거기서 번데기를 발견할 것이다.

수시렁이가 탈바꿈할 때는 갉아먹던 짐승 밑에서 충분히 보호되어 땅속으로 침투해야 하는 문제에 신경 쓰지 않아도 되나, 다른 시식성(屍食性) 곤충인 송장벌레(*Silpha*)는 그렇지 않다. 항아리에 부지런히 찾아오는 녀석은 곰보송장벌레(*S. rugosa*→ *Thanatophilus rugosus*)와 좀송장벌레

곤봉송장벌레류 우리나라의 송장벌레과는 27종이 알려졌다. 그 중 곤봉송장벌레는 12종인데 이 그룹의 이름을 송장벌레 무리로 바꿔야 한다는 의견이 있다. 시흥, 10. V. '90

(*S.*→ *Th. sinuatus*) 두 종이다. 내 기구가 두 단골 동업자인 수시렁이와 둥근풍뎅이붙이의 내력에 대해서는 제대로 알려 주는 게 없다. 어쩌면 내가 일을 너무 늦게 시작했는지도 모르겠다.

겨울이 끝날 무렵, 두꺼비(Crapaud: *Bufo bufo*) 밑에서 곰보송장벌레 가족을 발견했다. 창끝처럼 뾰족한 모양에 납작하며, 색깔은 광택 나는 깜장뿐인 30마리가량의 애벌레였다. 각 배마디의 양쪽 끝에는 뒤로 향한 이빨들이 돋아났고, 끝에서 두 번째 마디에는 털 모양의 짧은 실들이 나 있다. 어둡고 비어 있는 두꺼비 속에 엎드린 녀석들이 오랫동안 햇볕에 구워져 물기 없이 갈색으로 변한 통조림을 갉아먹고 있었다.

곰보송장벌레
실물의 2배

5월 첫 주쯤, 애벌레가 땅속으로 내려가 둥글게 파낸 다락방에 머물렀다. 계속 깨어 있는 번데기는 아주 작은 동요에도 끝이 뾰족한 배를 풍차처럼 이쪽저쪽으로 재빨리 돌린다. 5월 말경 성충이 땅에서 나왔는데, 번식 목적이 아

무늬곤봉송장벌레

니라 자기만족을 위해서 항아리를 찾아왔다. 가족 걱정은 나중인 늦가을로 미뤘다.

전에 무용담을 이야기한 무늬곤봉송장벌레 (*N. vestigator*)에 대해서도 조금 보태야겠다. 녀석도 내 기구에 오지만 대개는 파묻기가 너무 벅찬 시체라 오래 머물지 않는다. 게다가 재료가 적당하다 해도, 내게는 자유로운 공간에서 처리하는 게 필요하지 땅속에 묻힌 것은 필요 없어서 녀석의 계획을 반대했다. 그래서 구덩이를 파겠다고 고집부리는 녀석이 있었다면 막아서 중지시켰을 것이다.

다른 녀석 이야기를 해보자. 부지런히 찾아오는데 한 번에 너덧 마리의 작은 집단으로만 오는 녀석은 어떤 곤충일까? 빨간 날개에 굵은 뒷다리의 넓적다리마디에는 톱니를 가진 날씬한 노린재, 좀호리허리노린재(Alyde éperonné: *Alydus calcaratus*)●이다. 알껍질 터지

노랑배허리노린재 몸의 윤곽이 분명하며 밝은 색으로 둘러쳐져서 산뜻해 보이는 노린재이다. 107쪽의 사진에서 애벌레의 습성 등을 설명했다. 수원. 2. X. '96

왕침노린재 몸길이가 최소한 20mm를 넘어 우리나라의 노린재 중 가장 큰 종류의 하나이며 육식성이다. 녀석을 잡다가 주둥이에 쏘여 무척 아팠던 기억이 있다. 벽제. 4. V. '92

는 방식이 매우 희한한 침노린재(Reduviidae)
와 아주 가까운 친척이다.[5] 녀석도 사냥감을
중요시하지만 다른 녀석과 비교하면 얼마나
검소하더냐! 햇볕으로 하얘진 뼈를 찾아와 그
위를 오가는 게 보인다. 적당한 곳을 찾아내면
거기에 주둥이를 박고 얼마 동안 움직이지 않
는다.

좀호리허리노린재
실물의 2배

　녀석은 말총처럼 가늘고 빳빳한 연장으로
그 뼈에서 무엇을 뽑아낼까? 아무리 생각해
봐도 소용이 없다. 그만큼 녀석이 돌아다니는
표면은 바싹 말라 보였다. 어쩌면 매우 꼼꼼한
수시렁이의 이빨이 남긴 기름기를 거두는지도
모르겠다. 극히 종속적 이용자인 그 녀석은 다
른 곤충들이 거둬 간 곳에서 이삭을 줍는다.

왕반날개
실물의 1.5배

뼈를 빨아먹는 이 곤충의 습성을 자세히 관찰하고 싶었다. 특히
부화할 때 알의 구조나 희한한 비밀을 얻어 보겠다는 희망으로 산
란을 지켜보고 싶었다. 하지만 시도는 실패했다. 표본병에 필요한
식량과 함께 붙잡혀 있던 좀호리허리노린재는 곧 향수병으로 죽
는다. 녀석은 썩히는 장치에 잠시 머물렀다가 근처의 로즈마리로
자유롭게 날아다닐 필요가 있었다.

　장의사 이야기는 딱지날개가 짧은 족속인 반날개(Staphylinidae)
로 끝내자. 두엄에 사는 검정바수염반날개
(*Aleochara fuscipes*)와 왕반날개(*Staphylinus*→
Creophilus maxillosus)[*]가 항아리에 드나들었다.

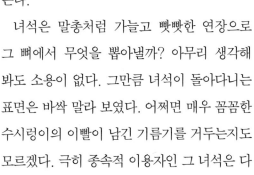

5 호리허리노린재는 허리노린재
무리의 한 종류이므로 침노린재
와 가깝다는 표현은 적절치 않다.

나는 거구인 후자에게 더 관심이 있었다.

검정 바탕에 잿빛 우단 모양 줄과 억센 큰턱을 가진 녀석인데, 항아리에 오는 숫자는 많지 않다. 언제나 한 마리씩 갑자기 날아오는데 아마도 근처 마구간에서 오는 것 같다. 녀석은 내려앉자마자 성미 급하게 배를 드러내며, 집게를 벌려 두더지 털 속을 파고든다. 가스로 퍼렇게 부풀어 오른 피부를 강력한 집게로 찔러 스미는 혈농을 탐욕스럽게 먹는 것뿐, 조금 뒤에는 왔을 때처럼 갑자기 훌쩍 떠난다.

왕반날개는 그저 많이 상한 요리를 즐기려고 항아리로 달려온 것일 뿐, 녀석을 더는 관찰할 수가 없었다. 그 가족의 집은 근처의 마구간 바로 옆에 있는 두엄일 텐데, 나는 녀석들이 내 시체 더미에 와서 자리 잡는 것을 보고 싶었다.

사실 반날개란 이상한 곤충이다. 딱지날개가 짧아서 어깨 위쪽이나 겨우 덮었고, 사나운 큰턱은 대저울의 갈고리처럼 구부러졌다. 아무것도 없는 긴 배를 쳐들고 마구 흔들어 대서 불안한 모습을 보이는 것 같다. 애벌레도 꼭 알아보고 싶지만 녀석은 내 두더지를 찾아오지 않아, 녀석과 비슷한 크기의 유사한 종류에게 도움을 청해 본다.

겨울의 오솔길 가 돌을 들추면 검정냄새반날개(Staphylin odorant : *Staphylinus→ Ocypus olens*) 애벌레를 자주 만난다. 모양이 성충과 별로 다르지 않게 보기 흉하며, 몸길이는 2.5cm이다. 머리와 가슴은 검고 예쁘게 반짝이며, 배는 갈색인데 드문드문 털이 났다. 머리는 납작한데 매우 날카롭고 검은 큰턱을 초승달 모양으로 벌리면 머리 지름의 곱절도 넘는다. 구부러진 그 칼을 보기만 해도 녀석의 악당 습성이 짐작된다.

하지만 녀석의 가장 이상한 연장은 창자의 끝이다. 거기에 몸의 축과 직각으로 빳빳하고 긴 관 모양의 딱딱한 것이 씌워져 있는데, 항문의 이 털이 이동 기구이다. 전진할 때는 끝을 지면에 붙인 그 지렛대로 뒤에서 힘을 쓴다. 그때 앞에서 다리들이 노력한다. 엉뚱한 것을 잘 그리는 천재 삽화가 도레(Doré)[6] 씨도 이와 비슷한 방식을 생각해 내, 어딘가에 축(軸)이 받치고 있는 쪽박에 앉아서 손으로 전진하는 앉은뱅이를 그려 놓았다. 그 예술가의 익살스러움은 이 벌레의 익살에서 착상을 얻은 것 같다.

목발을 짚은 이 녀석이 동료 사이에서는 못된 이웃이다. 아주 드물게 같은 돌 밑에서 두 애벌레를 발견하는 수가 있는데, 이런 행운을 만났을 때마다 둘 중 하나는 언제나 비참한 꼴이었다. 즉 한 녀석이 상대방을 보통 사냥감처럼 잡아먹은 것이다. 동족을 잡아먹으려는 두 야만족의 싸움을 구경해 보자.

깨끗한 모래를 깐 유리컵 원형경기장에 힘이 같은 애벌레 두 마리를 갖다 놓는 즉시, 머리를 맞대고 갑자기 일어서서 재빨리 몸을 뒤로 젖히며, 다리 6개를 공중으로 들어올린다. 항문 목발을 땅에 단단히 고정시키고 큰턱 갈고리를 한껏 벌린다. 녀석들의 공격과 방어 태세가 당당하고 과감하다. 지금이야말로 어느 때보다 항문의 축이 크게 쓰일 때이다. 애벌레가 적에게 배가 갈리며 잡아먹힐 위험에 놓였을 때 의지할 곳이라곤 배 끝과 그 관뿐이다. 다리가 몸을 떠받치는 데는 제 몫을 하지 못해도 구속을 받지 않은 6개가 요란하게 움직여서 껴안을 준비를 한다.

두 적대자가 마주 섰다. 둘 중 누가 상대

6 Gustave Doré. 1832~1883
년. 스트라스부르 태생 미술가

편을 먹을까? 운명이 결정할 것이다. 위협 다음에 격투가 벌어진다. 싸움은 별로 오래 가지 않는다. 우연히 드잡이의 도움을 받았던가, 타격이 더 잘 배합된 녀석이 상대의 목덜미를 문다. 끝장이다. 패자는 일체의 저항이 불가능하다. 피가 흐르고 살생이 이루어졌다. 승자는 죽은 녀석이 전혀 못 움직이자 각을 뜨는데, 너무 질긴 피부밖에 남겨 놓지 않는다.

동종 사이의 격렬한 살육은 굶주림으로 인한 어쩔 수 없는 야만 행위일까? 그런 것 같지는 않다. 미리 배불리 먹었고, 게다가 내가 아낌없이 준 식량이 많아도 신용 없는 녀석들은 언제나 이웃의 목을 딸 준비가 되어 있다. 식품을 엄선해서 잔뜩 주어도 소용없다. 초대한 손님에게 성가신 일이 일어나지 않게 하려고 작은 연체동물인 비트린호박달팽이(Vitrins: *Vitrina*)를 절반쯤 으깨서 주었다. 방금 제 몸 크기만 한 것을 실컷 먹은 두 악당이 만나기가 무섭게 일어서서 서로 싸움을 건다. 결국은 물어뜯어서 한 녀석이 상대방을 죽인다. 그러고는 가증스런 식사가 뒤따른다. 목을 따 죽인 동료를 먹는 것이 관례인가 보다.

잡힌 상태의 동료를 잡아먹는 사마귀(Mante: Mantidae)는 암내가 난 벌레의 광란이라는 평계가 있다. 맹렬히 시기하는 녀석이 경쟁

자를 처치하려면, 그리고 상대보다 힘이 강하다면 먹어 치우는 것
보다 더 좋은 방법은 없을 것이다. 가장 높은 수단은 이렇게 번식
을 박탈하는 것이다. 고양이(Chat: *Felis catus*)나 토끼(Lapin: *Orycto-
lagus cuniculus*)는 충족되지 않은 정열을 방해할 어린 새끼를 잡아먹
는 경향이 있다.

검정냄새반날개 애벌레는 표본병에서도, 들판의 납작한 돌 밑
에서도, 이런 핑계를 댈 수 없다. 애벌레 상태이니 짝짓기에 대한
불안도 없다. 우연히 만난 녀석은 전혀 사랑의 경쟁자가 아니다.
그렇게 아무 이유도 없는데 서로 붙잡고 목을 졸라 죽인다. 어떤
녀석이 먹는지 먹히는지는 죽음을 건 싸움이 결정한다.

우리말에도 소름 끼치게 사람이 사람을 잡아먹는다는 말, 즉 식
인 풍습이란 단어가 있다. 같은 종 동물끼리의 이런 행위를 가리
키는 말은 전혀 없다. 여러 민족의 지혜에서 늑대(Loup: *Canis lupus*)
도 서로는 잡아먹지 않는다는 말을 하는 것으로 보아, 속담 역시
위대함과 파렴치함의 수수께끼 같은 혼합체인 인간 말고는 이런
단어가 필요 없다는 것 같다. 그런데 검정냄새반날개 애벌레가 이
속담을 거짓말로 만들었다.[7]

이 얼마나 괴상한 습성이더냐! 강력한 큰
턱을 가진 반날개가 썩어 가는 내 두더지나
구렁이를 찾아왔을 때, 이 문제에 대한 그 녀
석들의 의견을 듣고 싶었다. 하지만 시체 안
치소에서 배불리 먹은 다음은 언제나 훌쩍
떠날 뿐, 제 비밀 알려 주기는 거절했다.

7 지금은 동족살해(Canni-
balism)나 식인종(Cannibal
race)이란 단어가 잘 알려진 상
태이며, 토끼처럼 제 새끼를 잡아
먹는 경우는 '영아살해(Infanti-
cide)', 여러 맹금류에서 보이듯
이 동생을 살해하는 경우는 '형제
살해(Siblicide)'라는 용어들이
사용되고 있다.

17 지중해송장풍뎅이

파리(Diptera)는 공중위생에 크게 공헌했다. 제일 먼저 두더지(Taupes: *Talpa*) 시체로 달려가서 대부대의 공기 정화 일꾼을 남겨 놓았다. 일꾼은 해부기 세트나 메스도 없이, 즉 해부도 안 하고 시체를 처리한다. 가장 시급한 일은 아주 빠르고 쉽게 변질되는 시체를 소독하여 부패의 근원인 위험 물질을 뽑아내는 것인데, 방금 한 일이 바로 그것이었다. 뾰족한 입으로 늘 뒤지고 파헤치는 내 조제실에서도 그보다 더 효과적인 것은 없을 만큼 용해제를 내뿜었다. 용해제는 살과 내장을 녹이거나, 적어도 묽은 퓌레로 만들었다. 만드는 족족 기름진 액체를 땅이 빨아들였고, 머지않아 식물이 그것을 생명의 화학 실험실로 돌려보낼 것이다.

　녀석은 급박한 일을 빨리 해치우려고 군단 규모의 일꾼을 투입시켜 작전했다. 구더기가 사명을 마치고 나면 자신의 지나친 숫자로 위험해진다. 따라서 제어되지 않으면 녀석들이 세상을 가득 채워 곤란해질 것이다. 자연의 전체적 균형이 녀석들의 사라짐을 요구했다. 때마침 살찐 순대를 몹시 좋아하는 검정 갑옷의 둥근풍뎅이붙이(Saprins: *Saprinus*)가 종종걸음으로 달려와 구더기를 대량 학살로 몰살시켰다. 단지 종족 유지에 필요한 녀석만 겨우 남겨 놓았다.

두더지는 이제 마른 미라가 되었으나 습기를 머금는 날이면 역시 해롭다. 따라서 이 누더기마저 치워야 한다. 이 일의 책임자인 수시렁이(Dermestes: *Dermestes*)는 협력자인 송장벌레(Silphes: Silphidae)와 함께 해골 밑에 자리 잡아, 연골 조각 하나라도 남았다면 끈질기게 이빨로 갈고 줄질해서 분해시킨다. 허리가 유연한 애벌레도 좁은 통로까지 들어가 어미를 크게 도왔다.

수시렁이가 일을 끝낸 항아리는 길게 늘어선 구렁이(Couleuvre: *Malpolon*) 척추 뼈, 가는 연장걸이 모양의 두더지 턱뼈, 막대기 같은 마디가 펼쳐진 두꺼비(Crapaud: *Bufo bufo*) 발가락 뼈, 튼튼한 앞니가 교차된 토끼(Lapin: *Oryctolagus*) 두개골 따위가 뒤섞인 납골당이 된다. 모두가 깨끗하게 해부하려는 사람이 부러워할 정도로 하얗다.

음, 그렇지. 먼저 한 녀석이 묽은 것에서, 다음 여러 녀석이 단단한 것에서 처치했으니, 구더기와 수시렁이는 찬양받을 일을 했다. 이제 악취를 풍기는 오물도, 위험한 발산물도 없어졌다. 나머지는 대부분 돌 같은 성질이다. 아직 눈에 거슬리긴 해도, 적어도 생명의 첫째 양식인 공기를 오염시키지는 못한다. 그래서 전반적으로 위생이 만족스러워진 것이다.

두더지는 해골뿐만 아니라 누더기 같은 털가죽을 남겨 놓았고, 구렁이는 끓는 물에서 벗겨진 굵은 뿌리껍질 모양의 허물을 남겨 놓았다. 이런 각질 재료는 파리의 용해제가 영향을 미치지 못했고 수시렁이는 거절했다. 꾀죄죄한 가죽과 허물은 이용되지 못하고 그대로 남겨질까? 물론 그렇지는 않다. 그야말로 절약하는 자연이 아주 작은 조각조차 잃어버려서는 안 된다. 따라서 모든 것이 자기 제품 창고로 들어가도록 보살핀다.

두더지 모피는 우리 몸을 가릴 옷감이 되지도 못하는 하찮은 물건이라 거두려는 사람이 없다. 이런 것이라도 검소한 녀석이 찾아와 끈질기게 갉아먹는다. 뱀허물의 비늘도 맛있게 먹는 녀석이 분명히 존재하는데, 바로 초라한 몰골의 곡식좀나방(Teignes: Tineidae), 그야말로 초라한 나방의 송충이가 그런 녀석이다.

그 송충이는 말총, 털, 비늘, 뿔, 털 뭉치, 깃 등 짐승의 옷이었던 것은 무엇이든 다 좋아한다. 하지만 작업에는 평온한 어둠이 필요하다. 해가 비치거나 요란한 밖에서는 항아리에 남은 물건을 거절한다. 바람이 뼈 무더기, 두더지의 우단, 구렁이의 양피지를 휩쓸어 어느 어두운 구석으로 몰아가 주길 기다린다. 이렇게 옮겨지면 죽은 동물의 헌 옷도 틀림없이 사라진다. 한편, 시간도 뼈에 풍부한 대기를 작동시켜 마침내 분해된 가루로 만들 것이다.

만일 수시렁이가 관심을 보이지 않은 허물이나 껍질을 빨리 처

분하고 싶다면 어둡고 건조한 곳에 놔두면 된다. 그러면 곡식좀나방 송충이가 곧 이용하러 온다. 녀석이 내 집에서도 설쳤다. 나는 기아나(Guyane)[1]에서 방울뱀(Crotale: *Crotalus*) 껍질 하나를 선물받았다. 돌돌 말린 무서운 꾸러미였는데, 달랑거리는 소리를 내는 고리방울은 물론 보기만 해도 소름끼치는 독니까지 말짱한 상태로 도착했다. 카리브(Caraïbes) 지방[2]에서는

지중해송장풍뎅이 송장풍뎅이는 딱지날개에 크고 작은 혹들이 줄을 이루는 게 특징이며, 죽은 동물의 털이나 가죽 따위를 먹는 청소부 곤충이다. Cérat Albère, France, 5. IV. '72, J.-P. Lumaret

가죽에 그 뱀독이 배어들게 하여 무한정의 보존을 보장한다고 한다. 쓸데없는 조심성이다. 내 방울뱀 가죽에 나방 애벌레가 침입해서 갉아먹었다. 여기서는 처음 먹어 보는 괴상한 식품일 텐데 훌륭한 것으로 받아들였다. 구더기와 햇볕에 무두질된 구렁이 가죽은 잘 알려진 식량이니 더 열심히 이용되겠지.

지중해송장풍뎅이
실물의 2.5배

살았던 것의 잔해가 무엇이든, 죽은 그 물질을 가공하여 새로운 형태로 다시 유통시킬 책임이 있는 전문가가 달려오지 않는 경우는 결코 없다. 그 중에 희한한 특수성으로 생명의 찌꺼기가 얼마나 경제적으로 꼼꼼하게 이용되는지 보여 주는 게 있다. 딱지날개에 초라한 혹점 몇 줄을 장착한 지중해송장풍뎅이(Trox perlé: *Trox perlatus*)가 바로 그런

---

1 남아메리카 북동부 지방
2 북아메리카 서인도제도

녀석이다. 기껏해야 서양버찌 크기에 온몸이 검은색인데, 점무늬 같은 혹을 가졌다는 형용사를 얻은 딱정벌레이다.

송장풍뎅이 이야기는 전혀 없어서 모르는 녀석으로 치부해 버릴 수도 있다. 표본상자에서 핀에 꽂힌 녀석은 소똥구리와 가까운 금풍뎅이(Geotrupidae) 뒤에 자리 잡았다.[3] 더럽게 흙칠된 복장은 녀석이 땅을 쑤신다는 표시인데, 정확히 어떤 일을 할까? 모르고 있었으나 우연한 발견으로 사정을 알게 되었고, 곤충 수집가의 공동묘지에서 칸이나 하나를 차지하는 것보다 훨씬 가치가 있음도 알아냈다.

2월 말, 날씨가 따뜻하고 햇볕이 아주 좋아 가족 모두가 편도나무(Amandier: *Prunus dulcis*) 꽃을 보러 갔다. 바구니에는 아이들의 간식거리로 사과와 빵 조각을 담아 갔다. 간식시간에 커다란 참나무(Chênes: *Quercus*) 숲에서 쉬고 있었는데, 당시 제일 막내인 6살배기 안나(Anna), 새로운 눈으로 늘 곤충을 살피는 집안의 가장 꼬마가 일행과 몇 걸음 떨어진 곳에서 나를 불렀다. "벌레가 하나, 둘, 셋, 넷 있어, 그리고 예뻐! 와 봐, 아빠, 와 봐!"

달려갔다. 어린것이 잔가지 토막으로 모래 표면을 파헤쳐 털이 붙은 넝마 조각을 이리저리 헤쳐 놓고 있었다. 나도 휴대용 모종삽을 가지고 끼어들었다. 잠깐 동안 송장풍뎅이 12마리를 잡았는데, 대부분 털과 부서진 뼈로 오물이 된 펠트 조각 사이에 있었다. 녀석들은 거기서 일하며, 그것을 먹고 사는 것 같았는데 내가 잔치를 방해한 것이다.

지저분한 녀석이 잘할 수 있는 게 무엇일까? 근본적으로 해결할 문제였다. 브리야 사

3 저들과 같은 측기문풍뎅이 무리이기 때문이다.

바랭(Brillat-Savarin)[4]은 이런 격언으로 표명했다.

네가 먹는 것이 무엇인지 말해다오, 그러면 나는 네가 누구인지 말해 주마.

만일 송장풍뎅이를 알고 싶다면 우선 녀석이 먹는 식품을 알아 내야 한다. 독자여, 박물학자의 비참함을 불쌍히 여겨 주시오. 지금 내 정신은 똥 문제, 말조차 창피한 똥 문제로 돌아가 탐색하고, 명상하고 억측한답니다.

주성분이 토끼털임은 알겠는데, 많은 심줄 무더기는 누구의 소행일까? 개연성은 개(Chien: *Canis lupus familiaris*)에게 있다. 세리냥 (Sérignan) 야산에는 토끼(*Oryctolagus cuniculus*)가 흔하며 미식가 사이에 약간 유명하다. 게다가 마을의 사냥꾼이 부지런히 박해한다. 면허도, 공안원도 아랑곳하지 않는 밀렵꾼인 개는 금지되었든, 허가되었든, 시기를 가리지 않고 저를 위해 거리낌 없이 토끼를 괴롭힌다.

두 종류의 개, 미라트(Mirate)와 플랑바(Flambard)는 유명해서 나도 안다. 녀석들은 아침에 광장에서 만나 눈짓으로 의논하고, 규정에 따라 세 바퀴를 돈 다음 담을 향해 한 다리를 들었다가(오줌을 깔기고) 떠난다. 대부분의 아침나절, 이웃 언덕에서 짤막하게 짓는 소리가 들려온다. 작고 하얀 꼬리를 빳빳이 세우고 이 덤불, 저 덤불로 도망치는 토끼를 쫓아다닌다. 마침내 녀석들이 돌아온다. 원정의 결말은 피 묻은 입술에 쓰여 있다. 토끼를 잡아 그 자리에서 가죽까지 먹은 것이다.

4 프랑스 미식가, 『파브르 곤충기』 제3권 315쪽 참조

내 송장풍뎅이가 먹고 살 물질을 알아낼 수 있을까? 아마도 그럴 것 같았고, 기르기도 어렵지 않을 것 같았다. 넓은 항아리에 모래 한 커를 깔고 녀석을 넣은 다음 철망뚜껑을 씌웠다. 그러고 도로 보수 인부가 길가에 쌓아 놓은 돌무더기에서 마른 개똥을 주워 먹이로 주었다. 하지만 녀석은 그것을 절대로 안 먹었다. 내가 잘못 생각했다. 도대체 무엇이 필요할까?

녀석을 만난 것은 언제나 털 뭉치 쓰레기 밑이었지 다른 곳은 절대로 아니었다. 털 뭉치 밑에 몇 마리씩 머물지 않은 경우도 드물었다. 착 달라붙은 딱지날개 밑의 뒷날개는 발달이 시원찮아, 짧은 다리로 걸어서 그 오물로 모인다. 사방의 먼 데서 냄새에 인도된 것이다. 생생한 상태인데도 소비자를 멀리서 유혹할 만큼 강한 펠트 냄새의 기원은 무엇일까?

마침내 해답이 나온다. 야산 비탈, 특히 농가 근처를 끈질기게 찾아다니다 결정적인 것을 발견했다. 역시 털과 송장풍뎅이가 많은 오물인데, 이번에는 금괴처럼 반짝이는 금록색딱정벌레(Carabe doré: *Carabus auratus*)의 딱지날개가 있다. 유레카(Eurêka, 알았다)! 개는 아무리 굶주려도, 게다가 매워서 딱정벌레는 먹지 않는다. 궁핍한 여우(Renard: *Vulpes vulpes*)만 가끔 이 식품도 접수했다가 나중에, 사냥개들이 쉬는 밤에 학살한 토끼로 벌충한다.

여우 위장에는 득이 없는 털을 선호하는 녀석이 있다. 가죽에 붙어 있어서 모자 제조공에게 펠트를 제공할 정도인 털은 곡식좀나방에게 적격이며, 육식동물의 창자가 가공하다 대변으로 양념한 털은 송장풍뎅이가 무척 좋아한다. 세상에는 온갖 취향이 다 있으며 버릴 게 아무것도 없도록 되어 있다. 소화의 맛보기로 절

여우에게 홀릴라~

똥

여진 토끼털을 받은 철망뚜껑 밑의 녀석들은 아주 잘 자랐다.

게다가 재료를 구하기도 어렵지 않다. 집 근처에는 여우가 아주 흔하며, 밤에는 녀석들이 농가 주변에서 자주 야경을 돈다. 이때 돌아다닌 가시덤불 사이의 오솔길에서 털 뭉치 비스킷을 쉽게 찾아낼 수 있어서 내 송장풍뎅이는 풍족하게 지냈다.

잘 돌아다니지 않는 성격의 송장풍뎅이가 먹이까지 푸짐하게 얻었으니 거기서 매우 만족하는 것 같다. 낮에는 그 무더기 위에서 오랫동안 움직이지 않고 먹는다. 내가 철망에 접근하면 즉시 떨어진다. 그랬다가 놀란 가슴이 진정되면 무더기 밑에 쪼그리고 있다. 평화로운 이 곤충의 습성에는 짝짓기밖에 두드러진 게 없다. 짝짓기는 두 달 동안 계속되는데, 질질 끌며 여러 번 중단했다 다시 시작하고, 자주 잠깐 표시만 하기도 하며 끝이 없다.

4월 말, 식량 뭉치 밑을 파 본다. 생모래 속 아주 얕은 곳에 알이 하나씩 널렸다. 집도 없고 어미가 별도로 마련해 준 것도 없다. 둥근 알은 흰색이며 새의 산탄 총알만큼 컸다. 곤충의 몸집에 비해 무척 크며, 수는 많지 않아 한 어미에서 기껏해야 10개 정도일 것 같다.

머지않아 애벌레가 나오는데 치장한 것도 없고, 광택도 없는 흰색 원통 모양이며, 발육이 상당히 빠르다. 소똥구리 애벌레처럼 구부러졌으나 빵덩이의 안쪽을 발라서 식량 건조를 방지하는 시멘트 배낭은 없다. 검은색 머리는 건장하고 광택이 있으며, 큰턱과 다리는 튼튼하다. 앞가슴마디 양옆에는 갈색 줄이 하나씩 있다.

분식성(糞食性) 곤충으로 분류되는 송장풍뎅이[5]는 왕소똥구리(*Scarabaeus*), 뿔소똥구리(*Copris*), 그 밖의 소똥구리에서 보이는 가정적 애정과는 거리가 먼, 즉 거친 습성의 종족이 되어 새끼의 식량을 비축하지 않는다. 소똥구리 중 가장 재주가 없는 소똥풍뎅이(*Onthophagus*)도 제가 먹던 덩이에서 제일 맛있는 부분을 골라 구멍 밑에 짤막한 순대를 빚어 놓고, 부화실을 마련하여 알을 신중하게 놓아둔다. 흔히 갓난이는 아비의 정성을 곁들인 어미의 정성으로 필수품을 원하는 만큼 갖추게 된다. 따라서 이런 특전을 받은 녀석의 새끼는 생활고가 면제된다.

반면에 송장풍뎅이는 엄격한 양육뿐 보살핌이 없다. 애벌레 자신이 모든 책임을 지고 식량과 숙소를 마련해야 하는데, 여우가 배설한 것을 먹고 사는 녀석에게는 이것이 중대한 문제이다. 털 섞인 오물 밑에 알을 뿌려 놓은 어미는 새끼를 위한 예지가 더는 없었다. 제가 먹는 케이크를 제 가족도 먹지만 물자는 풍부해서 모두에게 넉넉할 것이다.

5 분식성은 풍뎅이 무리의 분류 기준이 아니므로 이렇게 분류된다는 말은 옳지 않다. 이 곤충의 분류 기준은 숨구멍의 위치로서, 숨구멍이 배의 양옆에 있는 측기문류와 등 쪽에 있는 상기문류로 나눈다. 송장풍뎅이를 비롯한 약간의 희소 종류와 모든 분식성 풍뎅이는 측기문류에 속한다.

애벌레의 첫 행동을 관찰하려고 유리관 몇 개에 알을 한 개씩 넣었다. 아래는 신선한 모래 층, 위는 여우 똥에서 토끼털이 제일 많은 부분을 떼어 낸 식량이다. 그날 부화한 애벌레는 우선 집부터 챙긴다. 모래에 짤막한 수직굴을 파고 거기에 머문다. 다음 영양분인 펠트 몇 조각을 끌어들인다. 식량이 떨어지면 다시 올라와 새 조각을 뜯어온다. 주 사육시설인 철망뚜껑 밑 항아리의 애벌레들 역시 같은 모습으로 행동한다.

애벌레는 공동으로 이용하는 무더기 밑에서 각각 굵은 연필 지름에 손가락 길이의 수직굴을 팠다. 집 안에는 흙만 풍부할 뿐 미리 쌓아 둔 식량 따위는 없다. 즉 송장풍뎅이 애벌레는 저축 없이 그날그날을 살아간다. 특히 저녁때 살그머니 올라와서 털 뭉치를 긁어, 한 아름 안고 즉시 뒷걸음질로 내려가는 것을 가끔씩 보았다. 밑에 털 뭉치가 조금이라도 남아 있으면 나타나지 않는다. 식욕이 생겼으나 먹을 것이 없으면 다시 올라와서 뜯어 가는 것이다.

잦은 왕래로 흙벽이 조만간 무너질 위험에 놓인다. 여기서 금풍뎅이(*Geotrupes*) 부부의 솜씨가 다시 나타난다. 금풍뎅이는 커다란 소시지 재료를 쌓아 놓은 구멍이 잦은 왕래로 무너져 내리지 않도록 벽에 소똥으로 애벌칠을 할 줄 안다. 하지만 송장풍뎅이는 애벌레 자신이 튼튼하게 하는데, 벽 전체를 제 식료품 펠트로 입힌다.

털 뭉치가 3~4주 만에 모두

보라금풍뎅이 보기에는 무척 화려해도 각종 동물의 똥, 특히 인분을 좋아하는 녀석이다. 화천, 13. VII. 07, 강태화

땅속으로 사라졌다. 녀석들이 굴로 끌어들인 것이며, 지상에는 뼛조각밖에 남지 않았다. 성충은 제 시대가 끝나 쇠약해지거나 죽었다. 하지 무렵 첫 번데기를 얻었다. 단순한 타원형 독방에서 몸을 천천히 돌리며 등으로 벽을 닦는 것을 유리그릇 하나가 보여 주었다.

7월 중순, 완전히 성충으로 성숙했다. 아직은 작업을 하지 않아 깨끗한 녀석이 새까만 갑옷과 하얀 센털 뭉치를 보여 준다. 센털은 굵은 진주처럼 오톨도톨한 것이 줄지어 돋아났고, 가운데와 뒷다리 발목마디는 선명한 적갈색 장갑을 낀 것처럼 매우 아름답다. 이제 땅으로 올라가 여우의 오물을 만난다. 거기서 자리 잡고 오물 청소부가 된다. 그러고 지붕 격인 무더기 밑의 모래 속에서 마비되어 겨울을 보내고, 봄에 다시 일을 시작할 것이다.

결국 송장풍뎅이가 제공하는 흥밋거리는 별것이 아니다. 그저 한 가지만, 즉 여우 창자가 거절한 것을 좋아한다는 점만 기억해 두면 된다. 나는 이렇게 괴상한 취미를 가진 녀석, 여우가 배설한 환약처럼 더러운 털 뭉치를 좋아하는 녀석이 또 있음을 알았다. 들쥐(Mulot: *Apodemus*)를 잡은 올빼미(Chouette: *Strix aluco*)는 목덜미를 부리로 쪼아 마비시켜 통째로 삼킨다. 털을 뜯어내고 뼈를 발라내기, 즉 먹을 수 있는 것과 없는 것 골라내기는 소화주머니의 임무이다. 방금 주머니가 훌륭하게 선별하고는 몸을 한번 움찔해서 못 먹는 털 뭉치와 뼈를 토해 낸 것에서 송장벌레(Silphidae)의 친척이며 난쟁이인 슬픈애송장벌레(*Choleva→ Catops tristis*)[6]가 활동하는 것을 보았다.

도대체 토끼와 들쥐 털이 얼마나 귀중한 물건이기에, 여우와 올빼미 창자가 굴복시

---

6 애송장벌레과, Catopidae

애송장벌레 송장벌레의 일종으로 취급되어 왔으나 더듬이의 모양이나 기타 몇 가지의 특징 때문에 지금은 애송장벌레과로 독립하였다. 종수나 개체 수가 많지는 않다.
포천, 12. Ⅷ. 06, 강태화

키지 못해서 이용하지 못한 것을 다시 근본적으로 이용하는 특별 책임자가 있다는 말일까? 그렇다. 그런 털도 가치가 있다. 나름대로 무서운 소화 능력을 가진 우리네 공업도 약간의 털 뭉치는 소화를 보장할 수 없는데, 총체적 제조법(자연)은 새로운 작업을 긴급하게 요구했다.

양(Mouton: *Ovis*)에서 온 모직물은 제사 공장과 직조 공장에서 기계의 이빨로 가공되고, 염색 공장에서 싸구려 약품이 스며들어 소화 과정보다 더 지독한 시련을 거친다. 이런 것의 소비자는 병에라도 걸리지 않을까? 아니다. 곡식좀나방이 모직물을 가지고 우리와 싸운다.

고단한 내 생애의 동반자였던 너, 불행의 증인이며 부드러운 나사(螺絲)의 긴 꼬리가 달린 가엾은 옷아, 나는 미련 없이 너를 버리고 농부의 저고리로 갈아입었다. 너는 옷장 서랍 속에서 장뇌를 함유한 라벤더 몇 다발에 둘러싸여 쉬고 있다.[7] 주부가 너를 보살피며 가끔 털어 낸다. 쓸데없는 관리로다. 구더기에게 두더지가, 수 시렁이에게 뱀이, 곡식좀나방에게 네가, 또 우리 자신이 죽는다. 종말의 구렁텅이를 더 깊이 파고들지 말자. 모든 것은 새롭게 만드는 도가니 속으로 다시 들어가야 한다. 죽음은 연속적인 생명의 개화를 위해 물질을 끊임없이 부어 넣는다.

---

7 이 지방 사람들은 라벤더를 옷장 안의 방충제로도 쓴다.

18 곤충의 기하학

곤충의 솜씨, 특히 벌(Hyménoptère: Hymenoptera)의 솜씨에는 자그마한 경이로움이 많았다. 솜털이 덮인 여러 식물이 공급한 솜으로 지은 가위벌붙이(Anthidies: *Anthidium*) 둥지는 훌륭하고 멋진 자루였다. 반듯하고 우아한 모양에 눈처럼 희며, 만져 보면 백조의 솜털보다 부드럽다. 겨우 살구(Abricot) 반쪽만 한 벌새(Oiseaumouche: Trochilidae) 둥지는 이것과 비교하면 촌스러운 펠트 모자 같다.

그러나 예술가가 이용할 수 있는 공간에 제약을 받아 완전함이 오래 가지는 못한다. 녀석의 작업장은 우연히 만난 피신처이며, 바꿀 수 없는 통로에서 찾아낸 것이라 있는 그대로 이용해야 한다. 따라서 솜으로 짠 자루가 좁은 구석에 줄줄이 놓여, 서로 눌러 찌그러지며 옆의 것과 양끝이 맞닿는다. 그래서 둥지 전체는 공간에 따라 모양이 결정된 울퉁불퉁한 기둥이 된다. 자리가 없어서, 본능이 날을 거는 직공에게 일러 준 면직물 짜기가 우아한 설계대로 계속되지 못하는 것이다. 가위벌붙이가 독방을 별도로 하나씩 지었다면, 펠트로 멋없는 끈 토막처럼 짜 놓은 모습보다는 훨씬 훌륭한 작품이 생겨났을 것이다.

담장진흙가위벌(Chalicodome des murailles: *Chalicodoma muraria*→ *parietina*)이 자갈 위에 집을 지을 때, 처음에는 기하학적으로 흠잡을 데 없는 작은 탑을 쌓았다. 행인이 많은 도로의 가장 단단한 곳에서 긁어다 침으로 반죽한 가루가 시멘트였다. 수집하는 데 힘이 많이 드는 시멘트를 절약하면서도 제작품을 더 튼튼히 하려고, 그것이 굳기 전에 아주 작은 돌들을 바깥쪽에 박아 놓는다. 처음의 건물은 이렇게 해서 예쁜 석조물 보루가 된다.

건축사 벌이 흙손을 자유롭게 쓰며 제 기술의 원형에 따라 지은 집은 모자이크로 장식한 원기둥이다. 그러나 적어도 12개 정도의 다른 방이 뒤따라야 한다. 그때는 첫 작업에서 면제되었던 의무가 불가피해져, 이제 짓는 것은 이미 지어진 것에 얽매이게 된다.

전체가 튼튼하려면 작은 탑이 서로 달라붙어 한 덩이가 되어야 하고, 재료를 절약하려면 같은 칸막이에 옆방이 붙여져야 한다. 원기둥 사이에 빈틈이 생기면 전체의 안정에 해롭다. 이 두 조건이 규정에 맞는 건축술과 양립할 수는 없는데, 두 결함을 방지하려면 건축가는 어떻게 해야 할까?

정상 설계도를 버리고 이용될 장소에 따라 변형시킨다. 하지만 원기둥의 껍데기만 변형시킬 뿐 장차 애벌레가 살아야 할 방안은 새끼의 편의를 위해 계속 둥근 형태를 유지해야 한다. 껍데기는 불규칙한 다각형이 되며, 각은 빈틈을 채우게 된다.

처음에 지어진 작은 탑은 결국 약속했던 기하학적 우아함을 버리게 된다. 여러 방이 덩어리처럼 차지한 건축물이 완성되면 도리 없이 그렇게 되는 것이다. 정확성에 딸려 온 부정확은 일이 끝났을 때 더욱 눈에 띈다. 불순한 일기의 공격을 받고 싶지 않은 미장이는 건물에 두꺼운 회반죽 한 벌을 덧씌운다. 그러면 박아 놓은 모자이크, 둥근 입구를 막은 뚜껑, 원통 모양 보루 모두가 보호용 덧씌움 속으로 사라져, 이제 단순히 마른 흙덩이처럼 보인다.

둥근 물체 중 가장 단순한 원기둥은 청보석나나니(Pélopée: Pelopoeus→ Sceliphron)가 거미(Araignées: Araneae)를 쌓아 두는 통조림 캔의 유형이기도 하다. 이 거미 사냥꾼은 연못가에서 가져온 진흙으로 우선 비스듬한 똬리처럼 장식된 작은 탑을 세운다. 주변 집단에 방해받지 않은 첫 작품은 건설자의 재주를 고도로 평가해 줄 완전한 건물로서, 경사진 기둥 토막처럼 지어졌다. 그러나 뒤따르는 방들이 서로 등을 맞대는 바람에 변형된다. 물자절약과 전체적 튼튼함이라는 이중 동기 때문에 처음에 약속된 아름다운 질서는 무너지고 불규칙한 더미가 온다. 다시 초벽 더미가 불규칙을 가져와 두꺼운 작품을 변질시켜 버린다.

자, 여기 사냥꾼이자 옹기장이로 청보석나나니와 경쟁하는 점박이좀대모벌(Agénies: Agenia punctum→ Auplopus carbonarius)이 있다. 크기는 겨우 서양버찌만 하고, 겉은 오톨도톨한 테두리로 예쁘게 장식한 진흙 항아리에다 새끼의 식량으로 거미를 단 한 마리만 넣는다. 작은 보석 같은 도자기는 한쪽 끝이 잘린 타원체인데, 이것이 따로 있을 때는 정

대모벌류 거미를 사냥해서 땅굴로 가저가려는 대모벌 종류이다.
시흥, 28. VIII. '96

확성이 완전했다.

하지만 이 옹기장이(좀대모벌)는 항아리에 담을 둘러치지 않았다. 해가 잘 드는 벽의 갈라진 틈에서 발견한 피신처는 가족 전체가 들어갈 귀중한 장소라, 다른 식량 항아리도 여기서 제작된다. 이것들이 때에 따라 나란히 늘어서거나 또는 무더기

점박이좀대모벌
실물의 2배

로 모인다. 비록 기본 유형인 타원체로 제작되었으나, 많든 적든 새로 지어진 것들로 인해 이상적인 본보기를 벗어난다. 끝과 끝이 서로 달라붙어 타원체의 부드러운 젖꼭지 모양을 잃고, 대신 작은 통처럼 갑자기 잘린 자리가 들어서게 된다. 길이로 달라붙으면 똥똥한 배가 납작해진다. 이런 식으로 아무렇게나 쌓이면 본보기를 거의 알아볼 수 없게 된다. 그렇지만 녀석은 청보석나나니와 달리 모아 놓은 항아리에 결코 덧바르기를 하지 않아 제작물별 특징이 매우 잘 보존된다. 그만큼 예술가가 거기에 제 상표를 새겨 놓을 줄 아는 것이다.

호리병벌(Eumènes: *Eumenes*)의 도자기는 차원이 더 높다. 녀석은 배가 불룩하며 둥근 지붕을 만들어 놓는데, 마치 동방의 정자나 모스크바 대성당의 둥근 지붕과 비슷하다. 지붕 꼭대기에는 항아리의 짧은 아가리가 얹혀 그리로 애벌레의 식량을 들여보낸다. 식량을 가득 채우고 알을 실로 천장에 매달아 놓고는 나팔처럼 열린 목을 진흙마개로 막는다.

아메드호리병벌(E. d'Amèdée: *E. amedei→ arbustorum*)은 대개 제법

호리병벌 둥지 작은 몸집으로 진흙을 물어다 개어서 만든 공예품치고는 대단한 걸작품이다.
안면도. 2. VI. 07, 강태화

큰 돌에다 집을 짓는다. 모난 조약돌을 둥근 지붕의 반죽에 박아 장식하며, 입구를 막는 마개에는 작고 납작한 돌이나 달팽이 껍데기 중 가장 작은 것을 골라 붙인다. 진흙으로 지은 토치카가 햇볕에 잘 마르면 아주 멋있다.

자, 그런데 근사한 집이 사라지기로 되어 있다. 호리병벌은 이미 지어진 둥근 지붕의 옆을 벽으로 이용하여 다른 지붕을 만든다. 그래서 정확하게 둥글었던 모양이 없어지고, 새로 지은 방이 움푹한 귀퉁이를 차지하다가 모가 져서 애매한 다면체가 되며, 아가리 둘레와 위쪽에만 규정에 맞는 설계의 흔적이 보존된다. 위쪽 표면에 자갈이 박혀 젖꼭지 모양의 돌기를 이룬 것이 각 독방에 해당하는데 이 부분은 방해받지 않는다. 그래서 병목처럼 생긴 모양이 항상 뒤틀리지 않고 남아 있어서 독방을 알아볼 수 있다. 이런 원산지 증명서가 없다면 그렇게 멋대로 덕지덕지 빚어진 것을 돔 건설 예술가의 작품으로 보기가 망설여질 것이다.

아메드호리병벌의 독방

발톱호리병벌(Eumène onguiculé)[1]은 최악이다. 장식용 상감과 갸름한 병목을 갖춘 이 녀석의 방은 아메드호리병벌의 방과 경쟁한다. 형식 면에서는 멋

애호리병벌의 독방

진 방 무더기를 큰 돌 위에 지은 다음, 전체를 한 벌의 회반죽으로 덮어 버린다. 녀석의 섬세한 예술은 가족의 안전이라는 이유로 거친 요새가 된 진흙가위벌이나 청보석나나니를 본받았다. 모든 종류가 미적 감각의 영감을 받아 아름다움으로 시작했다가, 위험에 대한 두려움에 억눌려서 추함으로 끝난다.

반대로, 몸집이 작은 호리병벌은 독방을 언제나 따로따로 지으며, 그 받침대는 흔히 관목의 잔가지였다.[2] 작품은 앞의 것들과 비슷하게 둥근 지붕 모양이고, 입구도 그것들처럼 멋지나 조약돌 모자이크는 없다. 예쁘며 크기가 서양버찌만 한 건물에는 그런 촌스러운 장식이 없는 대신 작은 진흙 혹들을 여기저기에 벌려 놓았다.

방을 집단 구조로 짓는 호리병벌이 지금 지을 방은 먼저 지은 방들의 남겨진 공간에 끼워져서 형태가 변형될 수밖에 없다. 기분에 거슬려도 어쩔 수 없는 형편에 따라 최초 설계도의 아름다운 곡선 대신 깨진 곡선이 된다. 둥근 지붕을 하나씩 따로 만드는 종은 이런 오류를 범하지 않도록 신중히 한다. 애벌레가 자리 잡을 필요성이 있는 한, 어느 가지에 매달렸든 첫째부터 마지막까지 모든 방이 똑같아 마치 같은 거푸집에서 나온 것 같다. 규칙을 적용하는 데 방해가 전혀 없는 지금은 질서가 다시 생겨나서 나중에도 처음처럼 완전한 작품이 계속 만들어진다.

애벌레가 독방을 갖는 곤충으로서, 그 가족 전체의 집이 공동 주택일 때의 건물은 어떨까? 물론 방해가 전혀 없는 조건이라면 작품은 언제나 기하학적으로 정확할 것이

---

1 이 이름은 오직 여기서만 등장할 뿐 어디에서도 보이지 않으며, 해당종의 학명도 추적되지 않는다. 다만 호리병벌과에 *Delta unguiculatum*이라는, 즉 발톱 특징을 살린 종명이 있어, 이 종일 가능성이 크다.
2 『파브르 곤충기』 제2권 5장에 설명된 애호리병벌(*E. pomiformis*)의 이야기인 것 같다.

호리병벌류 호리병벌은 흙으로 단지 모양의 둥지를 짓는다.
시흥, 5. VIII. '96

호리병벌류의 애벌레 둥지 안에다 새끼의 먹잇감으로 잡아온 애벌레를 저장해 두었다.
목포, 1. VI. 06

다. 다만 건축기사별 특성에 따른 차이만 있을 것이다. 실물 크기인 다음의 그림을 보시라.[3] 어린이 장난감 상자에서 자랑거리인 풍선이 아닐까? 동화의 나라에도 이보다 예쁘게 부풀려 놓은 것은 없을 것이다. 그렇다. 이것은 중땅벌(Guêpe moyenne: *Vespa → Dolichovespula media*)의 집인데, 경탄감인 이것을 내게 가져온 사람은 연중 대부분 잘 닫지 않는 덧문의 아랫면에 매달려 있는 것을 발견했다.

행동이 자유로운 땅벌은 연결 부분 말고는 사방 어디든 규정대로 기술을 발휘하여 불안한 곳이 없다. 녀석은 중국과 일본에서 건너온 아주 얇은 종이처럼 나긋나긋하며 질긴 종이를 만든다. 이런 종이로 볼록한 활 모양의 타원체를 지었는데, 부드러운 곡선을 이루는 원뿔 모양이 붙어 있다. 예술적으로 짜 맞춘 형태의 이런 조합은 진왕소똥구리(Scarabée sacré: *Scarabaeus sacer*)의 배 모양 경단에서도 보았다. 날씬한 땅벌과 둔중한 소똥구리가 서로 다른 연장

3 실물이 이 책의 그림처럼 작을 수는 없다. 실물 크기의 그림은 아마도 다른 책에 있을 것이다.

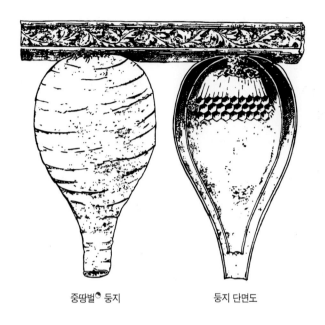

중땅벌° 둥지   둥지 단면도

과 다른 재료로 같은 본에 따라 작업한 것이다.

폭 넓은 나선 그물이 진행된 작업 방법을 말해 준다. 땅벌은 둥근 펄프 덩이를 큰턱에 물고 이미 만들어진 부분의 테두리를 따라서 비스듬하게 내려오며 리본 모양으로 내려놓는다. 이 덩이는 아직 침이 잔뜩 배어 있어서 아주 무르다. 재료가 금방 소비되어 작업이 수백 번 중단된다. 근처의 어느 나무줄기, 습한 공기에 우려지고 햇볕에 바랜 줄기에서 새 재료를 이빨로 긁어 와야 한다. 거기서 뜯어낸 섬유를 나누어 올을 풀고 이겨서 탄력성 있는 펠트를 만든다. 다시 달려가서 만든 뭉치로 중단된 리본을 늘린다.

여러 마리가 협력해서 짓기도 한다. 처음에 도시를 건설할 때 어미는 혼자 가족 돌보기에 골몰하며 지붕만 건축한다. 하지만 곧 중성[4] 새끼들이 태

_____

4 생식 능력 없는 암컷을 말한다.

땅벌 땅벌은 꿀이나 단 음료를 좋아해서 고속도로 휴게소에서도 자주 만나지만 육식을 더 즐겨서 사진처럼 다른 곤충을 사냥하기도 한다.
포천, 11. VII. '96

어난다. 이제부터는 이 녀석들이 어미의 알 전체에게 제공할 둥지를 계속 짓는다. 중성 벌은 집을 넓히는 책임을 맡아 열심히 일하는 조수들이다. 수시로 이 녀석, 저 녀석이 와서 일을 거들거나, 다른 곳에서 여러 마리가 한꺼번에 일해도 제지 직공 무리는 전혀 혼란 없이 완전한 정확성에 도달한다. 꼭대기의 넓고 둥근 지붕의 지름이 조금씩 줄어들고 차차 원뿔 모양으로 가늘어지다가 멋진 입구에서 끝난다. 거의 독립적인 개별 작업에서 조화 있는 전체가 생겨난 것이다. 어째서 그렇게 될까?

이유는 집 짓는 곤충이 기하학적 재능을 타고나, 배우지 않고도 건물을 정리할 줄 알기 때문이다. 이 능력이 같은 무리에서는 한결같고, 다른 무리로 넘어가면 달라진다. 어떤 일정한 방식에 따라 건축하는 경향이 유기체의 일부처럼, 어쩌면 더 훌륭하게 동일 종이라는 동업자의 특징으로 나타난다. 흙벽에 사는 진흙가위벌은 흙을 쌓은 탑을, 청보석나나니는 진흙을 꼬아서 만든 술을, 점박이좀대모벌은 항아리를, 가위벌붙이는 작은 솜주머니를, 호리병벌은 목이 달린 돔을, 땅벌은 종이로 풍선을 만든다. 다른 곤충 역시 각자에게 제 기술이 있다.

인간 건축가는 공사 전에 궁리하고 계산한다. 그러나 곤충은 첫 석재를 다룰 때부터 제 분야의 대가가 되어 있어서, 예비 행위가 면제되었고 망설이는 수습 기간도 모른다. 곤충은 연체동물(Moll-usques: Mollusca)이 교묘한 나선층을 따라 껍데기를 감아 나가는 것과 같은 정확성과 동일한 무의식으로 집을 짓는다. 그러나 여러 방이 서로 방해하면 규정에 따른 설계를 포기하게 된다. 공간이 없으니 어쩔 수 없는 노릇이다. 방들 더미가 되면 불규칙이 따른다. 여기서도 우리처럼 자유는 질서를 만들고, 구속은 무질서를 만든다.

이제는 땅벌의 집인 풍선을 갈라 보자. 여기에 예기치 않은 것이 있다. 껍질이 하나가 아니라 둘이다. 하나가 다른 것 안에 끼워졌고, 두 껍질 사이의 폭은 아주 좁다. 그 걸작품을 내게 가져오고 싶어 하던 초조한 손이 완성되기 전에 따오지 않았다면, 하나가 아니라 그보다 더, 세 겹이나 네 겹까지도 있었을 것이다. 완성된 땅벌 집은 방이 여러 층을 이루는데, 이것은 한 층뿐이니 미완성 둥지라는 증거이다.

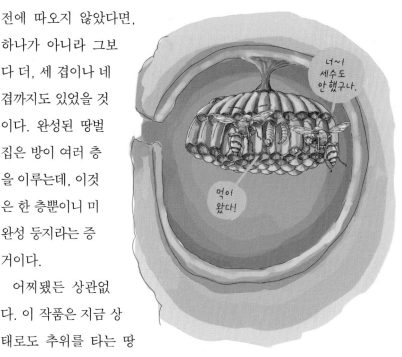

어찌됐든 상관없다. 이 작품은 지금 상태로도 추위를 타는 땅

벌이 열을 보존하는 기술을 우리보다 먼저 알고 있었음을 말해 준다. 물리학은 두 칸막이 사이에 갇힌 부드러운 공기층이 냉기를 전달하는 데 효과적인 장해물임을 알려 주었다. 그래서 겨울에 우리 집도 따뜻한 온도를 유지하려면 이중창을 하라고 권한다. 따뜻함을 무척 좋아하는 땅벌은 공기층을 가두는 여러 겹 껍질의 비밀을 인간의 어떤 지식보다도 먼저 알고 있었다. 햇볕 비치는 곳에 서너 개의 풍선을 끼워 매달아 놓은 녀석의 둥지는 건조실로 바뀔 게 틀림없다.

종이 제품 울타리는 방어용 구축물에 지나지 않는다. 울타리 안에 건설된 진짜 도시는 둥근 천장의 위쪽에 있는데, 지금은 아래쪽이 열린 한 층의 육각형 방뿐이다. 나중에 이런 층이 줄줄이 내려가면서 각각 작은 골판지 기둥으로 앞의 것과 연결된다. 각 층 또는 케이크(밀랍 덩이) 한 판은 100개가량의 독방을 제공하는데, 독방은 그 수만큼의 애벌레 오두막이다.

땅벌에게는 다른 집짓기 곤충이 모르는 규칙의 새끼 육아 방식이 강요되었다. 다른 곤충은 애벌레의 필요에 따라 정해진 양의 식량을 각 방에 저장하고, 알을 낳은 다음 독방을 닫는다. 그런 다음에는 상관하지 않는다. 방안에 갇힌 애벌레는 제 둘레에서 먹을 것을 발견하며 남의 도움 없이도 잘 자란다. 이런 조건에서는 독방이 무질서하게 모여 있어도 심각한 문제가 없다. 무더기의 안전을 위해서라면 덧칠도, 무질서도 용인된다. 이런 애벌레는 식량이 풍부하고 지하실도 편안해서 어느 녀석도 바깥의 무엇을 기다리지 않는다.

하지만 땅벌의 경우는 사정이 아주 다르다. 녀석의 애벌레는 처

314

음부터 다 자랄 때까지 자족 능력이 없다. 둥지 안의 새끼 새처럼 매일 날라다 주는 먹이로 길러지며, 요람 안의 갓난애처럼 끊임없는 보살핌을 요구한다. 살림을 맡은 독신자 일벌들이 이 침대, 저 침대로 끊임없이 돌아다니며 잠든 녀석은 혀로 핥아 세수시키고, 먹이를 토해서 입에 넣어 준다. 애벌레 상태일 때는 배고파서 계속 입을 벌리는 녀석과 들에서 모이주머니에 죽을 가득 채워 돌아오는 벌 사이에 먹이 주기 입맞춤이 끊이지 않는다.

다양한 땅벌집에는 요람이 수천 개나 되는데, 이런 탁아소에서는 쉽게 시찰하고 재빨리 돌볼 필요성이 있다. 결국 녀석들에게는 완전한 질서가 요구된다. 진흙가위벌, 호리병벌, 청보석나나니 따위의 방은 식량을 넣고 닫은 다음 다시는 찾아볼 필요가 없으며 정확하게 모아 놓지 않아도 된다. 하지만 땅벌에겐 독방을 질서 있게 늘어놓는 일이 중요하다. 그렇지 않으면 엄청나게 큰 가족이 성급한 군중으로 돌변해서 보살필 수 없게 될 것이다.

어미가 끝없이 낳는 알을 한정된 공간에 하나씩 넣으려면 모든 애벌레의 마지막 몸 크기로 결정된 용적의 독방을 최대한 많이 지어야 한다. 이러한 조건에서는 이용할 수 있는 공간을 극도로 절약할 필요가 있다. 넓이를 허비하거나 빈 공간이 전체의 견고성을 해쳐서도 안 된다.

아직 이것이 전부가 아니다. 사업가는 이렇게 말한다.

시간은 돈이다.

사업가보다 더 바쁜 벌은 이렇게 생각한다.

시간은 종이이며, 종이는 더 넓고 더 많은 식구의 집이다. 우리의 재료를 낭비하지 말자. 이웃의 두 방을 각 칸막이마다 붙여 놓아 공동으로 사용하자.

벌은 이 문제를 어떻게 해결할까? 우선 둥근 형태를 포기한다. 원기둥, 항아리, 잔, 공, 호리병, 돔 지붕, 그 밖의 일반적 기술로 짓는 소형 건축물은 빈 공간 없이 모일 수도, 독특한 칸막이를 제공할 수도 없다. 일정한 법칙에 따라 꼭 맞춰진 평면만 공간과 물자를 절약한다. 따라서 각 독방은 애벌레의 몸길이에 따라 계산된 각기둥이 된다.

각기둥을 기본으로 하여, 어떤 다각형이 쓰여야 하는지를 결정할 일이 남았다. 우선 집의 용적이 일정해야 하므로 다각형은 분명히 정확할 것이다. 빈 공간 없이 집합되어야 하는데 멋대로 변하는 부정확한 모양이면 이 집과 저 집의 용적이 달라질 것이다. 그런데 무한한 수에서 3이라는 수만 빈 간격 없이 정확한 다각형을 계속 배열시킬 수 있다. 그것은 정삼각형, 정사각형, 정육각형뿐인데 어느 것을 택할까?

원기둥과 가까운 원통 모양의 애벌레 형태에 가장 적합한 다각형, 그리고 애벌레의 자유로운 성장에 필요한 조건, 즉 같은 면적의 껍질로 가장 큰 용적을 얻는 다각형이 필요하다. 우리 기하학자는 빈 공간 없이 정확히 집합될 세 형태 중에서 육각형을 제안한다. 그런데 말벌의 기하학이 택한 것 역시 육각형이다. 즉 각 독방은 여섯 모가 난 다각형이었다.

고도로 조화를 이룬 것은 무엇이든 그것을 박해하려고 애쓰는 교활한 정신의 소유자를 만나게 된다. 육각형 독방, 특히 두 층으로 배열되어 밑에 나란히 놓인 꿀벌(Abeilles: *Apis*)의 육각형 독방을 보고 무슨 말인들 못할까? 밀랍이라서, 공간 덕분에, 경제적 이유로, 이런 기초에 일정한 값을 가진 각은 세 개의 마름모꼴로 이루어진 피라미드여야 한단다. 복잡한 계산은 각도의 값을 도, 분, 초로 알려 준다. 측각기로 꿀벌의 작품을 검사해도 도, 분, 초로 정확히 계산된 값이 찾아진다. 곤충의 작품이 우리 기하학에서 가장 훌륭한 사색(思索)과 완전히 일치했다.

찬란한 꿀벌의 벌통 문제는 이런 초보적인 개관에서 자리를 찾지 못할 테니 땅벌만 다루기로 하자. 사람들은 이렇게 말한다.

병에 완두콩을 가득 채우고 물을 조금 부어라. 콩이 부풀면서 서로 눌려 다면체가 될 것이다. 땅벌의 집도 이와 같다. 집을 짓는 벌은 큰 떼거리이다. 각자가 나름대로 짓는데, 제가 지은 것을 옆의 벌이 지은 것에 마주 대 놓는다. 그래서 그것들끼리 서로 밀어서 육각형이 형성된다.

자기 눈을 이용해 볼 생각이 있다면 감히 표명할 수 없는 괴상망측한 설명이로다. 이 훌륭한 양반들아, 땅벌의 초기 작업을 알아보시라. 울타리 잔가지에 드러내 놓고 집을 짓는 쌍살벌(Poliste: *Polistes*)에서 쉽게 관찰될 것이다. 이 벌이 봄에 집짓기를 시작할 때는 어미 혼자뿐이었다. 이때는 방의 벽과 벽을 마주 대고 열심히 경쟁적으로 일할 동료가 없었다. 어미가 첫번째 각기둥을 세워 놓았을 때는 방해하는 것이 아무것도 없었다. 이 형태가 아닌 다른 형태를 강요한 것도 전혀 없었다. 이렇게 어느 방향에서든 접촉

별쌍살벌 둥지를 나뭇가지에 달아매고 알을 낳은 다음 부화한 새끼에게 각종 나비류의 애벌레를 잡아다 먹인다. 시흥. 15. IX. '96

쌍살벌류 여러 마리의 일벌이 둥지를 지키고 있다. 녀석들도 새끼의 먹잇감으로 다른 곤충을 사냥한다. 설악산. 3. VIII. 05. 강태화

(눌림)이 전혀 없는 첫 독방이 다른 것들과 똑같이 완전한 육각형 기둥이다. 처음부터 흠잡을 데 없는 기둥이며, 처음부터 나무랄 데 없는 기하학이 확인된다.

쌍살벌이나 땅벌 둥지가 많은 일꾼의 노력으로 어느 정도 진행된 작품이 되었을 때 다시 살펴보시라. 아직 미완성인 대부분의 가장자리 독방은 바깥쪽 절반이 맞물리지 않았다. 이 부분은 앞줄과 아무런 접촉도 없고, 어떤 한계가 강요하지도 않는다. 그런데도 육각형의 윤곽은 다른 곳처럼 분명하다. 서로 눌림이 작용한다는 압력 이론은 버리자. 통찰력이 형편없는 눈으로 한 번만 흘깃 보아도 이 이론은 분명하게 부인된다.

어떤 사람은 더 과학적인 주석에 따라, 즉 더 이해하기 어려운 해석에 따라, 부풀어 오른 완두콩의 충돌을 공의 충돌로 바꾸었다. 공들의 교차와 맹목적인 역할로 꿀벌의 훌륭한 집이 된다는 것이다. 모든 것을 주목하는 지능에서 나온 질서가 그들 생각에는

유치한 가설이며, 사물의 수수께끼는 다만 우연의 잠재성으로만 설명된단다. 형상을 지배하는 '기하학적 관념'을 부인하는 심오한 철학자들에게 달팽이(Escargot: Pulmonata) 문제를 제기해 보자.

하찮은 연체동물이 제 껍데기를 대수(로그)나선이라는 이름으로 알려진 곡선의 법칙에 따라 감는다. 그 곡선은 초월적 곡선이다. 그것과 비교하면 육각형은 그야말로 간단한 것이다. 기하학자의 명상은 특성이 매우 주목되는 대수나선을 즐겨 연구했다.

달팽이가 어떻게 대수나선을 제 나선의 경사에 길잡이로 택했을까? 녀석은 공 모양의 교차나 서로 얽힌 형태의 다른 배합에 따라 그렇게 도달하게 되었을까? 어리석은 생각은 염두에 둘 가치조차 없다. 달팽이는 협력자와 충돌하지도 않았고, 옆에 붙은 비슷한 건물이 서로 침투하지도 않았다. 혼자 독립적으로 석회질성 점액 물질로 초월적인 경사를 완성했다.

적어도 복잡한 곡선만은 달팽이 자신이 만들어 냈을까? 그렇지 않다. 이유는 팽이 모양 껍데기를 가진 연체동물은 바다산이든, 민물산이든, 육지산이든, 모두 같은 법칙을 따른 것에 있다. 다만 나선이 투영되는 원뿔 모양과 관련된 세부적 변화만 있었다. 이 시대의 건축가는 덜 정확했던 옛날 설계도를 점차적으로 개량해서 그렇게 만들게 되었을까? 그런 것도 아니다. 지구가 생긴 초기부터 고도의 기술을 필요로 하는 나선이 껍데기 말기를 주재했으며, 대륙이 나타나기 이전[5]의 암몬조개(Cératites: Ceratites), 암모나이트(Ammonites), 그 밖의 연체동물도 개울의 또아리물달팽이 (Planorbes: Planorbidae)와 같은 방식으로 말렸다.

5 지구가 여섯 대륙으로 갈라지기 이전

연체동물의 대수나선은 세월만큼이나 오랜 것이다. 그것은 땅벌의 독방이든, 달팽이의 비탈이든, 똑같이 주의를 기울이는, 즉 세상을 다스리는 최고의 '기하학'에서 온 것이다. 플라톤(Platon)⁶은 그의 저서에서 "'창조하는 능력'은 기하학에서 만들어진다(Αει ὁ Θεὸς Γεωμ ετρεί)."라고 했다. 참으로 여기에 땅벌 문제의 해결책이 있는 것이다.

6 아테네 철학학교 설립자. 『파브르 곤충기』 제6권 352쪽 참조

19 땅벌 1

9월이면 나는 무턱대고 어린 폴(Paul)을 데리고 나서서 오솔길가를 살핀다. 폴은 내게 밝은 눈과 아직 사고가 근심 따위로 찌들지 않은 주의력을 빌려 준다. 아이는 지금 막 스무 발짝쯤 떨어진 풀숲에서, 마치 어느 작은 분화구가 분출하면서 발사체를 발사하는 것처럼 한 마리, 잠시 후 또 한 마리, 이런 식으로 땅에서 솟아올라 빠른 화살처럼 멀리 날아가는 것을 보고 소리쳤다. "땅벌집이다. 땅벌집이 틀림없어!"

사나운 벌에게 주목당할까 봐 겁이 나서 조심조심 다가갔다. 진짜 땅벌집이다. 둥글게 뚫린 현관 구멍이 엄지가 들어갈 정도인데, 드나드는 녀석이 서로 분주하게 엇갈린다. 푸르르! 성질을 잘 부리는 오합지졸에게 너무 다가갔다가 15분 동안 고약한 공격을 당할 생각에 양어깨가 떨린다. 비싼 대가를 치르게 될지도 모르니 다른 사정 알아보기는 생략하고 장소만 알아 두자. 밤이 되어 들에서 군단 전체가 돌아왔을 때 다시 올 것이다.

땅벌(Guêpe: *Vespa*→ *Vespula vulgaris*, 점박이땅벌●) 둥지를 얻으려면

계획을 약간 철저하게 세워, 신중하게 조치를 취해야 한다. 석유 1/4ℓ, 손바닥만 한 갈대 토막 하나, 미리 반죽해 놓은 커다란 진흙덩이 하나, 이런 것들이 별로 성공하지 못했던 여러 번의 시도 끝에 가장 간단하고 좋은 방법으로 판단된 나의 수단이다.

점박이땅벌⁀
실물의 2배

　내 능력에 어울리지 않게 비싼 수단을 쓰지 않고는 달리 질식시킬 방법이 없다. 훌륭한 레오뮈르(Réaumur)는 땅벌의 습성을 연구하려고 살아 있는 벌집을 유리 둥지에 넣을 때, 혹독한 일에 익숙하며 호의적인 하인들이 있었다. 그들은 적잖은 보수에 유혹되어 자기 피부로 학자에게 만족의 대가를 치른 것이다. 직접 내 피부로 대가를 치러야 하는 나는 탐나는 둥지를 캐내기 전에 곰곰이 생각을 해야 한다. 미리 거주민을 질식시키는 방법이다. 죽은 땅벌은 쏘지 못하니, 이 방법이 거칠기는 해도 안전에는 확실한 방법이다.

　게다가 선생이 본 것을, 그것도 아주 자세히 본 것을 내가 또 다시 볼 필요는 없다. 내 야심은 몇 가지 세세한 사실뿐인데, 살아남은 녀석이 조금만 있어도 얼마든지 관찰할 수 있는 것들이다. 질식시키는 액체의 양을 조절하면 틀림없이 목숨을 건진 녀석을 얻을 수 있다.

　이황화탄소를 썼을 때보다 덜 격렬하고, 값도 싸게 먹혀서 석유

가 더 좋다는 생각에 이것을 벌집이
든 공동 속으로 들여보낸다. 길이
는 한 뼘가량, 방향은 거의 수평
인 현관이 지하실로 들어가는
길목이다. 지하도 입구에 액체를
부었다가는 땅을 팔 때 곤란해질
수도 있는 서툰 짓이 될 것이다. 적은
양의 석유가 흙에 배어들어 목적
지에는 닿지 못한 것도 모르고
다음 날 작업에 위험이 없다고
생각했다가는 삽날 밑에서 성난
벌 떼를 만날 것이다.

갈대 토막이 낭패를 예방한다. 토막을
지하도로 들여보내면 새지 않는 수로가 되어 액체를 잃지 않고 굴
속으로 이끌어간다. 깔때기로 액체를 빨리 옮긴다. 현지에는 대개
물이 없으니 미리 반죽해 간 진흙덩이로 벌집 입구를 넓게 틀어막
는다. 이제 그냥 내버려 두면 된다.

저녁 9시경, 도구를 모두 왕골바구니에 챙기고 폴과 함께 초롱
불을 들고 가 작업할 생각이다. 날씨는 온화하고 달빛이 약간 비
친다. 서로 짖어 대는 농가의 발바리 소리가 멀리서 들려오고, 올
리브나무(Olivier: *Olea europaea*, 감람나무)에서 올빼미(Chouette: *Strix
aluco*)가 울고, 수풀에서는 유럽긴꼬리(Grillon d'Italie: *Oecanthus
pellucens*)[1]가 합창을 한다. 우리는 곤충 이야기
를 한다. 한 사람은 알고 싶어서 묻고, 한 사

---

1 귀뚜라미의 일종

긴꼬리 녀석도 귀뚜라미의 일종이며, 여름에 들에서 "루루루 루루루" 소리를 내며 운다. 시흥, 11. VII. '95

점박이땅벌 둥지

람은 대답해 준다. 땅벌을 사냥하는 더없이 기분 좋은 밤아, 그대는 우리가 잃은 잠을 벌충해 주고, 어쩌면 벌에 쏘일지도 모른다는 생각을 잊게 해주는구나.

자, 다 왔다. 까다로운 문제는 갈대를 현관으로 들여보내는 일이다. 지하도의 방향을 몰라 더듬거릴 때, 저 수비대에서 보초병들이 나와 손에 달려들지도 모르지만 위험에 대한 대비는 해놓았다. 우리 둘 중 하나가 망을 보다가 혹시 습격하려는 녀석이 나타나면 수건으로 쳐낼 것이다. 혹시 붓거나 심한 통증을 겪게 되더라도 어떤 개념을 얻는다면 너무 비싼 대가는 아닐 것이다.

이번에는 지장 없이 액체를 들여보낼 관이 자리를 잘 잡았다. 병에 든 석유를 굴속으로 흘려보낸다. 땅속 녀석들의 위협적인 윙윙 소리가 들린다. 진흙덩이로 빨리 막는다. 확실히 막히도록 뒤꿈치로 빨리 두세 번 밟았다. 더 할 일은 없다. 11시다. 잠자러 가자.

새벽에 괭이와 삽을 들고 다시 갔다. 들에서 지각한 벌은 밖에서 잠을 잔다. 우리가 굴을 파고 있을 때 그 녀석들이 올 것이다. 하지만 아침의 찬 공기에서는 공격력이 약할 테고, 손수건을 몇 번 휘두르면 멀찌감치 물러날 것이다. 그러니 더워지기 전에 서두르자.

현관 앞쪽을 마음대로 조작할 수 있게 충분히 넓은 구덩이를 팠다. 현관의 방향은 거기에 남겨 둔 갈대로 알았다. 흙의 수직면을 한 조각씩 조심조심 떼어 낸다. 이런 식으로 50cm가량 파 들어가자 마침내 넓은 공동의 천장에 매달린 온전한 벌집이 나타난다.

중간 크기 호박만 하며 정말 훌륭한 작품이다. 위쪽 꼭지는 여러 뿌리, 특히 흙 속에 박힌 개밀(Chiendent: *Elytrigia* 또는 *Cynodon*) 뿌리에 단단히 붙어 있고, 둥지는 완전히 공중에 떠 있다. 흙이 부드럽고 균일해서 반듯하게 파낼 수 있는 땅에서는 둥지의 형태가 언제나 둥글다. 그러나 돌이 많은 곳은 만나는 장애물에 따라 둥근 여기저기가 얼마간 쭈그러진다.

종이 건축물과 지하의 벽 사이에는 언제나 손바닥 너비의 빈 공간이 있다. 거기는 끊임없이 넓히고 튼튼하게 하여 일꾼들이 마음대로 돌아다니는 큰길이 된다. 도시가 바깥과 연락하는 나들이 길목은 하나만 뚫려 있다. 둥지 밑에 둥근 대야처럼 넓게 비어 있는 공간이 훨씬 더 넓다. 그 공간은 새 독방 층이 늘어나 전체가 더 커진 둥지도 수용할 수 있다. 솥 밑바닥 같은 여기는 벌집의 수많은 찌꺼기가 떨어져서 쌓이는 넓은 시궁창이기도 하다.

지하동굴의 넓이가 문제 하나를, 즉 벌이 직접 동굴을 팠을까 하는 문제를 제기한다. 자연적으로 만들어진 공동이 그렇게 넓고

땅벌 집 땅벌은 쥐굴처럼 땅속에 생긴 공동 안에 둥지를 튼다. 이런 공동은 밭이나 그 주변에 많아서 가끔 농부를 위험에 빠뜨리기도 한다. 시흥. 19. IX. '93

정확할 수 없음은 당연한 일이다. 처음에 혼자 집을 짓는 어미가 급히 일할 욕심에, 어쩌면 두더지(Taupe: *Talpa*)가 파 놓은 구멍을 우연히 만나 은신처로 이용했을 수는 있다. 하지만 그다음 일, 즉 엄청나게 넓은 지하실을 파내야 하는 일에는 일벌만 참여했다. 그런데 파낸 50cm³가량의 흙더미는 어디로 갔을까?

개미는 파낸 흙을 제집 어귀에 원뿔 무더기처럼 쌓아 놓는다. 만일 땅벌의 관습도 그렇게 쌓는 것이라면 100*l*도 넘는 흙으로 어떤 둔덕인들 안 생기겠더냐! 하지만 전혀 아니다. 문 앞에는 파낸 흙이 전혀 없이 깨끗하다. 땅벌은 성가신 흙을 어떻게 했을까?

해답은 평화롭고 관찰하기 쉬운 벌이 준다. 재활용하려는 헌집에 널렸던 것을 치우는 진흙가위벌(*Chalicodoma*)을 기억해 보자. 또 지렁이 굴을 청소하는 가위벌붙이(*Anthidium*)는 잎으로 만든 자루를 그 굴 속에 쌓기 전에 연한 벽지 조각이나 흙 알갱이처럼 하찮은 것들을 멀리 가져다 버리려고 이빨에 물고 힘차게 날랐다. 곧 작업장으로 되돌아와 결과에 어울리지 않게 또 멀리 날아간다. 작은 알갱이를 다리로 쓸어 내기만 하면 거기가 어수선해질까 봐 겁을 내는 것 같다. 녀석은 별것도 아닌 흙을 멀리 흩어 놓는 데 날갯짓이 필요한가 보다.

땅벌도 그렇게 한다. 수천 마리가 필요에 따라 넓히며 굴을 판다. 각자가 파낸 흙 알갱이를 큰턱에 물고 나와서 멀리 날아간다. 벌에 따라 좀 멀거나 가까운 사방에 떨어뜨린다. 이렇게 넓은 범위에 흩어 놓아서 파낸 흙은 눈에 띄는 흔적을 남기지 않았다.

벌집 재료는 얇고 나긋나긋하며 엷은 색 줄이 쳐진 회색 종이인데, 재료가 된 나무의 성질에 따라 색깔이 다양하다. 중땅벌(G. moyenne: *Vespa→ Dolichovespula media*)°의 관습처럼 종잇장 한 겹으로 짓는 건물이라면 추위에 별로 효과가 없을 것이다. 하지만 이 풍선 제조 기술자는 여러 장이 겹쳐진 껍질 사이에 유지된 공기층으로 열을 보존할 줄 안다. 열 법칙에 능통한 보통말벌(G. commune)[2]은 다른 방법으로 그런 결과를 얻는다. 녀석도 펄프로 넓은 비늘을 만들지만 느슨하게 겹쳐서 여러 층으로 쌓는다. 전체적으로는 물렁하며 두껍고, 비유동성 공기가 많이 들어 있는 투박한 플란넬이 된다. 이런 은신처는 틀림없이 따뜻한 계절의 열대성 온도를 유지할 것이다.

힘과 호전적인 대담성으로 말벌 조합에서 사나운 두목 격인 말벌(Frelon: *Vespa crabro*)° 둥지도 같은 원칙에 따라 공 모양이다. 버드나무(Saule: *Salix*)에 뚫린 구멍이나 버려진 어느 곡식 창고 구석에다 나무의 섬유 조각을 모아 줄을 치며 매우 여린 황금색 골판지 작품을 만든다. 공 모양은 크고 볼록한 비늘 울타리인 일종의 기와로 둘러싸였는데, 비늘끼리 붙어서 여러 층이 된 사이에 공기가 움직이지 않는 넓은 공간이 생긴다.

2 마치 옛날에 『파브르 곤충기』 제2권에서 불렀던 말벌, 즉 G. vulgaire와는 다른 종인 것처럼 프랑스 어 이름도 다르고, 이후에 서술된 내용도 애매해서 서로가 별개의 종처럼 보인다. 게다가 이 이름이 그림에도 붙여졌고, 앞으로도 자주 등장하여 마치 특정 종 명처럼 보인다. 하지만 이는 말벌이나 땅벌의 통칭도 되고, 이 벌들의 대표 격인 점박이땅벌°이 되기도 한다. 여기서는 통칭이나 다른 벌이 아니라 점박이땅벌을 설명한 것이다.

말벌 녀석은 나무에서 흐르는 진을 핥아먹기도 하고, 나무를 뜯어다 밀랍을 만들어 둥지를 짓기도 한다. 시흥, 6. VIII. '96

열을 투과시키지 않는 물체인 공기를 이용한 점, 털이불 기술이 우리보다 앞선 점, 울타리의 형태를 가장 작은 껍질 속에 가장 큰 용적이 들어갈 수 있게 한 점, 공간과 재료를 절약하는 육각형 각 기둥을 독방으로 채택한 점, 이런 것들은 우리네 물리학과 기하학에서 알려진 사실과 합치하는 재능의 행위들이다. 사람들은 말벌이 진보에 진보를 거듭해서 정확한 집을 궁리해 냈다고 한다. 이 곤충이 극히 조금만 생각할 줄 알았어도 내 계략을 간단히 무산시켰을 텐데, 이 계략에 희생되어 집 전체가 죽었으니 그 사람들의 말을 믿지 못하겠다.

놀라운 기술의 건축가가 별것 아닌 난제 앞에서 보이는 어리석음으로 우리를 다시 한 번 놀라게 한다. 녀석이 늘 하는 일 말고는 명민함이 조금도 없으니, 집을 점차 개량하리라는 생각을 할 수

말벌

가 없다. 이 점을 확인시켜 주는 여러 실험 중 매우 쉬운 예 하나를 들어보자.

점박이땅벌이 울타리 안의 어느 길가에 우연히 자리 잡은 둥지가 있다. 식구들이 감히 근처로 가지를 못한다. 거기서 돌아다니면 위험하고, 아이들이 대단히 무서워하니 그 못된 이웃을 처치해야겠다. 한편, 행인과 만날 들에서는 쓸 수가 없는 기구, 즉 장난꾸러기들이 곧 깨뜨려 버릴 유리그릇으로 실험하고 싶었는데 훌륭한 지금의 기회를 이용해야겠다.

기구란 그저 화학자의 종 모양 유리뚜껑을 말한 것인데, 밤이 되어 벌이 집으로 돌아왔을 때, 땅굴 둘레의 지면을 평평하게 고르고 입구를 덮어씌웠다. 내일 다시 일하러 나오다가 막힌 것을 본 녀석들이 뚜껑 둘레 밑에 새 통로를 만들 줄 알까? 넓은 공동도 과감하게 파낼 능력이 있는 땅벌인데, 아주 짧은 지하도 하나가 저희를 자유롭게 해줌을 알아챌까? 이것이 문제였다.

다음 날이다. 해가 유리뚜껑에 쨍쨍 내리쬔다. 빨리 식량을 구하러 가려는 일벌 무리가 땅속에서 올라오다 투명한 벽에 부딪쳐 떨어진다. 다시 일어나 미친 듯이 혼잡스럽게 맴돈다. 법석을 떨다 지쳐서 땅에 내려앉는다. 무턱대고 악착같이 돌아다니다 너무 뜨거워 집으로 들어가는 녀석도, 그 대신 나오는 녀석도 있다. 그런데 위험한 그 곡예장의 밑을 발로 긁는 녀석은 한 마리도 없다. 결국 새 굴을 파서 하는 탈출법은 녀석들의 지능을 넘어선 것이다.

들에서 밤을 보낸 몇 마리가 돌아왔다. 유리뚜껑 둘레로 날고 또 난다. 드디어 한 마리가 울타리 둘레 밑을 파기로 작정했다. 곧 다른 녀석들도 돕는다. 어렵지 않게 통로 하나가 뚫려 그리 들어갔다. 잠시 내버려 두었다가 지각생이 모두 집으로 들어간 다음 거기를 흙으로 다시 막았다. 안쪽 구멍을 보면 출구로 사용될 수 있겠으나, 갇힌 녀석들에게 해방용 터널을 생각해 낼 영예를 남겨 주고 싶었다.

땅벌의 분별력에서 반짝 빛나야 할 지능이 아무리 빈약해도 이 제는 탈출할 법하다. 방금 돌아온 지각생이 다른 녀석에게 성 밑 파기를 가르쳐 줄 것이다. 지각생이 최근의 경험으로 힘을 얻어, 다른 녀석에게 모범을 보여 줄 것을 기대했었다.

결국 본보기를 보이거나 경험의 가르침은 없었다. 녀석들이 땅을 파리라고 기대한 것은 지나친 속단이었다. 유리뚜껑 안에서는 들어갈 때와 같은 시도가 전혀 없다. 갇힌 녀석들은 뜨거운 장치의 공기 속에서 아무런 시도도 하지 않고 맴돌기만 한다. 허우적거리는 무리가 굶주림과 너무 심한 더위로 매일매일 죽어 간다. 1주일이 지나자 한 마리도 살아남지 않았다. 땅 위에 시체가 너저분하게 깔렸다. 자신의 관습을 바꿀 능력이 없어서 도시가 멸망한 것이다.

이 어리석음을 보니 오듀본(Audubon)[3]이 말했던 야생 칠면조 (Dindon sauvages: *Meleargis gallopavo*) 이야기가 생각난다. 녀석들은 낟알(Mil) 몇 개의 미끼에 이끌려서 말뚝을 박아 놓은 광장 가운데로 들어가는 짧은 통로로 들어섰다. 배불리 먹은 칠면조 떼가 떠나려 하나, 어리석은 새가 울타리 가운데 뻥 뚫려 있는 입구를 출구로 이용하기엔 너무도 고차원의 교묘한 수단이었다. 그 길은 어둡다. 밝은 햇빛은 말뚝 안쪽만 비추니 새는 격자를 끼고 무한

<hr>

3 18세기 미국 조류학자. 『파브르 곤충기』 제6권 178쪽 참조

정 돌기만 한다. 마침내 함정을 만들어 놓은 사냥꾼이 와서 녀석들의 목을 비튼다.

우리 가정에서도 교묘한 파리통[4]이 효과를 발휘한다. 통은 밑이 뚫리고 3개의 짧은 다리에 의지한 물병이다. 병의 안쪽 둘레에는 비눗물이 고리 모양의 호수를 이룬다. 입구 밑에 놓아 둔 설탕 한 덩이가 미끼 노릇을 한다. 파리가 그리 들어갔으나 떠날 때는 위쪽의 빛을 향해 곧장 날다가 함정인 호수에 빠진다. 거기서 투명한 벽에 부딪치다 지친다. 왔던 곳으로 되돌아갈 수 있다는 초보적 착상조차 할 능력이 없어서 모두 익사한다.

유리뚜껑 밑의 땅벌도 마찬가지였다. 녀석들은 그리 들어갈 줄은 알아도 그리 나올 줄은 모른다. 굴에서 올라온 녀석은 빛을 향한다. 투명한 감옥에서 만난 밝은 빛, 즉 목적을 달성했으나 실제로는 장애물(유리)이 날기를 막는다. 어쨌든 좋다. 광명이 공간을 채우고 있으니, 그것으로 갇힌 녀석을 속이기에는 충분하다. 유리에 부딪히는 충돌의 계속적인 경고에도 불구하고, 다른 시도는 하지 않고 오직 고집스럽게 밝은 공간을 향해 날아오르려 한다.

들에서 돌아온 땅벌은 조건이 다르다. 녀석은 빛에서 어둠으로 간다. 더욱이 실험자의 악질적인 간섭이 없었어도 가끔은 비가 오거나 행인이 밟아서 무너진 흙으로 집 어귀가 막힌다. 그런 때 돌아온 벌은 피할 수 없는 일을 한다. 입구를 찾아 흙을 파내서 치우고 마침내 땅굴을 찾아낸다. 땅을 통해서 집을 찾아내는 후각, 문 앞을 파내려는 열성, 이런 것들은 타고난 적성이다. 날마다 일어나는 사고 가운데서 종을 보존할 목적으로 녀석에게

<hr>

4 우리나라에서도 1960년대, 지방에 따라서는 1970년대까지 파리를 잡기 위한 유리통을 많이 사용했다.

주어진 능력의 일부이다. 여기서는 곰곰히 생각한 술책이 필요치 않다. 장애물 흙은 땅벌이 이 세상에 출현했을 때부터 녀석들 모두에게 익숙한 것이다. 그래서 그냥 긁어내고 들어간 것이다.

유리뚜껑 밑에서도 일이 다르게 진행된 것은 아니다. 땅벌은 둥지의 위치를 지형학적으로 아주 잘 알고 있지만 직접 들어갈 수는 없다. 어떤 시도가 필요할까? 조금 망설이다가 전의 관습에 따라 흙을 파고 치워서 곤란함이 없어졌다. 결국, 땅벌은 어떤 장애물이 있어도 제집으로 들어갈 줄은 안다. 그런데 녀석의 행위는 유사한 상황에서 행하는 것과 일치해서 알게 된 것이므로 암울한 지능에서 새로운 광명이 요구된 것은 아니다.

그래서 똑같은 애로 상황인데 나올 줄은 모른다. 벌도 미국의 박물학자가 말한 칠면조와 비슷해서 이 문제 앞에서는 갈피를 잡지 못한다. 즉 쉽게 들어갈 수 있다면 쉽게 나올 수도 있다고 인정하는 문제 말이다. 칠면조도, 땅벌도 밝음 앞에서 절망적으로 동요하고, 지쳐 가며 나오려고 안달하면서, 자유를 그렇게 쉽게 얻을 수 있는 땅 밑 통로에는 주의를 기울이지 못한다. 생각하지 못하는 이유는 얼마간의 숙고가 필요해서 그런 것인데, 숙고는 밝은 곳으로 도망쳐야 하는 충동을 거역해야 하는 일이다. 땅벌과 칠면조가 통상적인 전술을 바꿔야 할 입장에 놓였을 때, 과거의 교훈은 현재를 교육시키기보다는 오히려 죽인다.

땅벌집의 둥근 모양과 육각형 독방을 생각해 냈다며, 즉 공간과 물자를 가장 절약하는 형태의 문제에서 우리 기하학자와 경쟁했다며 땅벌을 칭찬했다. 우리 물리학자가 냉각을 막는 데 그보다 더 좋은 것을 생각하지 못했을 만큼, 공기를 안에 보존한 아파트를 발견한 훌륭함도 녀석들의 재주로 돌렸다. 그런데 이렇게 훌륭한 발명으로 인도한 것이 그저 입구를 출구로 이용치 못하는 둔한 지능이라니! 그런 어리석음에서 착상을 얻은 희한한 일들에 대해 나는 매우 의심쩍게 생각한다. 하나의 기술에는 그보다 높은 기원이 있는가 보다.

이제는 두꺼운 벌집 울타리를 갈라 보자. 내부에는 밀랍 덩이 또는 원반 층의 독방들이 수평으로 배치되었으며, 튼튼한 기둥으로 서로 연결되었다. 수가 일정치는 않다. 계절이 끝날 무렵에는 10층이나 더 많을 수도 있다. 독방 입구는 아래쪽이다. 이렇게 이상한 세계에서 어린 애벌레들이 자라는데, 누워서 조는 자세로 한 입씩 받아 먹는다.

업무상 필요에 따라 여러 층 사이에 달아맨 기둥 열과 자유로운 공간이 있다. 여기로 육아벌들이 끊임없이 돌아다니며 애벌레를 열심히 돌본다. 울타리와 원반 사이에 옆문이 있어서 어디든 쉽게 들어갈 수 있다. 원반 옆구리에는 건축학적으로 호화롭지 못한 도시의 문이 있는데, 울타리의 얇은 종잇장들 밑에 가려진 수수한 구멍이다. 그 앞에는 바깥으로 나가는 땅 밑의 현관이 있다.

아래층 원반의 독방들은 위층 방들보다 크다. 큰방은 암컷과 수컷의 양육에, 위층 방은 몸집이 조금 작은 중성 벌의 양육에 이용된다. 공동체가 처음에는 일에만 전념하는 독신의 일벌을 많이 요구한다. 일벌이 집을 확장해서 번창한 도시 상태로 만든 다음에는 미래에 관심이 생겨서 일부는 수컷, 일부는 암컷이 이용할 넓은 독방들이 지어진다. 여기에 들어간 숫자를 보면 성을 가질 애벌레의 수는 전체의 1/3가량이다.

위층의 오래된 집의 방들은 벽이 기부까지 갉혀서 기초밖에 남지 않은 폐허인 점에도 유의하자. 이제는 일꾼이 많아서 양성이 출현하여 사회가 보충될 시기가 된 것이다. 그래서 쓸모없어진 작은 방이 모두 헐려서 다시 반죽된 종이로 유성(有性)의 요람인 큰 방이 지어졌다. 밖에서 보충된 것과 함께 쓰인 것이다. 어쩌면 원반에 비늘 몇 개를 더 붙이는 재료로 썼을 것이다. 시간을 절약하는 땅벌은 집 안에 마음대로 쓸 수 있는 재료가 있다면 멀리 가서 구하느라고 애쓰지 않는다. 땅벌도 우리처럼 헌것으로 새것을 만들 줄 안다.

완전한 집에서는 독방의 전체 수가 천 단위로 세어진다. 여기에 내 계산서 중 하나를 예로 들겠다. 원반이 오래된 순서대로 번호를 매겼다. 즉 1번은 가장 오래된 것으로 제일 위에 쌓였던 무더기이고, 10번은 가장 최근의 것이며 제일 아래의 무더기이다.

밀랍 원반 순서	지름(cm)	방의 수
1	10	300
2	16	600
3	20	2,000
4	24	2,200
5	25	2,300
6	26	1,300
7	24	1,200
8	23	1,000
9	20	700
10	13	300
합 계		11,900

이 표의 계산서가 어림잡은 숫자임은 재론할 필요도 없다. 여러 땅벌집 사이의 독방 수는 무척 다양한 만큼 아주 정확한 수치가 필요한 것도 아니다. 원반을 셀 때마다 100마리가량의 오차가 있었다. 숫자에 이렇게 탄력성이 컸어도 결과는 레오뮈르의 것과 아주 잘 일치했다. 선생은 원반이 15개인 벌집에서 독방을 16,000개나 세고는 이런 말을 덧붙였다. 독방이 10,000개라도 애벌레 3마리가 서로 겹쳐서 이용하지 않은 방은 아마도 없을 것이다. 따라서 벌집 하나에서 1년에 적어도 30,000마리가 넘는 땅벌이 태어났다.

호구조사 결과가 30,000이라고 했다. 이렇게 많은 무리가 겨울에는 어떻게 될까? 이제 알게 될 것이다. 지금은 12월이다. 서리가 내리지만 아직 된서리는 아니다. 이 벌집은 내게 두더지를 제공해 준 사람 덕분에 구했다. 친절한 그는 동전 몇 닢을 받고 부족한 우리 텃밭의 농산물을 보충해 주는 사람이다. 이런 이웃이 자신도 불안한데 나를 위해 벌집을 그의 텃밭에 그냥 놔두었다. 나는 생각만 나면 언제든지 가서 볼 수 있었다.

때가 되었다. 이제는 추위로 사나운 열정이 식었을 테니 석유로 미리 마비시킬 필요가 없다. 녀석들은 양순해져서 조금만 조심하면 탈 없이 귀찮게 해줄 수 있을 것이다. 이른 아침, 서리가 내려 하얘진 풀 사이의 공략할 구덩이를 괭이로 파낸다. 일이 뜻대로 진행되며 움직이는 녀석도 없다. 굴속의 둥근 천장에 매달린 벌집이 정면으로 나타난다.

대야처럼 둥글게 파인 지하실 밑에 죽은 벌과 죽어 가는 벌이 누워 있다. 몇 줌을 집어낼 수도 있겠다. 체력이 쇠약해짐을 느낀

벌이 집을 떠나 굴 밑의 지하 공동묘지로 떨어지는 것 같다. 어쩌면 성한 녀석이 죽은 자를 저 아래로 집어던질 책임을 졌는지도 모른다. 굴 입구의 밖에도 죽은 벌이 많았다. 종이장막을 시체로 더럽혀서는 안 되므로 녀석이 스스로 나가서 죽었을까? 살아남은 녀석들이 위생상 밖으로 옮겼을까? 나는 오히려 약식 장례를 마음에 둔다. 아직도 몸을 떨며 죽어 가는 녀석의 다리를 물어서 시체 전시장으로 끌어다 놓는다. 그러면 밤 추위가 완전히 죽여 버릴 것이다. 이렇게 가혹한 장례식은 우리가 다시 다루게 될 또 다른 잔인성과 일치한다.

안과 밖의 두 묘지에 그 가족의 세 집단이 섞여 있다. 중성이 가장 많았고, 다음은 수컷이 많았다. 이 두 그룹은 역할이 끝났으니 사라지는 게 극히 당연한 일이다. 그런데 배 속에 배아가 잔뜩 들어 있는 암컷, 즉 미래의 어미들도 쓰러졌다. 다행히 집 안이 아직 완전히 비지는 않았다. 한 군데의 찢어진 틈으로 나의 필요에 충분하고도 남을 만큼 많은 수가 우글거리는 게 보인다. 이 둥지를 한가한 집으로 가져가 얼마 동안 관찰해 보자.

잘라 낸 둥지가 더 감시하기 편할 것 같다. 연결 기둥들을 자르고 각 층을 각각 떼어서 다시 쌓아 놓고, 넓은 울타리를 지붕 삼아 덮어 놓았다. 결국 벌은 제집에 다시 자리 잡은 셈인데, 너무 많아서 생기는 혼란을 피하려고 수를 줄인 것이다. 건강한 녀석들은 놔두고 나머지는 버렸다. 주요 연구 대상인 암컷은 100마리에 가까웠다. 아직도 절반쯤 마비된 벌 떼는 선별 과정에서 다른 그릇으로 옮겨도 그다지 위험하지 않으니 핀셋만 있으면 된다. 모두 넓은 항아리에 넣고 철망뚜껑을 덮었다. 이제 날마다 변화를 지켜보면 된다.

겨울이 오면 땅벌을 죽이는 주된 역할을 하는 두 파멸 요인은 기근과 추위라고 생각된다. 겨울에는 주요 양식인 단 열매가 없고, 땅속이라도 결국은 서리가 굶주린 땅벌을 완전히 죽일 것이다. 과연 그렇게 될까? 결과를 기다려 보자.

조금은 나를 위해, 조금은 곤충을 위해 불이 피워진 연구실에 벌 항아리를 놓았다. 여기는 거의 하루 종일 햇볕이 들며 물이 얼지 않는다. 따뜻한 이 거처에서는 땅벌 식구가 추위로 사라질 가능성이 없다. 기근도 염려할 것 없다. 뚜껑 밑의 작은 컵에 꿀이 가득하고, 짚단 위에 보관했던 내 마지막 포도송이의 포도 알이 다양한 식단이 된다. 이런 식량이 있으니 벌 떼에게 쇠약함이 찾아든다면 기근은 문제의 밖이 된다.

이런 조치들을 취해 놓았더니 처음에는 별지장 없이 진행되었다. 밤중에는 밀랍 사이에 쪼그리고 있던 녀석들이 뚜껑에 햇살이 비치면 그리 나와서 서로 몸을 기댄다. 다음은 활기가 생겨서 지붕으로 기어오르고, 굼뜨게 왔다 갔다 하고, 꿀샘과 포도 알로 내려와서 마신다. 중성은 날아다니다 철망에 모이고, 뿔(더듬이)이 긴 수컷은 아주 명랑하게 뿔을 구부리고, 암컷은 좀 둔해서 그런 놀이에 끼어들지 않는다.

일주일이 지났다. 비록 짧기는 해도 대중식당을 찾는 것이 어떤 안락을 입증하는 것 같았다. 하지만 갑자기 뚜렷한 원인 없이 죽음이 나타난다. 해가 기울 무렵 중성 한 마리가 햇볕을 쬐고 있다. 녀석이 병들었다는 표시는 전혀 없었는데 갑자기 떨어져서 자빠진다. 한동안 배를 흔들고 다리를 쉴 새 없이 떨더니 그만이다. 죽었다.

한편 암컷도 나를 불안하게 만든다. 우연히 한 마리가 둥지 밖으로 나오는 것을 보았다. 그녀도 누워서 다리를 뻗고 배를 급격히 흔들며 경련을 일으키더니 전혀 움직이지 않는다. 죽었다고 생각했는데 그렇지는 않았다. 최고의 강심제인 햇볕을 받자 다리를 세우며 일어나 포개진 벌집으로 돌아간다. 하지만 다시 살아난 녀석이 무사하지는 않았다. 오후에 두 번째 발작을 일으켰는데 이번에는 다리를 공중으로 뻗은 채 정말 움직이지 못한다.

죽음은 비록 땅벌의 죽음일망정 언제나 묵념해야 할 중대사였다. 날마다 녀석들의 최후가 감동 어린 호기심과 세세한 사항으로 충격을 준다. 중성은 갑자기 쓰러진다. 표면으로 나와 미끄러지며 벌렁 자빠져서 벼락을 맞은 것 같다. 이제 다시는 일어나지 못한다. 녀석은 할 일을 다 했고, 나이가 용서치 않아 죽어 가는 것이다. 용수철의 마지막 나선이 풀어진 기계장치도 이런 식으로 움직이지 않게 된다.

그러나 벌 도시의 막내인 암컷은 쇠약해짐에 압도되기는커녕 되레 생활을 시작하는 편이다. 겨울 불안이 늙은 일벌은 갑자기 죽여도 젊음의 활력을 가진 암컷은 얼마큼 저항한다.

수컷 역시 제 역할이 끝나지 않았을 때는 상당히 잘 저항한다. 사육장에 그런 수컷 몇 마리가 있었는데 여전히 발랄하고 민첩했다. 녀석들이 암컷에게 수작을 부리는 게 보이지만 열성적이진 않았다. 지금은 짝짓기에 도취할 시간이 아니다. 그래서 녀석을 다리로 조용히 물리친다. 때늦은 녀석은 좋은 시기를 놓쳤으니 이제 쓸모가 없어져 죽을 것이다.

죽을 때가 임박한 암컷은 몸치장에 소홀해서 다른 암컷과 쉽게 구별된다. 건강한 녀석은 꿀단지에서 식사를 하고 나서 햇볕에 자리 잡고 계속 몸의 먼지를 턴다. 뒷다리는 슬슬 기운차게 뻗어 날개와 배를 끊임없이 쓸어 낸다. 앞다리 발목마디로는 머리와 가슴을 쓸고 또 쓴다. 그래서 검고 노란 옷의 윤이 완전하게 보존된다. 병든 암컷은 청결에도 관심이 없고, 햇볕에서 움직이지 않거나 기운 없이 돌아다닌다. 빗질을 포기한 것이다.

몸치장에 소홀한 것은 좋지 않은 조짐이다. 먼지투성이 암컷은 실제로 2~3일 뒤, 마지막으로 집에서 나와 지붕으로 올라가 햇볕을 조금 쬔다. 그다음 철망을 잡았던 발톱이 힘없이 풀어진다. 가만히 땅바닥으로 떨어져 다시는 일어나지 못한다. 그녀는 완전한 청결을 명하는 땅벌의 법에 따라 종이둥지에서 죽고 싶지 않았던 것이다.

만일 중성이 아직 거기에 있었다면 잔인한 위생 담당자들이 움직이지 못하는 암컷을 잡아서 밖으로 끌고 나왔을 것이다. 하지만 녀석들은 겨울 추위의 첫 희생자가 되어 모두 없어졌다. 그래서 죽어 가는 암컷은 스스로 자신의 장례식을 치러, 지하실 밑의 시체 안치소로 떨어진다. 이렇게 많은 무리에서는 필수 조건인 위생이란 이유로 극기심을 가진 땅벌이 밀랍 방안에서 죽기를 거부한다. 아무리 수가 줄었어도 이것이 땅벌에게는 결코 폐기되지 않는 법률이다. 어린 땅벌의 공동 침실에서는 어떤 시체라도 치워져야 하는 것이다.

방안의 따뜻한 공기에다 빨아먹을 꿀단지가 있음에도 불구하고, 사육장의 식구는 나날이 줄어든다. 성탄 무렵에는 암컷 12마리만 남았고, 눈 오는 1월 6일 마지막 녀석마저 죽었다.

땅벌 전체를 휩쓸어 간 이 많은 죽음이 어디서 왔을까? 보통 조건에서는 최후의 원인이라고 생각했던 비참한 조건을 내 보살핌이 보호해 주었다. 녀석들은 포도와 꿀로 영양공급을 받아 굶주림의 고통이 없었고, 난로의 열로 추위도 겪지 않았다. 거의 매일 햇살로 위안 받았고, 바로 제집에서 살았으니 향수의 고통도 없었다. 그런데 어째서 죽었을까?

수컷이 사라진 것은 이해한다. 짝짓기는 끝났고 배아도 풍부하니 이제 녀석은 소용이 없다. 하지만 봄이 돌아와서 새 땅벌 집단을 만들 때 아주 크게 도움이 될 중성 벌의 죽음은 조금 이해가 안 된다. 도무지 이해할 수 없는 것은 암컷의 죽음이다. 암컷은 100마리가량을 보관했었는데, 그 중 한 마리도 새해 초를 넘기지 못했다. 10월과 11월에 번데기 방에서 나온 암컷은 젊은 나이의 튼튼한 특수체질을 지녔을 뿐만 아니라 집단의 미래였다. 그런데 미래의 모성이라는 신성한 특성도 그녀를 구해 주지 못했다. 사업에서 은퇴해 허약해진 수컷처럼, 일에 지쳐 버린 일벌처럼, 암컷도 쓰러졌다.

암컷의 죽음은 철망뚜껑 밑에 가둔 것이 원인이라고 비난하지는 말자. 들에서도 똑같이 진행되었다. 12월 말에 살펴본 여러 벌집이 모두 같은 사망률을 보였다. 암컷도 거의 나머지 집단처럼 죽었다.

그런 사망은 예측할 수 있겠다. 같은 둥지의 딸들인 암컷의 수를 나는 모르지만 집단의 공동묘지에 암컷 시체가 많은 것으로 보아 그 역시 수백, 어쩌면 수천 마리가 세어질 것 같다. 한 마리만 있어도 30,000마리의 도시를 세우기에 충분한데, 만일 모든 녀석이 다 잘 자란다면 얼마나 큰 재앙이 되겠더냐! 땅벌이 농촌을 괴롭힐 것이다.

사물의 질서가 엄청난 대다수의 죽음을 요구한 것이다. 우연한 전염병이나 계절의 혹독함으로 그렇게 되는 것이 아니라, 번식함과 동시에 파괴함에도 열정을 기울인 운명, 피할 수 없는 운명이 그렇게 되기를 원했다. 그렇다면 한 가지 문제가 제기된다. 종족을 유지하는 데 이렇게든, 저렇게든 보호된 암컷 한 마리로 충분하다면 왜 땅벌집 하나에 그토록 많은 어미 지망생이 있었을까? 왜 하나 대신 무리가 있었을까? 왜 그토록 많은 희생자가 생길까? 우리 이해력이 종잡을 수 없는, 그리고 관심거리인 문제이다.

20 땅벌 2

겨울이다. 이제 땅벌(Guêpe: *Vespula*)의 불행에서 가장 중대한 이야기가 남아 있다. 그때까지 다정했던 중성 육아벌이 자신이 쇠약해짐을 예감하고 사나운 살육자로 변한다. 녀석은 이렇게 말한다.

고아는 남겨 두지 말자. 우리가 죽으면 아무도 돌보지 않을 것이다. 늦게 태어난 알과 애벌레를 모두 죽이자. 난폭하게 죽는 게 굶어 죽는 것보다 낫다.

그래서 죄 없는 녀석들에게 학살이 밀어닥친다. 제 구멍에서 목가죽이 잡혀 무지막지하게 빼내진 애벌레가 집 밖으로 끌려가 지하실 바닥의 공동묘지로 던져진다. 연한 알은 깨물려서 터지고 먹혀 버린다. 이런 비극적 도시의 종말, 그렇게 소름끼치는 장면을 모두 완전하게 보지는 못해도, 적어도 어느 장면은 볼 수 있을까? 시도해 보자.

10월에 질식을 모면한 땅벌집 몇 조각을 철망뚜껑 밑에 넣었다.

석유의 양을 조절하면 공격당하지 않고도 수집할 수 있다. 이렇게 수집된 녀석들을 공기 중에 내놓으면 일시적 혼수상태에 빠진 한 무리의 땅벌을 쉽게 얻을 수 있다. 성충을 모두 죽일 만큼의 양을 써도 애벌레는 죽지 않는 점에 유의하자. 세련된 조직체인 성충은 죽어도, 그저 소화 활동을 하는 배에 불과한 애벌레는 저항한다. 이렇게 실패할 염려 없이 땅벌집의 일부를 사육장에 가져다 놓았다. 거기는 알과 애벌레가 많으며 하인인 중성도 100마리가량 있었다.

쉽게 조사하려고 밀랍을 떼어서 서로 붙여 놓고, 독방 입구는 위로 향하게 했다. 정상 자세와 반대인 이런 배치에도 포로는 기분이 상하지 않는 것 같다. 특별한 일이 없었던 것처럼 금세 불안을 떨쳐 버리고 제 일을 시작한다. 집을 지을 때 이용하도록 얇고 연한 나무판자도 제공했다. 종이 띠에 얼룩점처럼 펼쳐서 바른 꿀도 양식으로 제공했는데, 매일 새것으로 갈아 주었다. 지하실은 철망뚜껑 밑의 넓은 항아리가 대신했다. 골판지 뚜껑을 얹거나 치우는 방법으로 벌의 작업이 요구하는 어둠과 내 관찰에 필요한 밝음을 번갈았다.

작업이 곧 재개된다. 육아벌은 애벌레와 건물을 동시에 돌본다. 건축가는 튼실한 녀석의 밀랍에 담을 쌓으려 한다. 재난을 디디고 일어서 사라진 울타리를 대신할 벽을 세울까? 작업의 진행을 보면 아닌 것 같다. 그저 무서운 석유와 삽이 중단시켰던 일을 계속할 뿐이다. 밀랍의 1/3 정도밖에 안 되는 넓이에 완전한 껍질과 연결시키는 종이비늘을 세워 놓는다. 일을 다시 하는 게 아니라 하던 일을 계속하는 것이다.

어쨌든 이렇게 해서 얻은 일종의 천막은 독방들의 윗반을 조금밖에 가리지 못했다. 재료가 없어서 그런 게 아니다. 내 생각에는 훌륭한 거즈 재료를 긁어낼 나무판자가 제공되었어도 녀석은 그것을 건드리지 않았다. 어쩌면 내가 재료를 잘못 골라서 땅벌의 비밀스런 제지 기술에 무용지물인 것을 주었을지도 모르겠다.

땅벌은 아직 가공이 안 되어 이용하기 힘든 재료보다 이제 쓰이지 않는 헌 독방이 더 좋다고 생각한다. 거기에는 섬유 펠트가 모두 마련되어 있어서 그것을 가져다 놓기만 하면 되는 것이다. 큰 턱으로 잠깐 씹고 침을 조금 보태기만 하면 1급 품질의 산물이 얻어진다. 그래서 비어 있는 독방은 차차 갉혀 기초까지 완전히 파괴된다. 그 잔해로 하늘이 열린 일종의 침대가 만들어진 것이다. 새로 필요한 독방도 그렇게 지어질 것이다. 우리가 예상했던 위층 독방의 완전한 파괴는 이렇게 확인되었다. 결국 땅벌은 헌것으로 새것을 지은 것이다.

지붕 건축보다 애벌레의 급식이 더 조사할 가치가 있다. 사람들은 억센 싸움꾼이 다정한 양육자(육아벌)가 된 광경을 보는 게 진력나지 않을 것이다. 탁아소의 졸병으로 변한 녀석은 애벌레 기르기에 얼마나 정성을 쏟으며, 얼마나 조심을 하더냐! 바삐 움직이는 벌 한 마리를 지켜보자. 모이주머니에 꿀이 가득 차면 어느 독방 앞에 가서 멎는다. 녀석은 마치 생각하는 것처럼 머리를 구멍 속으로 기울이고 더듬이로 애벌레를 더듬는다. 애벌레가 잠이 깨서 하품을 한다. 새끼 새도 어미가 한입거리를 물고 둥지로 돌아왔을 때 이렇게 한다.

잠이 깬 애벌레는 잠시 머리를 가볍게 흔든다. 보지 못하는 애

벌레가 제게 가져온 죽과 접촉하
려고 더듬는 것이다. 두 입이 합
쳐진다. 시럽 한 방울이 양육자
입에서 애벌레 입으로 넘어간
다. 지금은 이것이면 된다. 육
아벌은 제 임무를 계속 하려고
다른 녀석에게 간다.

한편 애벌레는 얼마 동안 목 아
래쪽을 핥는다. 거기에는 음식을 줄
때 일종의 턱받이처럼 툭 불거진 일시
적 갑상선종(甲狀腺腫)이 있다. 그것이
대접 노릇을 해서 입술에서 흘러내린 것
을 받아 놓는다. 할당된 먹이의 대부분은
삼키고 갑상선종에 흘러내린 찌꺼기를 핥
아 식사를 끝낸다. 다음 혹이 없어지며 독방으
로 조금 물러나 다시 기분 좋게 존다.

이렇게 이상하게 먹는 방식을 더 관찰하려고 말벌(*Vespa crabro*)
의 큰 애벌레 몇 마리를 임시로 이용했다. 녀석이 태어난 독방 대
신 둥글게 만 종이봉투에 한 마리씩 넣었다. 토실토실한 애벌레를
이렇게 단단히 감싸고 내가 한입씩 먹여 주자 관찰에 잘 응했다.

어렸을 때 기르던 참새(Moineau: *Passer*)도 자라는 꽁지를 곧잘
손으로 건드렸다. 그러면 녀석이 즉시 먹이를 받으려고 부리를 벌
렸다. 이런 새 사육법은 지금도 여전히 쓰일 것으로 믿고 싶다. 말
벌 새끼는 식욕을 자극시키기 위해 신경을 건드리는 예비 행위를

할 필요가 없다. 집을 조금만 건드려도 저절로 입을 벌린다. 행복한 녀석은 항상 활기찬 위장을 가지고 있었다.

애벌레의 맛있는 하루치 식량으로 밀짚에 꿀 한 방울을 묻혀 큰 턱에 놓아 준다. 입을 한 번 놀려서 먹기에는 너무 많은 양이다. 그때 가슴이 앞으로 툭 튀어나와 갑상선종처럼 되어 남은 것이 거기에 떨어진다. 애벌레는 직접 받은 한 숟가락 분량을 삼킨 다음 틈틈이 거기서 한 입씩 퍼다 먹는다. 가슴의 대접을 말끔히 핥아서 아무것도 남지 않으면 부풀었던 것(종, 腫)이 사그라지고 녀석은 다시 꼼짝 않는다. 애벌레는 갑자기 솟았다가 꺼지는 일시적 턱 밑 식탁을 가진 셈이며, 덕분에 남의 도움 없이 혼자서 식사를 마친다.

사육장에서 식사가 제공되는 땅벌 애벌레는 머리가 위로 향했다. 그래서 입술에서 새는 것은 갑상선종 위에 모인다. 자연 상태에서 음식을 받을 때는 머리가 아래쪽에 있었다. 이 자세에서 가슴이 튀어나오는 게 어떤 이익이 있을까? 의심하지 않을 수가 없다.

애벌레가 머리를 조금 숙이면 푸짐한 먹이의 일부를 언제나 튀어나온 턱받이에 내려놓을 수 있는데, 점성(粘性)이 있는 먹이라 거기에 붙어 있다. 게다가 육아벌이 토해 낸 것을 직접 거기에 내려놓지 말라는 법도 없다. 똑바로 있든 누워 있든, 입 위에 있든 아래에 있든, 가슴 대접은 식량의 점성 덕분에 제 역할을 한다. 결국 그 종양은 식사 시중 시간을 줄이고 애벌레가 너무 게걸스럽지 않게 여유를 가지고 영양을 취하게 하는 임시 앞접시였다.

사육장에서는 꿀로 모이주머니를 채운 육아벌이 애벌레에게 토해 준다. 양쪽 녀석들이 이 꿀로 기분이 매우 좋다. 하지만 녀석은 사냥한 곤충도 좋아함을 알고 있다. 이 『곤충기』 제1권에서 점박이땅벌(Vespula vulgaris)[o]이 꽃등에 (Éristale: Eristalis tenax)[o]를, 말벌이 양봉꿀벌(Abeille domestique: Apis mellifera)[o]을 사냥하는 이야기를 했었다. 커다란 파리(꽃등에)가 잡히자마자 각이 떠져 머리, 날개, 다리, 배 따위의 하찮은 것들은 큰턱가위에 잘려 나가고, 근육이 많은 가슴만 남는다. 노획품을 그 자리에서 잘게 자르고 환약처럼 둥글게 빚어, 애벌레의 맛있는 먹잇감으로 만들어 벌집으로 가져갔다.

꽃등에

양봉꿀벌 요즘 우리나라의 꿀벌들(재래와 양봉꿀벌)은 수난 시대를 만났다. 장수말벌에게 습격당하고, 극성스럽게 번성하는 말벌에게 더 많이 당하고, 진드기까지 씨를 말리려 든다. 시흥, 8. V. '96

그랬으니 꿀에다 사냥감을 추가해 보자. 철망뚜껑 밑으로 꽃등에 몇 마리를 들여보낸다. 손님이 처음에는 곤란을 당하지 않았다. 윙윙거리며 부산하게 날아다니다 철망에 부딪치는 꽃등에가 주목을 끌지 못했다. 무시당한 것이다. 어떤 녀석이 너무 가까이에서 지나가면 벌이 위협하는 몸짓으로 머리를 든다. 줄행랑치는 녀석에게 더는 필요한 행동이 없다.

하지만 꿀 발린 종이 띠 주변에서는 사정이 다르다. 대중식당에는 땅벌이 부지런히 드나든다. 만일 멀리서 질시의 눈초리로 바라보던 꽃등에가 용감하게 다가가면, 식사를 하던 녀석 중 하나가 무리에서 뛰쳐나와 그 대담한 녀석에게 달려든다. 다리를 잡아당겨 도망치게 한다. 아주 중대한 일이 벌어지는 경우는 쌍시류(雙翅類)가 무모하게 케이크(밀랍 덩이)에 발을 들여놓았을 때뿐이다. 그때는 벌들이 그 불쌍한 녀석에게 덤벼들어 마구 떼밀고 쓰러뜨리며, 다리병신을 만들거나 때로는 죽여서 밖으로 끌어낸다. 시체는 본 체도 않는다.

여러 번 시도해 보았으나 소용이 없었다. 어쩌면 예전에 쑥부쟁이(Asters: Aster) 꽃에서 벌어졌던 광경을 다시는 못 볼 것 같다. 거기서는 애벌레에게 줄 꽃등에가 잘게 썰린 고기 신세였다. 어쩌면 강력한 동물성 식량은 어느 특정한 경우에만 주는 것이며, 철망뚜껑 밑에서는 아직 그때가 안 왔는지도 모르겠다. 또 꿀이 고기보다 맛있다고 생각하는지도 모르겠다.(나는 차라리 후자의 경우가 더 맞는 것으로 생각하고 싶다.) 포로에게는 다량의 꿀이 매일 새로 공급되었다. 애벌레가 이 식사에 만족해하니 파리고기 스튜가 무시되는 것이다.

그러나 들에서는 늦가을이 되면 과일 정과도 드물고, 달콤한 과육도 없어서 먹이를 사냥감으로 바꾼다. 말벌에게 꽃등에 완자는 이차적인 방편에 지나지 않는지도 모른다. 내가 제공한 것을 거절하는 것이 그것을 입증하는 것 같다.

이번엔 프랑스쌍살벌(Polistes gallicus: Polistes gallica) 차례였다. 꼭 말벌을 닮았으나 모습과 복장은 조금도 위압적이지 않다. 감히 땅벌이 먹는 꿀에 왔다가 당장 소문이 나며 꽃등에처럼 학대받는

프랑스쌍살벌

다. 그러나 양측 어느 쪽도 단도를 휘두르지는 않았다. 식탁에서의 싸움은 단도를 뽑을 만한 가치가 없다. 힘이 약하고 제집이 아님을 안 쌍살벌이 물러난다. 하지만 다시 온다. 와도 어찌나 끈질기게 다시 오는지, 식사 중이던 땅벌이 마침내 옆에 자리 잡게 그냥 놔둔다. 프랑스쌍살벌에게는 매우 드문 횡재이나 아량이 오래 가지는 않는다. 만일 쌍살벌이 위험을 무릅쓰고 케이크로 올라가면 무섭도록 분노한 땅벌이 성가신 녀석에게 분명히 죽음을 안겨 줄 것이다. 그렇다. 땅벌집에는 같은 복장에 같은 솜씨의 소유자로서 거의 동료나 다름없어도 외지에서 온 녀석은 안 끼어드는 게 좋다.

어리별쌍살벌 별쌍살벌과 비슷하나 더 크며, 습성은 같아서 나뭇가지에 둥지를 달아매고 낳은 알이 부화하면 나비류의 애벌레를 잡아다 먹인다.
시흥, 15. IX. '96

뒤영벌류 사진은 유럽으로부터 시베리아와 우리나라를 거쳐 일본까지 분포하는 '황토색뒤영벌'인 것 같다. 꿀과 꽃가루를 열심히 모으는 녀석이다.
시흥, 28. IX. '96

뒤영벌(Bourdons: *Bombus*)로 시험해 보자. 갈색 복장에 아주 작은 수컷이다. 녀석은 불쌍하게도 땅벌 근처를 지나칠 때마다 위협당하고 거칠게 다뤄진다. 하지만 그뿐이다. 그런데 얼떨떨한 녀석이 철망 꼭대기에서 한창 살림살이에 골몰한 육아벌 가운데의 케이크로 떨어졌다. 내 온 신경을 눈에 집중시켜 그 비극을 지켜보았다. 땅벌 한 마리가 녀석의 목덜미를 물고 가슴에 단도를 꽂는다.

다음 다리 몇 개가 떨어진다. 죽었다. 다른 두 마리가 와서 죽은 녀석을 밖으로 끌어내는 일을 돕는다. 다시 말해 보자. 그렇다. 둥지에는 악의 없이 우연히 들어가는 것조차 위험하다.

외지 손님에 대한 잔인한 접대의 예 몇 개를 더 들어보자. 대상자는 특별히 선정한 게 아니라 우연히 얻어진 것들이다. 연구실 앞 장미나무가 제공한 애벌레(Hylotome: *Hylotoma→ Arge*, 등에잎벌과)는 나비 애벌레와 비슷하게 생겼다. 한 마리를 독방에서 부지런히 일하는 땅벌 사이에 넣었다. 벌들이 검은 점이 찍힌 초록색 용 앞에서 깜짝 놀란다. 접근했다 물러나고 또 다시 다가서 본다. 한 녀석이 과감하게 덥석 물어서 상처를 입혀 피가 흐른다. 다른 녀석이 본받는다. 그러고는 상처 입은 녀석을 끌어내려고 애쓴다. 용이 때로는 앞다리, 다음은 뒷다리로 바닥을 꼭 움켜잡으며 저항한다. 짐이 그렇게 무겁지는 않아도 앞뒤 갈고리로 꼭 달라붙어서 물리치기가 힘들다. 여러 번의 시도 끝에 상처 난 녀석이 허약해져 케이크에서 떨어진다. 이제 피투성이가 되어 쓰레기장으로 끌려간다. 녀석을 쫓아내는 데 2시간이나 걸렸다.

저항을 빨리 끝내려는 땅벌이 등에잎벌 애벌레에게 침을 쓰지는 않았다. 어쩌면 하찮은 벌레한테까지 무기를 쓸 필요가 없었나 보다. 신속한 독검 사용법은 중요한 때 쓰려고 남겨 둔 것 같다. 뒤영벌과 쌍살벌이 그렇게 되었고, 이제 긴하늘소(Saperde scalaire: *Saperda scalaris*)° 애벌레도 이렇게 죽을 판이다. 죽은 벚나무 껍질 밑에서 방금 꺼낸 당당한 애벌레였다.

녀석을 밀랍 덩이로 던졌다. 몸을 세차게 뒤트는 괴물이 떨어지자 땅벌이 동요한다. 대여섯 마리가 한꺼번에 공격해서 먼저 잘근

긴알락꽃하늘소 녀석은 꽃하늘소 종류에 속할 뿐, 본문에서 실험한 긴하늘소와는 친척 관계가 멀다. 또한 녀석은 꽃을 좋아하나 긴하늘소는 고목을 좋아한다. 태백산, 16. VIII. '92

잘근 씹은 다음 침으로 찌른다. 2분가량 지나자 침을 맞은 애벌레가 움직이지 않는다. 죽었지만 엄청나게 큰 벌레를 밖으로 옮겨야 할 때는 문제가 달라진다. 녀석은 너무 무겁다. 지나치게 무겁다. 땅벌은 어떻게 할까? 벌레를 옮길 수 없자 그 자리에서 먹어 버린다. 아니, 그보다는 피를 빨아 먹어 바싹 말려 버린다. 한 시간 뒤 물렁하고 무게가 줄어든 방해물 시체를 담 밖으로 끌어낸다.

기록을 계속 나열하는 것은 같은 결과의 반복에 지나지 않는다. 외부에서 들어온 녀석이 어느 정도 멀리 떨어져 있으면 어느 종족이든, 어떤 복장이든, 어떤 습성이든 용납된다. 가까이 지나치면 경고성 위협을 한다. 만일 땅벌이 대중식당을 차지하고 있을 때 왔다면 담대한 침입자라도 그 잔치에서 박해 없이 쫓겨나는 일은 드물다.

여기까지는 심각하지 않은 주먹질로 충분하다. 하지만 침입자가 불행하게도 땅벌 둥지로 들어갔다면 침에 찔리거나 적어도 갈고리 같은 큰턱 이빨로 배가 갈라져 끝장이 난다. 녀석의 시체는 저택 밑바닥의 쓰레기장으로 끌려갈 것이다.

어떤 침입자든 이렇게 사납게 감시되어 집안이 잘 지켜진다. 사육장의 애벌레는 파리고기를 잊어버리게 할 만큼 맛있는 꿀을 받아먹고 아주 잘 자란다. 물론 다 그런 것은 아니다. 어디서나 그렇듯이 땅벌집에서도 때 이르게 수명이 거둬지는 약한 녀석이 있다.

허약한 애벌레가 식사를 거절하고 천천히 시들어 가는 게 보인다. 육아벌은 훨씬 빨리 알아챈다. 시련을 겪는 애벌레 위로 고개를 숙여 더듬이로 청진하고 불치병에 걸렸음을 알아낸다. 그러면 병에 걸린 녀석, 대개는 갈색을 띠며 죽어 가는 애벌레를 독방에서 무자비하게 끌어내 집 밖으로 끌고 간다. 거친 땅벌 공화국에서 병약자는 무서운 전염병자와 같다. 그러니 가능한 한 빨리 처치해 버려야 하는 누더기에 불과하다.

이렇게 거친 위생학자들 집안의 병자는 불행할지어다! 못 움직이는 녀석은 누구든 쫓겨나 저 아래 지하 공동묘지에서 기다리는 구더기의 밥으로 던져진다. 여기에 실험자가 끼어들면 한층 더 잔인한 양상이 나타난다. 매우 건강한 애벌레와 번데기 몇 마리를 독방에서 꺼내 밀랍 표면에 내려놓았다. 번데기는 부드러운 천장 밑에서 성숙했고, 애벌레는 독방에서 아주 다정스럽게 먹이를 받아먹었는데, 독방 밖에 놓이자 지긋지긋한 장애물이나 귀찮고 가치 없는 물건에 불과했다. 사납게 잡아당겨져 배가 갈리고 약

간 먹히기도 한다. 이렇게 야만스런 녀석들에게 푸짐한 식삿감이 된 뒤에는 집 밖으로 끌려갈 차례이다. 벌거숭이 애벌레와 번데기는 설사 도움이 있어도 제 요람으로 들어가지 못하니, 결국은 육아벌에게 참살당한다.

사육장에 있는 애벌레는 모두 건강하다는 증거로 반들거리며 통통한 피부를 보존하고 있었다. 그러나 11월의 첫 추위가 온다. 이제는 집을 짓는 열의도 덜하고, 꿀단지에도 덜 부지런하게 머물며, 집안일도 느려진다. 애벌레가 배고프다고 입을 벌리지만 도움받기가 힘들며 소홀히 다뤄진다. 육아벌 쪽에서 심각한 혼란이 일어났다. 전에는 헌신적이었으나 이제는 무관심에 곧 혐오가 뒤따른다. 조금 있으면 중단될 돌보기를 해서 무엇하겠나? 기근이 임박해 보인다. 귀여운 새끼들이 비극적 종말을 맞게 된다.

중성 벌은 실제로 애벌레를 오늘, 내일, 또 다음 날 매일매일 몇 마리씩 깨물어 버린다. 외부에서 들어온 녀석이나 병든 녀석을 대하듯 애벌레를 거칠게 독방에서 끌어내 함부로 당기고 무지막지하게 찢는다. 불쌍한 살덩이가 모두 탄식의 계단으로 떨어진다.

사형 집행자인 중성 벌은 아직 얼마간 활기 없는 삶을 이어간다. 그러다가 마침내 계절병으로 쓰러진다. 11월도 끝나지 않았는데 사육장에는 살아남은 녀석이 없다. 땅속의 땅벌집에서도 늦은 애벌레의 마지막 학살이 거의 이와 비슷하거나 더 큰 규모로 행해질 것이다.

땅벌의 지하 공동묘지로 날마다 몸이 성치 못한 애벌레, 사고로 상처 입은 벌 시체, 죽어 가는 녀석들이 떨어진다. 좋은 시절에는 이렇게 시체 더미로 떨어지는 것이 드물었는데 겨울이 가까워지면서 많아진다. 늦은 애벌레가 몰살당할 때와 특히 수컷, 암컷, 중성 성충이 수천 마리씩 죽는 마지막 와해 시기에는 만나(진수성찬)가 날마다 수북하게 내려온다.

떼로 몰려온 소비자가 처음에는 소량의 영양을 공급받지만 미래에는 큰 즐거움이 예정되어 있다. 11월 말부터 지하실 바닥은 우글거리는 여관이 되었고, 장의사인 쌍시류(Diptera) 애벌레가 수적으로 압도한다. 거기서 대모꽃등에(Volucelle: *Volucella*) 애벌레를 많이 수집하여, 유명한 그 이름값으로 별개의 장을 할애할 정도였다. 또 거기서는 장식이 없는 하얀 구더기가 뾰족한 머리로 시체의 배를 쑤시는 게 발견된다. 녀석은 금파리(*Lucilia*) 구더기와 섞여서 일한다. 훨씬 작고 갈색이며 가시 돋친 긴 외투를 입은 난쟁이도 보았는데, 치즈벌레(vers du fromage)[1]처럼 둥근 활 모양으로 꾸부렸다 폈다 하면서 팔딱팔딱 뛰었다.

모두 어찌나 열심히 해부하여 사지를 잘라 내고 내장을 파먹던지, 2월인데도 번데기로 굳지 않았다. 따뜻한 지하실에서 혹독한 기후를 피하며 먹을 게 풍부하니 얼마나 좋더냐! 무엇하러 서둘까? 복 많은 녀석이 가죽을 작은 통처럼 굳히기 전에(번데기가 되기 전에) 산더미 같은 식량이 모두 소비되길 기다린다. 녀석들이 연회에서 시간을 어찌나 잡아먹던지, 사육병에 넣어 둔 녀석을 깜박 잊어버려, 그 이야기는 자세히 할 수가 없게 되었다.

공중에 설치한 항아리의 두더지와 구렁이 시체에는 여기서 가장 큰 왕반날개(Staphy-linus→ *Creophilus maxillosus*)[2]가 가끔씩 왔었다. 녀석은 지나던 길에 잠시 머물렀다가 다른

---

1 들파리상과(Sciomyzoidea)의 Sepsidae(꼭지파리과)에서 분리된 치즈파리과(신칭, Pio-philidae)의 구더기

곳을 찾아간다. 땅벌 시체실에서
도 단골손님 반날개를 자주 보았
는데, 딱지날개가 붉은 반짝왕눈
이반날개(*Quedius fulgidus*)였다. 여
기는 녀석의 임시 여관이 아니라
애벌레 전체를 데리고 자리 잡은
곳이다. 갯강구(Cloportes: *Ligia*)[2]
와 띠노래기(Polydesme: *Polydes-*

노래기류 물을 먹으려는 노래기가 개천
을 찾아왔다. 노래기류는 몸의 각 마디마
다 다리를 2쌍씩 가진 점이 특징이다.
충주, 25. IV. 08, 강태화

mus)의 일종도 보았는데, 모두가 시체의 부식성 물질을 먹고 사는
토양동물(土壤動物)인 것 같다.

특히 전형적인 식충(食蟲) 포유류 중 제일 작아서 생쥐보다 작
은 뾰족뒤쥐(Musaraigne: *Sorex*)를 보자. 벌이 와해되던 시절, 즉 불
안이 공격적인 열기를 가라앉혔을 무렵 주둥이가 뾰족한 손님이
땅벌집으로 들어간다. 뒤쥐 한 쌍이 이용하면 죽어 가는 땅벌 무
리가 곧 부스러기 더미로 바뀌며, 부스러기는 구더기들이 마저 치
워 버린다.

폐허마저 사라져야 한다. 희고 초라한 곡식좀나방(Tineidae), 지
하성딱정벌레(Cryptophage: Coléoptère clavicorne), 미소한 갈색 딱정
벌레, 금빛 비늘 우단을 걸친 흰점애수시렁이(*Attagenus pellio*) 애벌
레 따위가 여러 층의 마룻바닥을 쏠아서 둥지를 무너뜨린다. 봄이
돌아왔을 때 땅벌 도시와 30,000마리나 되
던 주민에서 남은 것이라곤 약간의 먼지와
회색 종잇조각 몇 토막뿐이다.

2 우리나라에서는 바닷가에 사는
종류가 갯강구이며, 내륙에는 쥐
며느리가 산다.

21 대모꽃등에

회색 종이로 지은 저택 밑에 파인 땅은 시궁창으로 변했고, 그곳으로 땅벌집 찌꺼기가 떨어진다는 말을 다시 하자. 땅벌(Guêpe: *Vespula*)의 일벌이 새로 들어갈 애벌레에게 자리를 마련해 주려고 끊임없이 조사할 때, 죽었거나 허약한 애벌레로 판정되어 구멍에서 끌려나온 녀석이 그리 떨어지고, 초겨울의 대학살 때 늦둥이도 떨어진다. 마지막 무리의 대부분도 겨울이 가까워지자 죽어서 거기에 누웠다. 11월과 12월의 와해 시기에 이 웅덩이에는 동물성 물질이 넘칠 만큼 가득 차게 된다.

이렇게 풍부한 것이 쓰이지 않고 남아 있지는 않을 것이다. 세상(자연)의 대법칙은 먹을 수 있는 조직이라면 올빼미(Chouette: *Strix aluco*)가 토해 놓은 털 뭉치 하나까지도 소비하게 마련이다. 그러니 무너진 땅벌집의 엄청난 식량 더미가 어떻게 되겠더냐! 푸짐한 잔해를 다시 생명 순환의 길에 올려놓는 임무를 띤 소비자가 아직은 오지 않았다. 하지만 잠시 뒤에는 저 위에서 떨어지는 만나(진수성찬)를 기다릴 녀석들이 온다. 죽음으로 식량이 가득 차

풍부해진 양식 창고는 열심히 생명으로 돌아가는 작업장이 될 것이다. 어떤 녀석이 초대될까?

만일 땅벌이 병들거나 죽은 애벌레를 버리려고 집 주변으로 날아가 땅바닥에 떨어뜨린다면, 그것에 제일 먼저 초대받는 녀석은 작은 사냥감을 좋아하는 식충조류(食蟲鳥類)로서 주둥이가 뾰족한 연작류(Becs-fins)일 것이다. 이 문제에 대하여 짤막한 여담 하나를 해보자.

유럽울새(Rossignol: *Luscinia megarhynchos*, 나이팅게일)가 제가 차지한 영역을 어찌나 사납게 지키는지는 잘 알려진 사실이다. 녀석의 둥지로 접근하기는 금지되어 있다. 멀리 떨어진 수컷은 몇 구절의 노래로 서로 도전하는 일이 아주 잦다. 도전자가 접근하면 상대가 쫓아 버린다. 우리 집에서 멀지 않은 곳의 작은 털가시나무(Chêne verts: *Quercus ilex*) 숲, 나무꾼이 겨우 10여 단의 장작이나 할 수 있을지 모를 정도의 작은 숲에서 매년 봄, 이 울새가 어찌나 요란하게 지저귀는지, 명가수들이 한꺼번에 무질서하게 목청껏 내뽑는 칸타타로 귀가 먹먹해질 만큼 시끄럽다.

대단히 고독을 즐기는 그 녀석들의 규칙에 따르면 겨우 한 가구나 이용할 공간밖에 없는 곳에 왜 그렇게 많이 와서 자리 잡았을까? 혼자 사는 녀석이 어떤 동기로 모여 살게 되었을까? 이 문제를 그 숲의 주인에게 물어보았다.

그는 이렇게 말했다.

"작은 숲이 해마다 이렇게 울새들의 침입을 받습니다."

"이유가 무엇일까요?"

"이유는, 가까이 있는 담 뒤에 놓인 벌통 때문이지요."

　나는 벌통과 울새가 많이 오는 것 사이에 무슨 관계가 있는지 이해되지 않아, 깜짝 놀라며 그 남자를 바라보았다. 그 사람은 다시 말했다.

　"그렇지요, 벌이 많으니까 울새가 많은 겁니다."

　나는 아직도 이해하지 못해서 다시 의아한 눈길을 보냈다. 그는 이렇게 설명해 왔다.

　"벌은 죽은 애벌레를 밖에 버립니다. 아침이면 벌통 앞에 시체가 너저분하지요. 그러면 새들이 먹고 새끼도 먹이려고 달려와서 거둬 갑니다. 녀석들은 그걸 아주 좋아하거든요."

　이제 문제의 요점을 파악했다. 날마다 맛있고 풍부한 먹이가 새로 보급되어 가수를 끌어들인 것이다. 작은 숲에 여러 마리가 이웃해 사는 것은 저희 관습에 어긋나는 일이지만 아침마다 고급 순대가 배급되는 곳에서는 많은 몫을 얻게 된다. 땅벌이 죽은 애벌레를 근처의 땅에 던져도 울새가 꿀벌에서의 식도락처럼 둥지 근처를 분주히 왕래할 것이다. 하지만 순대가 굴 밑으로 떨어지니

358

아무리 작은 새라도 감히 깜깜한 그곳으로 들어가지는 못할 것이다. 물론 출입구가 너무 좁아서 몸집이 작고 매우 대담한 소비자만 들어갈 수 있다. 시체들의 왕인 파리(Diptera)와 구더기만 가능하다. 굴 밖에서는 각종 시체를 금파리(*Lucilia*), 검정파리(*Calliphora*), 쉬파리(*Sarcophaga*) 따위가 희생시키나, 땅속 벌을 소비하는 전문가는 다른 종류의 쌍시류(雙翅類)였다.

9월, 땅벌의 둥지 표면에 주의를 기울여 보자. 회색 종이 표면에, 그리고 거기에만 커다란 흰색 타원형 점이 많이 뿌려져 단단히 붙어 있다. 그것의 길이는 2.5mm, 너비는 1.5mm가량이다. 아래쪽은 편평하고 위쪽은 볼록하며, 마치 흰색 광택의 스테아린(stearine)산 방울이 규칙적으로 떨어진 것 같다. 돋보기로 검사해 보면 등에 가로로 가는 줄들이 쳐졌다. 이렇게 이상한 물건이 표면 전체에 퍼져 있는데, 약간 또는 좀더 조밀한 군도(群島)처럼 모여 있다. 띠대모꽃등에(*Volucella zonaria*)의 알이다.

회색 종이에 백악질(白堊質) 창끝 모양의 다른 알도 많이 붙어 있었는데, 대모꽃등에 알의 절반 크기로서 마치 산형과(미나리과, Ombellifères: Apiaceae) 식물의 어떤 씨앗처럼 길이로 7~8개의 가느다란 줄이 쳐졌고, 점무늬가 표면 전체에 분포해서 더 멋지다. 애벌레가 나오는 것을 보았는데 땅굴 밑에서 이미 보았던 구더기의 시발점인 것 같다. 하지만 길러 보려던 시도가 실패하여 어느 파리의 알인지는 말할 수 없게 되었다. 지나는 길에 정체

띠대모꽃등에

불명의 알을 적어 둔 것으로 만족하자. 다른 알도 매우 많았다. 허물어진 땅벌집을 같이 먹는 녀석들이 너무도 복잡하게 뒤얽혀서 꼬리표를 붙이지 않고 그냥 넘어가기로 작정했을 정도였다. 결국은 눈에 가장 띄는 녀석만 다루기로 했는데 그 중 첫줄에 온 것이 대모꽃등에였다.

녀석은 땅벌과 약간 비슷하게 노란 줄과 갈색 줄이 쳐진 복장의 아름답고 건장한 곤충이다. 지금 유행하는 이론은 대모꽃등에를 놀라울 만큼 색깔을 이용한 의태(擬態)의 예로 보고 싶어 한다. 자신을 위해서는 아니라도, 적어도 가족을 위해서 땅벌집에 기생충으로 침입할 수밖에 없는 대모꽃등에가 속임수의 꾀를 부려 희생물의 제복을 걸쳤다고 말들 한다. 땅벌이 제 친구인 줄 알고, 그 집에서 안심하고 제 일을 본다는 것이다.

아주 엉성하게 흉내 낸 복장에 속아 넘어가는 땅벌의 순진함과 위장으로 정체를 숨기려 한 대모꽃등에의 악랄함이 내 신빙성의 한계를 넘어섰다. 땅벌은 그들이 단언한 것처럼 어리석지 않고, 꽃등에가 그렇게 약지도 않다. 녀석이 정말로 땅벌을 모습으로 속이려 했다면 그 변장은 성공하지 못했음을 인정하자. 배의 경사진 노란 줄은 땅벌의 모습이 아니다. 게다가 몸이 아주 날씬하고 거동이 민첩해야 하는데, 꽃등에는 뚱뚱하고 펑퍼짐하며 둔하다. 두 종간의 부조화가 너무나 커서, 벌이 결코 둔한 곤충과 제 식구를 혼동하지는 않을 것이다.

가엾은 대모꽃등에야, 네 의태술은 네게 자세한 사정을 충분히 일러 주지 않았다. 중대한 점은 허리가 땅벌처럼 잘록해야 하는데 그 점을 잊었다. 너는 뚱뚱한 파리의 모습이 남아 있어서 너무 쉽

360

게 알아볼 수 있다. 그런데도 무서운 땅굴로 들어가 위험 없이 오래 머물 수 있음은 그 둥지 표면에 많이 까놓은 알이 증명한다. 너는 어떤 솜씨로 그렇게 했느냐?

우선 대모꽃등에가 밀랍이 쌓인 둥지 속까지는 들어가지 않는 점을 고려하자. 녀석은 종이 껍질에 알을 낳으려고 바깥에 머문다. 땅벌 사육장에 넣었던 말벌(Frelon: *Vespa crabro*)[*]을 기억해 보자. 말벌은 수용되려고 의태 수단을 이용할 필요가 없었다.

말벌과 땅벌은 서로 같은 노동조합원이다. 곤충학자의 눈으로 훈련되지 않은 사람은 두 종을 혼동한다. 외지에서 온 말벌이 너무 귀찮게 굴지만 않으면 철망뚜껑 밑의 땅벌에게 쉽게 용납되어 싸움을 거는 녀석이 없다. 꿀을 바른 종이 띠 식탁 둘레까지도 용납된다. 하지만 무심코 한 짓이라도 밀랍에 발을 들여놓는다면 틀림없이 끝장이다.

복장, 모습, 허리까지 땅벌을 닮았지만 그런 일을 교묘하게 모

니토베대모꽃등에 날개의 흑갈색 무늬 말고는 장수말벌집대모꽃등에와 닮았으며, 일본에서도 땅벌 둥지 밑의 흙속에서 애벌레를 채집했다는 기록이 있다. 오대산, 6. VIII. '96

알락긴꽃등에 아직 습성은 알려지지 않았으며, 우리나라와 러시아 같은 극동 지방 및 일본에서 드물게 볼 수 있는 종이다.
치악산, 10. VIII. '99, 변혜우, 최득수

면하지는 못한다. 당장 외지 녀석임이 발각되어 격하게 공격당하며 학대를 받는다. 땅벌 애벌레의 모습과 공통점이 전혀 없는 등에잎벌(*Hylotoma*) 애벌레와 긴하늘소(*Saperda scalaris*)° 애벌레가 당한 것처럼 그렇게 말이다.

말벌은 형태와 복장이 같아도 구원받지 못했는데, 엉성하게 흉내 낸 대모꽃등에는 어떻겠나? 같은 모습을 했어도 차이점을 식별하는 땅벌의 눈이 착각하지 않으며, 외부에서 침입한 녀석은 발각되는 즉시 목이 졸려 죽을 것이다. 이 점에는 의심의 여지가 없다.

의태 실험 때 대모꽃등에가 없어서 밝은알락긴꽃등에(*Milesia ful-minans→ crabroniformis*)[1]를 이용했다. 녀석은 날씬한 몸매와 노란색 아름다운 줄무늬를 가져서 뚱뚱한 파리와는 달리 땅벌과 비슷한 면이 있어 보인다. 이렇게 비슷함에도 불구하고 밀랍에서 경솔한 모험을 했다가는 단도에 찔려 죽는다. 녀석의 노란 줄무늬와 홀쭉한 배는 전혀 강한 인상을 주지 못한다. 윤곽이 닮은꼴이라도 외부 침입자는 알려지게 되어 있다.

잡히는 대로 다양하게 실험된 모두가 같은 결과를 보여 주었다. 잡힌 녀석이 그저 옆에만 있으면 꿀 주변까지라도 땅벌이 곧잘 용

밝은알락긴꽃등에

---

1 *fulminans*는 파브리키우스 (Fabricius, 1805년)가 *Eristalis* 속의 한 종으로 명명하였으나 드 빌레르(de Villers, 1789년)가 명명한 *Milesia semiluctifera*의 이명인 것으로 정리되었다. 그런데 원문에 그려진 꽃등에 그림의 모습은 이 종과 크게 다르다. 아무래도 실험 재료였던 그림은 전자의 근연종 *M. crabroniformis*인 것 같다.

납한다. 하지만 애벌레의 독방으로 가면 형태나 복장에 관계없이 공격당해서 죽는다. 애벌레의 공동 침실은 성지(聖地)이므로 속된 자는 누구도 들어갈 수 없고, 들어가면 죽음을 면치 못한다.

철망뚜껑 밑의 땅벌은 낮에 조사했지만 자연 상태의 땅벌은 깜깜한 지하실에서 일한다. 빛이 없는 곳이라면 색채가 제구실을 하지 못한다. 대모꽃등에가 땅굴로 들어가면 녀석을 보호할 것이라던 노란 띠는 아무 소용도 없다.

땅굴에서의 소란을 피하려고 녀석과 같은 복장을 했든, 전혀 그렇지 않든, 어두운 곳에서는 제 일을 쉽게 해낼 수 있다. 지나가는 땅벌과 부딪치지 않도록 조심만 하면 위험 없이 종이 벽에 산란해서 붙여 놓을 녀석의 존재를 아무도 알지 못할 것이다.[2]

대낮에 벌이 보는 앞에서 땅굴 어귀를 오가는 짓이야 말로 위험하다. 그때 의태가 필요할 텐데, 대모꽃등에가 몇 마리의 땅벌 앞에서 굴로 들어가는 것이 그렇게 위험한 짓일까? 나중에,[3] 햇볕에 뜨거워진 유리뚜껑 밑에서 멸망할 울타리 안의 둥지를 오랫동안 지켜보았으나, 꽃등에가 나타나지 않아 가장 관심거리였던 문제에는 성과가 없었다. 파낸 둥지에서 꽃등에 애벌레가 많이 발견된 것으로 보아 녀석의 방문 시기가 지나간 것 같다.

다른 쌍시류가 내 열성을 보상해 주었다. 물론 조금 떨어진 곳이나 우연히 초라한 몸집에 집파리(Mouche domestique: *Musca domestica*)⁰ 색깔을 연상시키는 회색 파리들이 땅굴로 들어가는 것을 보았다. 노란 무늬가 전혀 없으니 의태의 야망조차 없는 녀석들이다. 그런데도 불안함 없이 제집처럼 마음대

2 파브르는 아직도 곤충의 시각 범위나 능력이 사람과 비교될 수 없음을 모르고 있다.
3 이 책에서는 앞에 있는 제19장에서 언급했다.

로 드나들었다. 문 앞에 너무 심하게 많이 몰려들지만 않으면 땅벌도 녀석들 마음대로 하게 내버려 두었다. 회색 방문객이 무리지어 왔을 때는 입구 근처에서 잠시 평온해지길 기다렸고, 녀석들에게 난처한 일이 벌어지지는 않았다.

땅굴 안에서도 평화로운 관계가 지속되었음을 발굴이 증언해 준다. 집파리과(Muscidae) 곤충의 애벌레가 대단히 많은 땅속 시체 더미에서 성충 파리의 시체는 발견되지 않았다. 만일 현관의 통로나 그 밑에서 외지 녀석이 죽임을 당했다면 성충 파리도 벌집 밑으로 떨어져 다른 쓰레기와 섞였을 것이다. 자, 그런데 시체 더미에는 죽은 대모꽃등에나 다른 파리가 전혀 없었다. 결국 들어온 녀석은 존중되어 제 작업을 끝낸 다음 무사히 나갔다는 이야기이다.

땅벌의 아량이 너무도 놀라워서 의문 하나가 떠오른다. 즉 대모꽃등에와 다른 파리들이 전통적인 이야기처럼 땅벌집을 약탈하거나, 애벌레의 목을 따서 죽이지는 않는 것일까? 어디 알아보자. 녀석을 부화할 때부터 조사해 보자.

9월과 10월에는 땅벌 둥지에 대모꽃등에의 알이 아주 많으니 쉽게 얼마든지 수집할 수 있다. 게다가 그 알도 땅벌 애벌레만큼이나 석유에 질식되지 않고 잘 버틴다. 그래서 대부분이 부화하는 것도 확실하다. 가위로 알이 가장 많이 붙은 껍질 조각을 잘라 내 표본병을 가득 채웠다. 병은 두 달 가까이 매일 새로 태어나는 애벌레를 퍼내는 창고가 되었다.

대모꽃등에 알은 회색 바탕에서, 여전히 뚜렷한 흰색으로 제자리에 붙어 있다. 껍질이 주름 잡히면서 무너져 내리며 앞쪽 끝이 찢어져 열린다. 여기서 뒤쪽은 어느 정도 넓으나 앞쪽으로 차차 가늘어지며, 젖꼭지 같은 돌기가 잔뜩 돋은 귀엽고 하얀 애벌레가 나온다. 옆구리에는 젖꼭지 같은 돌기가 빗살처럼 돋았는데, 뒤쪽으로는 길어지면서 부챗살처럼 벌어졌다. 그 돌기들이 등에서는 짧게 세로로 4줄이 늘어섰다. 끝에서 두 번째 마디에는 2개의 짧고 선명한 갈색 숨관이 비스듬하게 얽혀 있다.

뾰족한 입과 아주 가까운 앞쪽은 갈색을 띠어 어둡다. 투명하게 비춰 보니 그것은 2개의 갈고리로 구성된, 입 역할과 운동 역할을 하는 장치였다. 어쨌든 흰색 돌기가 곤두서서 아주 작은 눈송이 모양인 멋진 꼬마 벌레였다. 하지만 뚱뚱해진 애벌레는 혈농으로 더러워져 그 멋이 오래가지는 않는다. 마치 다갈색으로 거칠게 더러워진 호저(Porc-épic, 가시도치, 쥐목) 같은 형상으로 기어 다닌다.

알에서 나오면 어떻게 될까? 창고 역할을 하는 표본병이 일부를 알려 준다. 경사진 곳에서 균형을 잘 잡지 못하는 녀석이 바닥으로 떨어진다. 날마다 부화한 애벌레가 바닥에서 불안하게 돌아다니는 것이 발견된다. 땅벌집에서도 마찬가지일 것이다. 종이 벽의 비탈에 붙어 있을 재간이 없는 갓난이는 지하실로 떨어질 것이다. 거기에는 특히 계절이 끝날 무렵에 죽은 땅벌과 독방에서 빼내져 밖으로 던져진 애벌레가, 즉 녀석의 식량이 수북이 쌓여 있다. 모두가 썩기 시작해서 녀석이 좋아하는 먹이가 되어 있다.

눈처럼 흰옷을 입었어도 역시 구더기인 대모꽃등에 새끼는 시체 더미에서 입에 맞는 먹이를 발견한다. 식량은 끊임없이 새로 보급된다. 녀석이 울타리에서 떨어지는 것은 사고가 아니라, 헤매지 않고 저 아래의 맛있는 것을 찾아가지 않고 빨리 도착하기 위한 수단일지도 모른다. 또 어쩌면 흰 애벌레 몇 마리가 해면처럼 구멍이 숭숭 뚫린 껍질 지붕의 틈을 이용해서 벌 애벌레의 방안으로 미끄러져 들어갈지도 모른다.

어쨌든 대모꽃등에 애벌레는 대부분 전 과정을 땅굴 밑바닥의 시체실에서 보내며, 소수만 둥지에 자리 잡았다.

이 명세서만으로도 대모꽃등에 애벌레는 사람들의 못마땅한 평판이 맞지 않음을 분명히 보여 준다. 녀석은 죽은 시체에 만족할 뿐 살아 있는 땅벌 애벌레는 건드리지 않는다. 더욱이 땅벌집을 약탈하는 게 아니라 깨끗이 청소해 준다.

현지 조사에서 알게 된 것을 실험이 확인시켜 준다. 관찰하기 편하게 작은 시험관에다 많은 땅벌 애벌레와 대모꽃등에 애벌레를 함께 넣었다. 땅벌 애벌레는 방금 독방에서 꺼낸 것이라 건강하고 기운이 펄펄하다. 꽃등에 애벌레는 그날 태어나서 눈송이 모습인 녀석부터 튼튼한 호저 같은 녀석까지 갖가지 상태였다.

두 종이 서로 만나도 비극은 전혀 없었다. 대모꽃등에 애벌레는 살아 있는 꼬마 순대를 건드리지 않고 돌아다닌다. 기껏해야 관심거리도 못되는 비계 조각에 잠깐 입을 댔다가 뗀다.

대모꽃등에에게는 상처를 입었거나 죽어 가는 녀석, 혈농이 넘치는 시체 따위가 필요했다. 땅벌 애벌레를 바늘로 찔러 놓으면 조금 전까지도 관심 없던 녀석이 정말로 찾아와 흐르는 피를 빨아먹는다. 애벌레가 썩어서 갈색으로 변했으면 배를 갈라 액체를 먹는다.

그것보다 더 좋은 게 있다. 종이 통(애벌레 독방)에서 썩은 땅벌로 얼마든지 식량을 공급할 수 있고, 썩어 가는 점박이꽃무지(*Cetonia*) 굼벵이의 즙을 만족스럽게 빨아먹는 녀석도 보았다. 그뿐만이 아니다. 잘게 썬 푸줏간의 고기로도 잘 기를 수 있었다. 녀석은 잘

점박이꽃무지 번데기 방에서 성충이 되어 탈출하고 있다. 시흥, 6. VIII. 08

게 썬 고기를 구더기처럼 액화시킬 줄도 알았다.

식료품이 죽은 것이면 종류를 가리지 않는 대모꽃등에 애벌레가 산 것은 절대 사절이다. 진짜 쌍시류이며, 진짜 시체를 개척하는 녀석이 어떤 물건에 손대기 전에 죽기를 기다린다.

땅굴에는 쇠약해진 녀석을 모두 제거하는 부지런한 감시자가 있다. 따라서 움직이지 못하는 벌레가 있다면 드문 예외가 될 것이다. 그런데 땅벌이 작업 중인 밀랍에도 대모꽃등에 애벌레가 있다. 물론 밑의 시체 더미에서만큼 많지는 않다. 어쨌든 시체가 없는 그곳에서 녀석이 무엇을 할까? 성한 녀석을 공격할까? 여기저기의 독방을 계속 찾아다녀서, 처음에는 그럴 것으로 생각할 수도 있다. 하지만 녀석의 행동을 자세히 관찰해 보면 곧 우리 생각이 틀렸음을 깨닫게 된다. 철망뚜껑 밑의 녀석이 하는 짓을 지켜보았다.

독방을 염탐하느라고 밀랍 표면을 부지런히 기어 다니며 목을 구불거리는 녀석이 보인다. 이 방은 적당치 않다. 저기도 적당치 않다. 돌기 많은 애벌레가 지나가면서 뾰족한 앞쪽 끝을 이리저리 내밀며 계속 찾는다. 이번에는 독방이 필요한 조건을 갖춘 것 같

다. 건강해서 몸이 반들반들한 땅벌 애벌레가 먹이를 주는 육아벌이 접근하는 줄 알고 입을 벌린다. 녀석은 통통해서 옆구리가 육각형의 독방을 꽉 채우고 있었다.

더러운 방문객의 얇은 칼날 같은 몸이 구부러지면서 뾰족한 앞쪽이 벽과 애벌레 사이로 미끄러져 들어간다. 안에 있는 녀석의 둥글고 말랑말랑한 옆구리가 살아 있는 쐐기의 압력에 조용히 밀려난다. 방문객이 독방 속으로 깊숙이 들어가서 밖에는 넓은 궁둥이만 남는다. 거기는 숨구멍 2개가 갈색으로 얼룩져 있다.

그런 일이 벌어져도 육아벌은 태연하며 꽃등에를 그냥 놔둔다. 방문객을 맞은 애벌레가 위험하지 않다는 증거였다. 실제로 외부 침입자가 천천히 미끄러지며 물러난다. 녀석의 식욕이 증명했듯이 탄력성이 뛰어난 자루 모양 애벌레는 아무 일 없었다는 듯이 제 몸의 부피를 회복한다. 육아벌이 녀석에게 한입 주자 다치지 않았다는 활력의 표시를 보이며 받아먹는다.

대모꽃등에 애벌레의 이중 갈고리가 드나들며 입술을 핥는다. 그리고 지체 없이 다시 시추기를 작동시키러 다른 곳으로 간다.

대모꽃등에 애벌레가 독방의 애벌레 뒤쪽에서 무엇을 탐색했는지, 직접 관찰로는 확정할 수 없으니 짐작할 수밖에 없다. 찾는 요리가 방문했던 말짱한 애벌레는 아니었다. 게다가 녀석을 죽일 계획이었다면, 방어책도 없이 들어앉은 벌레를 왜 직접 공격하지 않고 뒤쪽으로 들어갈까? 형벌 받을 녀석을 방 입구에서 직접 빨아

먹는 것이 훨씬 간단했을 텐데 그렇게 하지 않았다. 안으로 미끄러져 들어갈 뿐 결코 다른 수단은 쓰지 않았다.

도대체 땅벌 애벌레의 뒤쪽에는 무엇이 있을까? 최대한으로 점잖게 표현해 보자. 녀석은 지극히 깨끗할지라도 피할 수 없는 배 속의 생리적 불행은 면할 수 없다. 녀석도 먹이를 먹는 존재이니 창자 찌꺼기가 있다. 하지만 독방에 갇혀 있으니 극도의 제한이 요구된다.

좁은 공간에 머문 벌(Hymenoptera)들이 그랬듯이 녀석도 탈바꿈할 때까지 소화 찌꺼기를 배출하지 않는다. 재생의 섬세한 조직체인 번데기는 그것의 아주 미미한 흔적조차 보관해서는 안 되므로 그때 가서 마지막으로 한 번 배설한다. 오물은 나중에 빈 방안의 어디서든 보랏빛을 띤 검은색 마개의 형태로 보여 준다.

그러나 가끔은 마지막 정화까지 기다리지 않고 말간 물처럼 빈약한 찌꺼기를 배설하기도 한다. 가끔씩 내보내는 액체 배설물을 확인하고 싶으면 땅벌 애벌레를 작은 유리관에 넣고 관찰한다.

자, 그런데 대모꽃등에 애벌레가 녀석에게 상처를 입히지 않고 독방 깊숙이 들어가는 이유를 설명할 수 있는 게 도무지 안 보인다. 하지만 녀석은 거기서 분비물을 찾고자 배설을 유발시켰던 것이다. 배설물은 시체가 제공하는 자양분에 보태지는 맛있는 요릿감이다.

땅벌 도시의 위생 관리자인 대모꽃등에는 두 가지 직책에 전념한다. 땅벌 새끼의 밑을 닦아 주고, 그 집에서 죽은 녀석을 치워준다. 그래서 녀석이 알을 낳으러 땅굴로 들어갈 때도 보조원처럼 조용히 맞아들인다. 누구도 무사히 돌아다니지 못할 집 안의 한가운데서 녀석의 애벌레는 용납되고 한 걸음 더 나아가 존중되기까지 한다.

밀랍 덩이에 내려놓았던 긴하늘소 애벌레와 등에잎벌 애벌레가 받은 거친 대접을 기억하자. 불쌍한 녀석들이 즉시 물려서 상처를 입고 침을 맞아 죽었다. 대모꽃등에 새끼는 사정이 완전히 달랐다. 녀석 마음대로 돌아다니며 독방을 살피고, 안에 든 애벌레를 스치고 다녀도 아무도 학대하지 않았다. 성질을 잘 부리는 땅벌인데, 그렇게 대단히 이상한 관용을 몇 가지 예로 명확하게 해보자.

두 시간가량 벌 애벌레와 나란히 방안에 들어 있는 대모꽃등에 애벌레를 주목해 보았다. 꽁무니에 젖꼭지 같은 돌기를 내보이면서 나타난다. 때로는 뾰족한 머리가 나타나는데 뱀이 갑자기 흔드는 것처럼 움직인다. 방금 꿀이 고인 곳에서 모이주머니를 채운 육아벌이 한입 나누어 준다. 밝은 창문 앞의 탁자 위에서 벌어지는 일인데 매우 활발하다.

이 방, 저 방으로 돌아가면서 먹이를 주는 땅벌은 침입자를 여러 번 스치고 뛰어넘으면서 분명히 보았다. 녀석은 움직이지 않으며 혹시 밟히더라도 눌렸다가 도로 나온다. 지나가던 땅벌이 멈추어 머리를 입구 쪽으로 기울이고 사정을 알아보는 것 같다. 그 사태에 별로 걱정 않고 가 버린다. 다른 땅벌은 한술 더 떠서 독방의 합법적 주인에게 한입 주려 한다. 방문객에 눌려 식욕을 느낄 수 없는 애벌레는 거절한다. 하지만 거북한 동반자와 함께 머문 새끼에게 불안하다는 표시는 없다. 벌은 물러 나와 다른 새끼에게 한입 나누어 주러 간다.

오래 관찰해 봤자 소용없다. 흥분은 없다. 대모꽃등에 애벌레를 친구로, 또는 적어도 무관심 대상으로 취급한다. 녀석을 쫓아내거나, 괴롭히거나, 또는 도망치게 하려는 시도가 전혀 없다. 벌 애벌레도 드나드는 녀석을 별로 걱정하지 않는 것 같다. 녀석이 안심하는 것도 제집에 머문 것처럼 느낀다는 표시이다.

또 다른 증언을 들어보자. 대모꽃등에 애벌레가 통째로 들어가기엔 너무 좁은 빈방에 머리를 틀어박고 있어서 밖으로 삐져나온 뒷부분이 아주 잘 보인다. 그 자세로 여러 시간을 꼼짝 않고 머물렀다. 일벌이 계속 옆으로 지나다닌다. 그 중 세 마리가 함께, 또는 한 마리씩 와서 그 방의 가장자리를 뜯어 간다. 뜯긴 조각은 새집 짓는 데 쓰려고 반죽된다.

지나가던 벌은 혹시 제 일에 골몰해서 침입자를 못 보았더라도, 지금의 이 녀석은 분명히 꽃등에를 보았다. 집 허물기가 계속되는 동안 벌은 다리, 더듬이, 수염으로 건드렸다. 그런데도 꽃등에 애벌레에게 주의를 기울이는 녀석은 하나도 없었다. 생김새가 그렇게 이상하니 아주 잘 알아볼 커다란 애벌레를 그냥 놔둔다. 그것도 대낮에 모두가 보는 앞에서 그런 것이다. 깜깜한 지하에서는 녀석의 비밀이 얼마나 잘 보호되겠더냐!

그동안은 나이를 먹어 커다란 몸집이 갈색으로 더러워진 대모꽃등에 애벌레로 실험했다. 그런데 아주 깨끗해 하얀 녀석은 어떨까? 알에서 갓 깬 애벌레를 밀랍 표면에 뿌려 놓았다. 눈처럼 흰 벌레가 가까운 독방으로 들어갔다가 다시 나와 다른 곳을 찾아간다. 땅벌은 아주 평온하다. 하얀 꼬마 침입자도 커다란 갈색 침입자처럼 상관 않고 내버려 둔다.

땅벌 애벌레가 머무는 독방으로 들어가던 꼬마가 어쩌다가 방

주인에게 붙잡힌다. 주인은 녀석을 큰턱 사이로 이리저리 돌린다. 자신을 보호하려고 깨문 것일까? 아니다. 그저 육아벌이 주는 한 입과 혼동한 것뿐이다. 불행은 별로 없다. 몸이 유연한 꼬마가 집게에서 무사히 풀려나며 탐사를 계속한다.

혹시 이런 관용이 땅벌의 통찰력에 어떤 결함이 있어서라는 생각이 들 수도 있겠다. 잘못된 이 생각을 깨우쳐 주는 게 있다. 긴 하늘소 애벌레와 대모꽃등에 애벌레를 한 마리씩 독방에 넣었다. 두 녀석이 모두 희고, 독방을 완전히 채우지 못하는 꼬마를 택했다. 독방 입구에 두 녀석의 하얀 등이 나란히 드러났다. 피상적인 조사로는 녀석들을 분명하게 구별하지 못할 것이다. 하지만 땅벌은 속지 않았다. 하늘소 애벌레는 빼내서 죽여 시체 더미에 던지고, 꽃등에 애벌레는 편안히 그대로 놔둔다.

외지에서 온 녀석이 은밀한 독방 안에서 아주 잘 식별된 것이다. 이것은 쫓아내야 할 귀찮은 녀석, 저것은 존중해야 할 단골손님이었다. 이 실험은 낮에 철망뚜껑 밑에서 행해져 시력의 도움을 받았다. 그러나 땅벌은 캄캄한 굴속에서도 알아보는 방법이 있다. 내 장치를 판자로 덮어 깜깜하게 해놓아도 용납이 안 되는 녀석은 역시 죽였다.

땅벌 경찰의 임무는 들킨 외부 침입자를 죽여서 오물 구덩이에 던지는 일이다. 진짜 적들이 이런 경계를 피하려면 엉큼하게도 움직이지 않거나, 고도로 악랄하게 몸을 숨길 필요가 있다. 그러나 대모꽃등에 애벌레는 가고 싶은 곳을 드러내놓고 돌아다닐 뿐 숨지 않았다. 일벌 틈에서 바라는 독방을 찾아다녔다. 도대체 녀석은 무엇을 가졌기에 이렇게 존중될까?

힘 때문일까? 분명히 아니다. 녀석은 땅벌이 가위로 배를 가르면 그대로 당할 것이고, 침을 맞으면 즉사할 것이다. 그런데 녀석은 땅벌집에서 누구도 해치지 않는 것으로 잘 알려진 손님이다. 왜 그럴까? 도움을 주어서 그렇다. 해를 주는 게 아니라 깨끗이 해주는 위생사였기 때문이다. 적이나 귀찮은 존재였다면 죽었을 것이나 찬양받을 보조원이라 존중되었다.

그렇다면 대모꽃등에가 왜 땅벌로 변장했을까? 회색이든, 알록달록하든, 어느 파리든, 땅벌 집단에 유익하면 굴속으로 받아들여진다. 꽃등에의 의태가 가장 뚜렷한 예의 하나라는 것은 분명히 어린애 같은 이야기이다. 사실과 끊임없이 접촉하는 끈질긴 관찰은 그 말을 인정하지 않는다. 곤충의 세계를 이론적 환상을 통해서 보는 경향이 너무 강한 연구실의 박물학자에게 끈질긴 관찰이 필요하다는 충고를 남겨 주련다.[4]

4 옮긴이는 1970년대 초에 경기도 남양주군 화접리에서 부서져 폐물이 된 장수말벌(V. mandarina) 둥지를 발견했는데 그 안에 구더기가 있었다. 채집해서 사육했더니 장수말벌집대모꽃등에(V. suzukii)가 나왔다. 이 종은 그때까지 국내에 알려지지 않아 1972년도 한국곤충학회지에 한국 미기록종으로 보고한 일이 있다.

22 세줄호랑거미

겨울에는 곤충이 은신처에서 쉰다. 양지바른 곳에서 녀석들의 막사를 뒤져 보자. 모래를 긁어 보고 돌을 들추며 덤불을 뒤지다가, 어설픈 재주로 만든 이런저런 뜻밖의 작품을 발견하고 감동받아 기분 좋을 때가 적지 않다. 순진하게도 이런 발견에 야심이 만족되는 사람은 행복하리라! 내게 이런 기쁨을 가져다주는 물건에 행운이 깃들기를 축원한다. 세월의 비탈이 가파르게 내려가면서 점점 심해지는 인생의 비참함에도 불구하고, 이런 발견은 계속 내게 기쁨을 준다.

지금 버드나무숲과 잡목림에서 풀밭을 뒤지다 눈앞에 나타난 놀라운 것을 그 나무들도 보기를 기원해 본다. 세줄호랑거미(Épeire fasciée: Epeira fasciata→ Argiope trifasciata→ bruennichii)의 작품으로 녀석의 집이다.[1]

거미는 분류학이 지적했듯이 곤충이 아니다. 그렇다면 이 책에는 안 맞는 동물이다. 그까짓 분류 따위는 집어치워라! 벌레의 다

---

1 Épeire는 왕거미과 거미를 말하는데 그 중 일부를 호랑거미라고 부른다.

리가 6개든 8개든, 호흡기관이
주머니허파(Pochettes Pulmo-
naires = 書肺, 책허파)이든 기관
(Tubes Trachéens = 氣管, 숨관)이
든, 본능에 관한 연구에서는 상
관없는 일이다. 게다가 거미도
몸통이 여러 마디로 나뉜 동물
(체절동물, 體節動物)에 속하며,
곤충과 곤충학 용어가 암시하
는 구조를 가졌다.

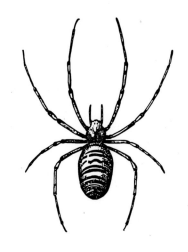

세줄호랑거미 약간 확대

　이런 동물을 전에는, 즉 옛날
학파는 관절동물(Animaux articulés, 關節動物)이라고 했다. 오늘날은
절지동물(Arthropode : Arthropoda, 節肢動物)이라는 그야말로 매력적
인 이름을 쓴다. 그런데도 진보를 의심하는 사람이 있다니! 아, 믿
음 없는 사람! 우선 관절(articulé)을, 다음 절지(arthropode)를 발음
해 보시라. 그러면 곤충학이 발전했음을 알게 될 것이다.[2]

　프랑스 남부 지방에서 가장 아름다운 거미는 세줄호랑거미인
데, 모습이 늠름하고 띠무늬의 색깔이 무척 인상적이다. 크기는
거의 개암만 하다. 커다란 비단 창고인 배에 노랑, 은빛, 검정 띠
가 번갈아 쳐져서 세줄이란 이름을 얻었다. 풍만한 배의 둘레에는
연한 색과 갈색 띠가 둘러쳐진 다리 8개가
사방으로 뻗어 있다.[3]

　녀석은 아무리 작은 사냥감이라도 다 좋아
한다. 그래서 그물치기를 의탁할 조건만 갖

2 발음이 발전한 것은 아니다. 관
절동물이란 이름을 마디발동물이
란 의미로 바꾼 것뿐이다.
3 가슴에 난 다리를 배의 둘레라
고 하여 오해하기 쉽게 쓰였다.

취지면 메뚜기(Criquet: Acrididae)가 튀어 오르고, 나비(Papillon: Lepidoptera)가 훨훨 날아다니며, 파리(Diptère: Diptera)가 떠돌고, 잠자리(Libellule: Odonata)가 춤추는 곳 어디에나 자리를 잡는다. 보통은 실개천의 양쪽 기슭을 가로질러 골풀(Joncs: *Juncus*)에다 그물을 치는데, 이런 곳은 사냥감이 풍부해서 그렇다. 털가시나무(Chêne verts: *Quercus ilex*) 숲이나 풀이 좀 덮인 곳이라 메뚜기가 좋아하는 낮은 언덕에도 치지만 이런 곳에는 열성이 덜하다.

녀석의 사냥 기구는 수직의 넓은 보자기인데, 설치된 장소에 따라 그 둘레가 다양한 여러 가닥의 밧줄로 근처의 잔가지에 묶여 있다. 구조는 다른 거미줄 치기 거미처럼 중앙에서 같은 간격의 실들이 직선으로 뻗어 나간다. 이런 실은 뼈대에 해당하며, 다른 실이 계속 창살처럼 가로질러 넓이와 균형미가 훌륭하다.

보자기 중앙에서 아래쪽으로 살을 가로지르며 지그재그로 배치된 넓고 불투명한 리본이 내려간다. 리본은 이 호랑거미의 가문(家紋)으로서, 예술가가 작품에다 간단히 서명한 셈이다. 거미가 보자기에 마지막 북을 넣어 아무개가 '만들었음(*Fecit*)'이라고 말하는 것 같다.

거미가 이 살, 저 살로 옮겨 다니며 나선의 둘레를 다 만들었을 때는 틀림없이 만족해할 것이며, 그 그물은 며칠 동안 먹을 것을 확보해 준다. 하지만 실 잣는 거미에게 하찮은 허영심 따위는 문제되지 않아, 비단을 더 튼튼히 하려고 지그재그 꼴 그물을 덧붙인 것뿐이다.

호랑거미가 사냥감을 골라 가며 잡지는 않아, 때로는 그물이 시련을 겪는다. 그러니 저항력을 높이는 게 지나친 일은 아니다. 사방에서 그물의 진동을 감지하려고 다리 8개만 한가운데 버터 놓고, 우연히 와 줄 곤충을 기다리며 꼼짝 않는다. 때로는 허약하고 경솔해서 제대로 날뛰지 못하는 녀석이 있는가 하면, 마구잡이로 튀어 오르는 힘센 녀석도 있다.

특히 메뚜기, 급한 성미에 다리 용수철을 멋대로 튕기는 메뚜기가 함정에 자주 걸려든다. 녀석의 힘이 거미를 압도할 것 같다. 박차가 달린 지렛대로 걷어차 당장 그물에 구멍을 뚫고 나갈 것 같다. 하지만 첫번 힘쓰기에서 빠져나가지 못하면 끝장이니 도망은 못 친다.

사냥물에는 등을 돌린 호랑거미가 물뿌리개 꼭지처럼 뚫린 출사돌기(出絲突起)를 모두 작동시킨다. 뿜어 나오는 명주실을 제일 긴 뒷다리가 거들어서 넓게 편다. 이 조작으로 거미는 한 가닥의 가는 실이 아니라, 오색영롱한 보자기이며 불투명한 부채 모양을 얻는다. 기초 실이 거의 독립적으로 보존된 돌기에서 두 뒷다리가 교대로 빨리 수의(壽衣)를 한 아름씩 꺼내 내보내는 동시에 사냥감 전체를 단단히 둘러싸려고 이리저리 돌린다.

억센 맹수와 싸워야 하는 옛날의 투망(投網) 투사가 그물을 접어서 왼쪽 어깨에 걸치고 투기장에 나타났다. 짐승이 뛰어나온다. 투사는 갑자기 오른쪽으로 휙 뛰면서, 투망으로 물고기를 잡는

사람처럼 그물을 좍 펼친다. 그물이 짐승을 씌워 그물코에 얽혔다. 걸려든 녀석을 삼지창으로 찔러서 마저 죽였다.

호랑거미도 이런 식이며, 끈을 몇 아름씩 만들어 내는 장점까지 있다. 한 아름이 부족하면 두 번째 아름이 뒤따르고, 또 다시 한 아름씩 저장된 실이 모두 바닥날 때까지 계속된다.

결박된 녀석이 흰 수의에 싸여 전혀 꼼짝 못하게 되면 접근한다. 녀석은 맹수와 싸우는 투사의 삼지창보다 더 좋은 독니를 가졌다. 메뚜기를 살짝 깨물고는 잠시 물러나 녀석이 마취되어 약해지기를 기다린다.

곧 마비된 요리로 돌아와 여러 부위를 바꿔 가며 빨아먹어 바싹 말려 버린다. 창백해질 때까지 피가 뽑힌 시체는 그물 밖으로 던지고, 가운데의 제자리로 돌아가 다시 기다린다.

호랑거미가 빨아먹는 사냥물은 시체가 아니라 마비된 녀석이다. 한번 물린 메뚜기를 떼어내서 감긴 명주실을 벗겨 내면, 수술받은 녀석이 어찌나 활기를 되찾던지 아무 일도 없었던 것처럼 도망친다. 거미는 잡힌 녀석의 피를 빨아먹기 전에 죽이지는 않고, 혼수상태로 만들어 못 움직이게 한 것이다. 이렇게 가볍게 깨물어서, 어쩌면 펌프를 보다 쉽게 작동시키는 것인지도 모르겠다. 시체에 괴어 있는 체액은 빨대로 빨 때 덜 신속하게 빨릴 것이다. 반대로 살아 있는 몸 안의 체액은 빨아내기가 더 쉬울 것이다.

흡혈하는 호랑거미는 괴물 같은 사냥감이라도 독니의 독성으로 조절한다. 그만큼 투망 투사로서의 기술에 자신이 있다. 다리가 긴 유럽방아깨비(Truxale: *Truxalis nasuta*→ *Acrida ungarica mediterranea*), 이곳 메뚜기 중 제일 큰 풀무치(Criquet cendré: *Pachytilus cinerascens*→

378

산란 중인 방아깨비 암컷
뒷다리가 무척 길어서 높이뛰기를 잘하며, 대개는 녹색이나 사진처럼 색깔이 갈색인 개체도 있다. 시흥, 5. X. '92

Locusta migratoria)°도 서슴없이 접수하여 마비되기가 무섭게 빨아먹는다. 힘차게 뛰어올라 그물을 뚫고 빠져나갈 만큼 거대한 녀석은 분명히 드물게 잡힐 것이다. 그런 녀석은 내가 직접 거미줄에 내려놓는다. 거미가 할 일을 한다. 명주실을 마구 쏟아 내서 꽁꽁 묶어놓고는 멋대로 말려 버린다. 출사돌기를 더욱 심하게 작동시켜서 엄청나게 큰 사냥감도 보통 사냥감처럼 굴복시킨다.

훨씬 심한 경우도 보았다. 배에 커다란 은빛 물결무늬를 가진 누에왕거미(É. soyeuse: *Epeira sericea*→ *Araneus sericina*→ *Argiope lobata*)도 다른 거미줄처럼 넓은 수직그물 가운데다 지그재그 리본으로 약식 서명을 해놓았다. 그 거미줄에다 황라사마귀(Mante→ M. religieuse: *Mantis religiosa*)°를 내려놓았다. 이 사냥감은 온순한 녀석이 아니다. 몸집이 대단히 커서 상황이 바뀌면 역할도 바뀌어 사냥꾼을 제 사냥감으로 만들 수 있다. 사마귀는 왕거미의 뚱뚱한

유럽방아깨비

배를 작살로 찔러 갈라놓을 만큼 힘세고 사나운 대식가이다.

왕거미가 감히 덤빌까? 즉시는 아니다. 무서운 물체를 공격하기 전에 그물 가운데서 꼼짝 않고 제 힘을 검토한다. 그러면서 사냥감이 날뛰다 발톱이 더 얽히기를 기다린다. 마침내 거미가 달려간다. 사마귀는 배를 소용돌이처럼 흔들면서 날개를 수직 돛처럼 올리고, 톱니 같은 앞다리를 편다. 한 마디로 말해서 굉장한 싸움을 벌일 때의 유령 같은 자세를 취한다.

거미는 그런 위협에 아랑곳 않고 출사돌기에서 명주실을 널따랗게 쏟아내, 뒷다리로 한 아름씩 번갈아 활짝 펼쳐서 많이 던진다. 사마귀 사냥다리의 톱날이 소나기처럼 쏟아지는 실 밑으로 사라진다. 여전히 유령 같은 자세로 세워졌던 날개도 사라진다.

감싸인 녀석이 몸을 갑자기 흔들자 거미가 그물 밖으로 떨어진다. 하지만 이것은 미리 예견된 사고이다. 따라서 출사돌기에서 내보낸 구명줄이 허공에 매달려 흔들리는 왕거미를 꽉 잡아 준다. 조용해지자 거미는 끈을 감싸 잡고 다시 올라온다. 이제는 큰 배와 뒷다리를 묶는다. 명주실이 모두 소진되어 이제는 가는 줄기만 나온다. 다행히도 묶기가 끝났다. 두꺼운 수의에 싸인 먹잇감이 이제는 보이지 않는다.

거미는 깨물지 않고 물러난다. 무서운 사냥감을 제압하느라고 상당히 넓은 그물 몇 개를 짤 제사 공장 재고품을 모두 써 버렸지

황라사마귀

만, 족쇄를 많이 채웠으니 조심할 필요는 없다.

그물 가운데서 잠깐 휴식을 취한 다음 식사가 시작된다. 잡힌 녀석의 여기저기에 약간씩 구멍을 뚫고는 이빨을 꽂아 피를 빨아 먹는다. 먹이가 너무 푸짐해서 식사하는 데 시간이 오래 걸린다. 빨아먹고 있는 상처 부위가 마르면 공격 지점을 바꿔 가며 게걸스럽게 먹는 녀석을 10시간이나 지켜보았다. 하지만 밤이 되어 지나친 먹기의 끝을 보지 못했다. 이튿날, 다 빨아먹힌 사마귀가 땅바닥에 떨어져 있었다. 먹다 남은 찌꺼기는 개미들이 처리한다.

어미 거미의 솜씨는 사냥 기술보다 훨씬 훌륭한 재주를 보여 준다. 세줄호랑거미가 알을 담아 둘 알집인 비단주머니는 새둥지를 훨씬 능가하는 경탄감이다. 형체는 기구(氣球)를 뒤집어 놓은 것 같고, 크기는 대략 비둘기 알만 하다. 위쪽은 배(梨) 술병의 목처럼 가늘고, 몽땅 잘린 쪽의 테두리는 톱니 모양인데 각 톱니의 각

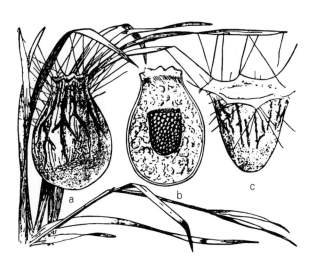

a. 세줄호랑거미 알집, b. 열린 모습, c. 누에왕거미 알집

긴호랑거미와 알주머니 주머니 속에 알을 낳은 어미 거미가 알집을 지키고 있다.
거제도, 26. IX. 08, 김태우

을 잡아맨 끈은 근처의 잔가지까지 연장되었다. 멋진 알 모양인 나머지 부분은 안정시키는 실 몇 가닥의 가운데로 균형을 잘 잡으며 내려온다.

꼭대기는 분화구처럼 파였으며 부드러운 펠트로 막혀 있다. 다른 곳은 전체가 두껍고 조밀해서 잘 안 찢어지는 껍질이며, 습기가 스며들지 않는 흰색 천으로 되어 있다. 넓은 리본, 방추형, 제멋대로인 자오선처럼 붙여 놓은 흑갈색 비단이 기구 위쪽의 겉을 장식하고 있다. 이 천의 역할은 분명하다. 이슬이나 비가 침투할 수 없는 방수포인 것이다.

땅과 아주 가까운 죽은 풀 틈에서 각종 일기불순을 겪어야 하는 주머니 내용물은 겨울 추위에 잘 보호되어야 한다. 가위로 갈라 보자. 안에는 갈색 비단 한 겹이 두껍게 깔렸는데, 짜놓은 게 아니라 아주 고운 솜처럼 부풀었다. 그것은 폭신한 구름이며 백조(*Cygnus*)의 솜털도 제공하지 못할, 그야말로 비길 데 없는 새털 이불이다. 열 손실에 대비한 방벽은 이랬다.

부드러운 솜뭉치가 무엇을 보호할까? 새털 이불 한가운데 아래쪽 끝이 둥글고 위쪽 끝은 몽땅 잘린 펠트 뚜껑으로 닫힌 원통 모양 주머니가 매달려 있다. 그야말로 고운 천으로 만들어진 주머니에 예쁜 주황색 진주 같은 알들이 들어 있다. 알은 완두콩만 한 공 모양이며 서로 달라붙어 있다. 이것이 겨울의 혹독한 추위에서 보호되어야 할 보물인 것이다.

작품의 구조를 알았으니 이제는 어미가 어떻게 만드는지를 보자. 하지만 세줄호랑거미는 밤에 일해서 관찰이 좀 어려울 것 같다. 녀석은 복잡한 규칙의 기술을 혼동하지 않으려고 조용한 밤에 일한다. 그렇지만 아주 이른 새벽에 가끔 작업하는 모습을 보았기에 다음처럼 작업 과정을 요약할 수 있게 되었다.

8월 중순, 거미가 철망뚜껑 밑에서 일했다. 우선 둥근 천장에 실 몇 가닥을 늘어뜨려 발판을 묶어놓는다. 철망은 자연 상태의 거미가 받침대로 썼을 풀잎이나 덤불에 해당한다. 흔들리는 받침대 위에서 베틀이 움직인다. 거미는 일감에 등을 돌리고 있어서 제가 하는 일을 보지 못한다. 하지만 기계장치가 어찌나 잘 설비되었던지, 일이 저절로 진행된다.

거미가 천천히 둥글게 이동하며 배 끝을 좌우로, 상하로 조금씩 흔든다. 나오는 실은 외가닥인데 뒷다리가 그 실을 늘여서 먼저 만들어진 것 위에 얹는다. 이렇게 해서 대야 모양의 천이 생기는데, 테두리를 조금씩 높여서 마침내 높이 1cm가량의 자루를 만든다. 특히 주둥이 부분의 밧줄들을 근처의 실과 연결시켜서 자루가 팽팽하게 유지되도록 한다.

이제는 출사돌기가 쉬고 난소(卵巢)가 작동할 차례이다. 알이 자루 속으로 계속 쏟아져 내려 주둥이까지 찬다. 그릇의 용량이 알은 모두 들어가도 여분의 공간은 없도록 계산되어 있다. 산란을 끝낸 거미가 물러설 때, 잠시 주황색 알 무더기가 어렴풋이 보였으나 곧 출사돌기가 다시 작동한다.

이제 자루를 막을 차례인데 연장의 기능이 조금 다르다. 지금은 배 끝을 흔드는 게 아니라 밑으로 내려가 어느 지점에 댄다. 그러고는 배 끝이 닿은 이곳저곳에 구불구불하게 뒤얽힌 줄을 토해 놓는다. 그와 동시에 나온 것을 뒷다리가 눌러서 으깬다. 그 결과 천이 아니라 펠트이며 부드러운 플란넬이 된다.

천으로 짠 캡슐, 즉 알이 담긴 그릇 둘레에는 추위를 막아 줄 깃털 이불이 있다. 어린 새끼는 얼마 동안 폭신한 이 피신처에 머물며 관절을 튼튼하게 굳히고, 마지막 탈출 준비를 한다. 이불은 제사 공장의 원료가 갑자기 변하며 재빨리 만들어진 것이다. 지금까지 흰색이던 명주실이 이제는 갈색이며 더 가늘다. 보풀 세우기 직공인 뒷다리가 구름처럼 나오는 실에서 거품이 일게 한다. 알주머니는 고운 솜 속에 잠겨서 보이지 않게 된다.

벌써 기구 모양의 윤곽이 잡혀, 작품의 위쪽이 늘어난 목처럼 된다. 거미는 한쪽에서 비스듬히 오르내리고, 다음은 다른 쪽에서 오르내리는데, 마치 배 끝에 컴퍼스가 달린 것처럼 처음의 실뽑기부터 멋진 모양이 결정된다.

이제는 껍질 전체를 짤 시간이다. 재료가 또 갑자기 바뀌어 흰 명주실로 가공한다. 천이 두껍고 짜임새가 빽빽해서 이 작업이 모든 작업 중 제일 오래 걸린다.

우선 여기저기에 실 몇 가닥을 던져 솜 층을 고정시킨다. 호랑거미는 특히 목 부분의 테두리에 정성을 들인다. 거기에 톱니 모양인 둘레가 만들어지고, 그 각들은 동아줄로 이어져 건물의 중요 지지대가 된다. 일이 끝나기 전에는 출사돌기가 이 부분으로 올 때마다 안정된 풍선(기구)이 요구하는 균형과 견고성을 보충한다.

매다는 장치인 톱니는 곧 분화구의 경계선이 되며 거기를 막아야 한다. 마개는 알주머니를 막은 것과 비슷한 종류의 펠트였다.

이런 조치들이 취해진 다음에 진짜 껍질 싸기가 시작된다. 천에다 직접 출사돌기를 대지는 않는다. 유일한 연장인 뒷다리가 율동적인 조작으로 번갈아 실을 당기고, 다리 빗으로 잡아서 작품에다 갖다 댄다. 그동안 배 끝은 좌우로 규칙적으로 흔든다.

이렇게 해서 명주실 가닥이 규칙적인 지그재그 모양으로 배치되는데, 거의 기하학적 정확성으로 분배되어 마치 우리네 제사 공장에서 기계가 무척 예쁜 실 꾸러미를 감은 것 같다. 거미가 매번 자리를 조금씩 옮겨서 지그재그가 작품 전체의 표면에서 반복된다.

배 끝이 매우 짧은 간격으로 기구의 입구 쪽으로 다시 올라가고, 그때마다 출사돌기가 술장식 모양의 테두리와 접촉한다. 접촉은 상당히 오래 지속되어, 건축물의 기초이며 물건의 어려운 부분인 별 모양 테두리에 실을 붙여 놓는다. 다른 곳은 어디든 뒷다리의 조작으로 결정된 단순한 포개기가 있을 뿐이다. 만일 작품에서 실을 뽑아낸다면 테두리 실은 끊어질 것이나 다른 부분에서는 연속적으로 풀려나올 것이다.

호랑거미가 보자기를 제작할 때는 광택 없는 흰색 지그재그의 약식 서명으로 끝냈다. 알집은 빽빽한 가운데부터 주변에 묶은 가장자리까지 불규칙하게 나간 여러 가닥의 갈색 띠로 끝낸다. 이를 위해 세 번째의 또 다른 명주실을 쓴다. 이번에는 갈색에서 검정까지의 다양한 암색 실을 내보낸다. 출사돌기는 한쪽 끝에서 반대편 끝까지 길이로 넓게 흔들며 재료를 나눠 주고, 뒷다리는 그것을 붙여서 제멋대로 생긴 리본을 만들어 놓는다. 그러면 작품이 끝난다. 녀석은 느린 걸음일망정 성큼성큼 떠날 뿐, 가죽 가방은 한 번도 거들떠보지 않는다. 이제 나머지는 녀석의 소관이 아니라 시간과 해님이 해결할 문제이다.

시간이 되었음을 느낀 거미가 그물에서 내려와, 근처의 가죽처럼 질긴 잔디(Gramens) 사이에 새끼용 장막을 짜 놓았다. 이 작품을 짜느라고 명주실 창고가 바닥났다. 이제는 사냥터인 초소로 다시 올라가도, 즉 제 그물로 돌아가도 소용이 없다. 사냥감을 결박할 실이 없는 데다가 예전의 좋던 시절도 이제는 끝났다. 쇠약해져 시들어 버린 녀석이 며칠을 끌다가 마침내 죽는다. 철망뚜껑 밑에서는 이렇게 진행되었는데 수풀에서도 같을 게 틀림없다.

넓은 사냥그물을 짜는 기술은 세줄호랑거미보다 앞서는 누에왕거미가 둥지를 제작하는 기술은 떨어진다. 녀석의 알집은 재주의 혜택을 입지 못해서 둔각의 원뿔처럼 만들어졌다. 주머니의 입이 매우 넓은 이 작품은 매달린 지점들이 방사상 돌기로 장식되었다. 입구가 절반은 천, 절반은 부드러운 플란넬의 커다란 뚜껑으로 닫혔다. 나머지는 흰색의 튼튼한 천인데, 그 위로 갈색 줄들이 자주 불규칙하게 달린다.

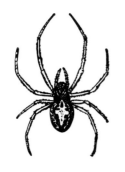

두 거미의 작품에서 차이점은 둔한 이 원뿔 모양과 앞에서처럼 기구 모양인 거죽뿐, 주머니 내부의 배치는 같다. 우선 털 뭉치의 깃털 이불이, 다음은 알을 담은 작은 통이 있다. 두 거미가 울타리는 각자 독특한 건축법으로 건설했어도 추위를 막는 방법은 같았다.

누에왕거미

왕거미과(科)의 알주머니, 특히 세줄호랑거미의 알주머니는 보다시피 고도의 복잡한 솜씨가 요구되는 작품이었다. 거기에는 명주실이 흰색, 갈색, 흑갈색으로 여러 재료가 들어갔다. 게다가 튼튼한 천, 폭신한 깃털 이불, 섬세한 솜의 천, 방수용 펠트 따위의 여러 재료로 가공되었다. 그런데

왕거미류 왕거미는 주로 밤에 사냥하고, 낮에는 그물을 떠나 제 은신처에 머무는 종류가 많다.
시흥, 12. Ⅷ. '96

두 왕거미가 짜서 튼튼한 지그재그 리본으로 서명한 사냥그물, 사냥물에 던져 족쇄를 채우는 투망 수의가 모두 같은 공장에서 만들어졌다.

아아, 놀라운 견사 공장! 언제나 매우 단순한 연장인 뒷다리와 출사돌기가 교대로 밧줄 제조공, 제사공, 직조공, 리본 제조공, 펠트 제조공의 업무를 행한다. 왕거미는 어떻게 이런 공장을 운영할까? 어떻게 굵기와 색채가 다양하게 변하는 실타래를 마음대로 얻을까? 어떻게 그것들을 이렇게 저렇게 가공할까? 나는 결과는 보았어도 연장은 이해하지 못했고, 그 연장이 어떻게 사용되는지는 더욱 이해하지 못했다. 도대체 뭐가 뭔지 모르겠다.

거미도 밤에 정신을 집중하는데, 더러는 작업 도중 갑자기 혼란이 와서 복잡한 일이 빗나가는 수가 있다. 혼란은 내가 일으킨 게 아니다. 당치도 않은 그런 시간에 내가 거기에 있지는 않았다. 혼란은 단순히 사육장의 배치 덕분이었다.

자유로운 들판에서는 왕거미가 서로 멀리 독립해서 따로 자리

잠는다. 각자의 사냥 구역이 달라 그물끼리 이웃하지 않으며 경쟁할 염려도 없다. 하지만 철망뚜껑 밑에서는 공동생활이다. 내가 공간을 절약하려고 같은 철망에 2~3마리의 왕거미를 함께 넣었다.

양순한 성질의 포로들은 그 안에서 평화롭게 살았다. 서로 싸우거나 이웃의 소유지를 침범하는 일도 없었다. 가능한 한 각자 떨어져서 그물을 짜며, 다른 녀석이 하는 일에는 무관심했다. 단지 거기서 정신을 가다듬고 메뚜기가 뛰어오르길 기다릴 뿐이다.

그러나 산란기가 되면 장소가 좁아서 지장이 생긴다. 여러 시설을 잡아매는 실이 서로 엇갈리고, 무질서한 그물끼리 얽힌다. 하나가 흔들리면 다른 것도 조금은 흔들린다. 어미의 작업을 방해해서 터무니없는 일이 벌어지기엔 더 필요한 것도 없다. 예를 두 개쯤 들어보자.

밤중에 주머니 하나가 짜였다. 아침에 가 보니 벌써 완성되어 철망에 매달렸다. 주머니의 구조는 완전하고 규정에 맞는 검은색 자오선(子午線)들로 장식되었다. 부족한 것은 전혀 없는데 가장 중요한 알이 빠졌다. 제사공은 알을 위해서 명주실을 그토록 많이 썼는데, 주머니를 갈라 보니 비었다. 주머니 안에는 없는 알이 어디로 갔을까? 항아리의 모래바닥에 아무런 보호도 없이 떨어져 있었다.

알이 나오는 순간 혼란을 일으킨 어미가 주머니 입구를 놓쳐 땅에 떨어뜨린 것이다. 어쩌면 흥분해서 밑으로 내려왔는데, 난소의 요구가 너무 급박해서 아무 데나 닥치는 대로 낳았는지도 모른다. 어쨌든 그 거미의 뇌 속에 조금이라도 분별력의 빛이 있었다면 재난을 알았을 것이고, 따라서 이제는 쓸모없어진 둥지의 세밀한 제

작을 중단했어야 했다.

그런데 전혀 그게 아니었다. 정상조건에서와 똑같이 정확한 형태, 꼼꼼한 구조의 작은 주머니가 빈 채로 짜였다. 전에 내가 알과 식량을 빼앗은 벌들의 터무니없는 집요함이 이번에는 내가 전혀 개입하지 않은 거미에서 되풀이되었다. 강탈당한 벌이 빈방을 정성껏 닫았다. 왕거미 역시 비어 있는 캡슐에 깃털 이불을 펴놓고 호박단으로 둘러쌌다.

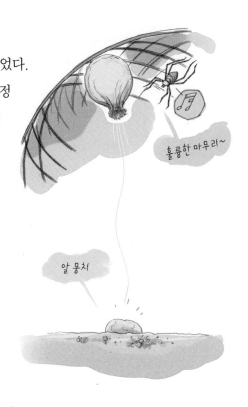

훌륭한 마무리~

알 뭉치

다른 녀석은 작업 도중 이상한 진동에 방해되어 적갈색 솜이불 깔기가 끝나갈 무렵 둥지를 떠났다. 녀석은 미완성인 작품에서 몇 인치 떨어진 천장으로 도망쳤고, 아무 장식도 없는 철망에다 전혀 쓸모없고 볼품없는 요를 짜느라고 명주실을 모두 소진했다. 방해받지 않았다면 전체의 껍질을 짜는 데 썼을 명주실 전부를 거기다 쏟아 버린 것이다.

불쌍한 바보 녀석! 너는 부드러운 플란넬을 사육장 철망에다 입혔고, 알은 보호 없이 불완전하게 놔뒀구나. 이미 만들어 놓은 물건도, 거친 금속도, 네가 지금 어리석은 짓을 하고 있음을 알려 주지 않았구나! 둥지가 놓였던 담벼락에서 없어진 자리에 진흙으로 초벽을 하던 청보석나나니(*Sceliphron*)를 생각나게 하는구나. 너는 나름대로 놀랄 만큼 훌륭한 솜씨를 그야말로 어리석게 그릇된 습관과 합쳐 놓은 이상한 정신 현상을 보여 주는구나.

여기서 둥지를 틀어 나무에 매다는 새 중 기술이 가장 능란한 스윈호오목눈이(Mésange penduline: *Remiz pendulinus*, 박새과)*의 작품과 세줄호랑거미의 작품을 비교해 보자. 이 새는 론(Rhône) 강 하류의 버드나무숲을 곧잘 찾아든다. 너무 소란한 강줄기에서 조금 떨어져 내륙으로 들어온 조용한 물웅덩이 위에서, 포플러(Peuplier: *Populus*)나 늙은 버드나무(Saule: *Salix*), 오리나무(Verne: *Alnus*) 따위에 매달린 둥지가 강바람에 조용히 흔들린다.

둥지는 솜으로 짠 작은 주머니인데, 어미가 겨우 드나들 옆구리의 좁은 구멍 말고는 전체가 막혔다. 형태는 화학자의 증류 솥처럼 옆에 짧은 목이 달린 실험용 증류기와 비슷하다.

그보다는 오히려 둘레를 모아 놓고 옆구리에 작고 둥근 구멍을 뚫어 놓은 스타킹의 발 부분 같다. 겉모습이 더 비슷하며 굵은 코를 뜨는 뜨개질바늘의 흔적이 보이는 것 같아, 프로방스 농부는 풍부한 표현으로 '스타킹 뜨개질 박새(Penduline, *lou Debassaire*)'라고 부른다.

일찍 성숙한 버드나무나 포플러의 작은 꼬투리가 작업 재료를 제공한다. 5월에 일종의 봄눈인 고운 솜이 터져 나와, 공기의 흐름을 따라 땅이 구비치는 곳에 모인다. 우리네 솜과 비슷하지만 길이는 아주 짧다. 너그러운 나무의 솜 창고는 무진장이다. 버드나무숲의 산들바람이 꼬투리에서 피어나는 족족 작은 송이를 모아 놓아, 그것을 거두기는 아주 쉬운 일이다.

어려운 점은 그런 솜을 이용하는 일이다. 새는 스타킹을 어떻게 짤까? 우리 손가락도 짜지 못할 천을 간단한 부리와 발톱 연장으로 짤까? 둥지를 조사해 보면 부분적이나마 알 것 같다.

포플러 솜만으로 매달려서 새끼 새의 무게를 감당하고, 흔들어 대는 바람을 견뎌 내는 주머니를 만들 수는 없다. 이런 솜 송이로는 서로 달라붙지 않은 집합체만 만들어진다. 우리네 펠트처럼 아주 잘게 썰린 보통 솜이 서로 눌리고 얽힌 것이 아니므로 바람에 곧 흐트러질 것이다. 그것들을 제자리에 머물러 있게 하려면 바탕천인 씨실이 필요하다.

죽은 풀의 가는 줄기에서 공기와 습기에 잘 우려진 섬유질 껍질, 말하자면 삼실 뭉치와 비교되는 굵은 실 뭉치가 박새에게 제공된다. 박새는 나뭇조각이 전혀 없으며 유연성과 강인성 시험을 거친 이 힘줄을 둥지의 기초로 선택된 가지에 여러 번 감아 놓는다.

그것이 아주 정확하지는 못하다. 힘줄의 매듭이 멋대로 포개졌고, 느슨하거나 꽉 죄어진 곳도 있다. 그러나 튼튼함이 가장 중요한 조건이다. 게다가 들보의 받침대인 섬유질 커버가 가지의 상당히 긴 부분에 걸쳐져서 둥지를 잡아매는 지점이 많아지게 된다.

여러 종류의 가는 끈이 몇 번 감긴 다음에는 끝의 올이 빠져서 너덜너덜하게 붙어 있다. 거기서 잇따라 더 많은 실이 서로 엉킨다. 이리저리 무질서하게 당겨진 덩어리에 연결 매듭까지 대충 만들어진다. 새의 작업을 직접 보지 못해서 만들어진 물건만으로 판단해 보면, 솜 벽을 받쳐 주는 바탕천은 이렇게 얻어졌을 것이다.

물론 안쪽 골조인 씨실도 처음부터 전체적으로 세공되는 것이 아니다. 새가 위에서 솜을 밀어 넣음에 따라 차차 연장된 것이다. 땅에서 한 입씩 물어 온 솜이 다리로 보풀이 세워져, 복슬복슬해진 다음 바탕천의 코 사이로 들여보내진다. 안팎으로 부리를 박아 넣고, 가슴으로 눌러 으깬다. 그 결과 두께가 2인치가량인 폭신한 펠트가 만들어진다.

주머니 위쪽 옆구리에 작은 출입구가 마련되어 짧은 목처럼 늘어난다. 이것은 보조 문이다. 박새가 아무리 작아도 이 통로로 지나가려면 탄력성이 있는 벽을 억지로 벌려야 한다. 벽은 조금 늘어났다가 다시 오므라든다. 끝으로 둥지에 최고급 솜으로 만든 요가 깔린다. 거기에 서양버찌만 한 크기의 흰색 알 6~8개가 놓인다.

그런데 이렇게 훌륭한 둥지도 세줄호랑거미의 둥지와 비교하면 야만인의 감방 같다. 이런 양말 모양은 흠잡을 데 없는 곡선에, 멋진 풍선 같은 거미의 기구를 결코 당해 내지 못한다. 삼실 뭉치가 섞인 면직물은 비단직공의 천에 비하면 촌스럽고 거친 모직물 같다. 명주실로 가늘게 짠 끈에 비하면 박새의 달아맨 끈은 밧줄 같다. 적갈색 연기처럼 보풀이 인 왕거미의 깃털 이불과 맞먹는 것을 박새 요의 어디서 찾아낼까? 모든 면에서 거미의 작품이 새의 작품보다 훨씬 훌륭하다.

반면에 박새가 훨씬 헌신적인 어미였다. 몇 주 동안 주머니 바닥에 쪼그리고 앉아서 흰색 작은 조약돌 모양의 알을 가슴에 품고, 자기 체온으로 새 생명을 깨운다. 왕거미는 이런 애정을 모른다. 제 둥지를 쳐다보지도 않고 행운이나 악운에 맡겨 버린다.

23 나르본느타란튤라

자기 알에게 그야말로 완전한 집을 만들어 준 놀라운 재주의 왕거미(Épeires: Araneidae)가 그다음에는 가족 걱정을 하지 않는다. 그런 동기가 무엇일까? 녀석에게는 시간이 없었다. 알은 방에서 겨울을 나게 되었으나 자신은 첫 추위에 죽어야 하기 때문이다. 도리 없는 형국이니 둥지 버리기를 피할 수가 없다. 하지만 왕거미라도 빨리 성숙해서 어미가 살아 있는 동안 부화한다면 거미의 헌신도 새의 헌신과 겨룰 만할 거라는 게 내 생각이다.

흰살받이게거미
실물의 2배

그물 없이 목을 지키다 사냥하며 게처럼 모로 걷는 흰살받이게거미(Araignée crabe: *Thomisus onustus*)가 단언한다. 녀석이 꿀벌(Abeille domestique: *Apis mellifera*)과 싸울 때 목덜미를 물어 죽이는 이야기는 전에 했다.[1]

꼬마이면서 사냥감 급살에 능란한

---

1 『파브르 곤충기』 제5권 18장 참조

꽃등에 종류를 사냥한 꽃게거미 녀석은
풀잎을 접어놓고 그 안에다 산란한다.
시흥, 2. VIII. '92

게거미가 둥지 역시 능란하게 튼
다. 울타리 안에 있는 쥐똥나무
(Troêne: *Ligustrum*)에 자리 잡은 녀
석이 총상화서 가운데서 흰 천으
로 작고 화려하게 바느질한 비단
주머니를 짰다. 이 알 그릇은 넓
고 둥근 펠트 천 뚜껑으로 입구를
막았다.

천장 위에 늘여 놓은 실과 꽃송이에서 시들어 떨어진 꽃잎들로
지붕이 세워졌다. 그것은 망루이며 감시초소였다. 초소는 뚫려 있
는 구멍을 통해서 언제든 들어갈 수 있다.

알을 낳은 다음 배가 거의 없을 정도로 바싹 마른 거미가 항상
거기에 머문다. 녀석은 조금만 위험의 징조를 보여도 뛰쳐나와, 지
나가는 자에게 다리를 쳐드는 몸짓으로 접근하지 말라고 충고한
다. 성가신 녀석을 도망치게 한 다음 빨리 집으로 다시 들어간다.

그런데 시든 꽃과 명주실 둥지로 된 천장 밑에서는 녀석이 무엇
을 할까? 볼품없게 납작해진 몸으로 밤낮 알이라는 보물 위에서
방패 노릇을 한다. 먹기도 잊었다. 이제는 숨어서 꿀벌을 노려보지
도, 하얘지도록 피를 빨지도 않는다. 정신을 가다듬은 채 꼼짝 않
고 알을 품고 있다. 엄밀한 의미에서 알 품기란 용어는 좀 안 맞는
말로, 단지 거미가 알덩이 위에 누워 있다는 뜻이다. 알을 품는 암
탉(Poule: *Gallus*)도 이보다 끈질기지는 않다. 하지만 암탉은 따뜻한
체온으로 배아의 생명을 깨어나게 한다. 거미의 경우는 태양열로
충분하기 때문에 나는 거미가 알을 품는다는 말을 할 수가 없다.

꼬마 거미는 2~3주 동안 먹지 않아 주름이 점점 더 잡히지만 자세를 바꾸지는 않는다. 부화했다. 갓난이 거미들이 이 가지, 저 가지로 흰 실 몇 가닥을 그넷줄처럼 늘어놓는다. 귀여운 줄타기 곡예사들이 며칠 동안 햇볕에서 훈련한 다음 각자 흩어져 제 볼일을 본다.

그때 둥지의 초소를 들여다보자. 어미는 여전히 거기서 꼼짝 않는다. 헌신적인 어미는 가족이 태어나는 기쁨을 맛보았다. 연약한 새끼들이 뚜껑을 넘어가는 것도 도와주었다. 그렇게 제 의무를 다한 다음 조용히 죽었다. 암탉도 이 정도까지 자기를 희생하지는 않는다.

다른 거미는 훨씬 더 훌륭한 일을 한다. 나르본느타란튤라 (Lycose de Narbonne: *Lycosa narbonnensis*), 일명 독거미 검정배타란튤라 (Tarentule à ventre noir)가 그렇다. 녀석이 한 장한 일은 전에 이야기했다.[2] 백리향(Thym: *Thymus vulgaris*)과 라벤더(Lavande: *Lavandula latifolia*)가 좋아하는 돌투성이 땅에 병목 넓이의 우물처럼 파놓은 땅굴을 기억해 보자. 입구의 둘레는 조약돌이나 나뭇조각을 명주 실로 묶어놓은 보루였다. 주변에는 어떤 종류의 그물도, 올가미도 없다.

이 독거미는 높이 1인치가량의 작은 탑 위에서 지나가는 메뚜기를 노리는데, 갑자기 펄쩍 뛰어서 쫓아가, 목덜미를 물어 꼼짝 못하게 한다. 잡은 것은 그 자리나 굴속에서 먹는데 질긴 피부도 사양하지 않는다. 건장한 이 사냥꾼은 왕거미처럼 피를 빨지 않는다. 이빨에서 바삭 하며 부서지는 소리를 내는 고형 먹이가 필요한 녀석이 마치 뼈다귀

2 『파브르 곤충기』 제2권 11장 참조

를 먹는 개 같다.

녀석을 굴에서 밖으로 끌어내고 싶은가? 가는 이삭을 굴속에 넣고 흔들어 보시라.

안에 숨어 있던 녀석은 위에서 무슨 일이 벌어졌는지 궁금해서 급히 달려 올라와, 입구 조금 아래쪽에서 걸음을 멈추고 위협 자세를 취한다. 어둠 속에서 다이아몬드처럼 반짝이는 눈 8개와 깨물 준비가 된 튼튼한 독니 2개가 빠끔히 드러난다. 소름 끼치는 녀석이 땅속에서 솟아오르는 모습에 익숙지 않은 사람은 몸을 떨 수밖에 없다. 부르르! 녀석을 건드리지 말자.

시원찮은 수단인 우연이란 것이 때로는 아주 훌륭한 일을 해준다. 8월 초, 아이들이 방금 로즈마리 밑에서 발견한 것이 너무도 훌륭해서 울타리 안의 나를 부른다. 산란 시기가 임박했다는 표시로 엄청나게 커다란 배를 가진 훌륭한 독거미였다.

배불뚝이 거미가 구경꾼이 둘러선 가운데서 무엇인가를 점잖게 먹고 있다. 그게 무엇일까? 저보다 몸집이 조금 작은 독거미였다. 짝짓기를 끝낸 비극의 종말이었다.

배우자를 잡아먹는 암컷이 소름 끼치는 짝짓기 의식을 끝내게 놔두었다. 불쌍한 수컷의 마지막 조각까지 먹은 공포의 동물인 암컷을 모래로 채운 철망뚜껑 밑 항아리에 가두었다.

열흘 뒤의 상쾌한 아침나절, 녀석이 해산 준비를 하는 게 발견되었다. 우선 모래 위에 명주실로 대략 손바닥 넓이의 그물을 짠다. 아주 거칠고 모양은 없지만 단단하게 고정된 것이 거미가 작업할 마룻바닥이다.

모래를 막을 그물의 기초 위에 흰색 예쁜 비단으로 2프랑짜리 동전 넓이의 둥근 보자기를 짰다. 정밀한 시계의 톱니바퀴로 조절되듯이, 일정한 시간 간격으로 배 끝이 부드럽게 오르내린다. 매번 조금씩 먼 받침 평면에 닿는데, 배가 최대한 멀리 닿는 곳까지 계속된다.

다음, 거미가 이동은 않고 반대 방향으로 흔든다. 이렇게 왔다 갔다 하며 많은 접촉과 중단으로 매우 정확한 짜임새의 보자기가 제작된다. 이제 둥근 선을 따라 조금씩 움직이며 다른 매듭에서 똑같이 작동한다.

둥글고 약간 오목한 접시 모양인 비단 가운데는 이제 출사돌기의 도움이 없다. 다만 테두리만 더 두꺼워진다. 이렇게 해서 물건은 넓고 편평하며, 테두리가 둘러쳐진 반구형 대야 같은 대접이 된다.

이제 알을 낳을 시간이다. 끈적이는 담황색 알이 단번에 쏟아져 나와 대접 안으로 떨어진다. 알덩이는 오목한 곳에서 분명하게 불룩 솟아오른 공 모양이다. 출사돌기가 다시 작동한다. 배 끝이 둥근 보자기를 짜려는 것처럼 조금씩 오르내리면서 드러난 반구형 알덩이를 가린다. 그 결과 둥근 알덩이는 양탄자 가운데 박힌 한 개의 환약처럼 된다.

그때까지 할 일이 없던 다리가 이제 작업을 시작한다. 뒷다리가 바탕의 거친 그물에 매 놓은 둥

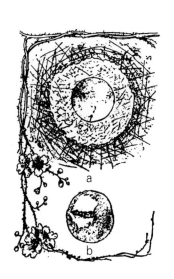

a. 검정배타란튤라가 알주머니를 만들 접시
b. 알주머니

근 보자기의 실을 한 가닥씩 잡아서 끊는다. 동시에 발톱이 그 보자기를 잡아 조금씩 쳐들어서, 바닥에서 떼어 낸 둥근 알 무더기 위에 씌운다.

작업이 힘들다. 집 전체가 흔들린다. 마룻바닥이 떨어지는데 모래가 달라붙어 더러워졌다. 다리가 빨리 작동하여 불순물을 밀어낸다. 결국 끌어당기는 발톱의 심한 요동질과 불순물을 밀어내는 비질로 알주머니를 뽑아내 완전히 깨끗해진 것을 얻는다.

촉감이 부드럽고 끈적이는 흰색 비단구슬 같다. 굵기는 보통 버찌만 하다. 자세히 들여다보면 적도를 따라서 주름 하나가 구별되는데, 여기를 찢지 않고 바늘로 들춰 볼 수 있다. 접힌 부분은 대개 다른 표면과 잘 구별되지 않는 아래쪽 반구 위에 덮어씌운 둥근 보자기 둘레일 뿐이다. 어린 거미가 나올 반구가 질기지 않게 만들어진 것이다. 오직 하나뿐인 반구 껍질은 알을 낳은 즉시 위쪽에 짜놓은 천이다.

안에는 순전히 알만 들어 있을 뿐, 왕거미처럼 깃털 이불이나 부드러운 요 따위는 없다. 사실상 독거미 알은 추위가 오기 훨씬 전에 부화하므로, 혹독한 겨울 추위에 대비할 필요가 없다. 가족이 빨리 성숙하는 게거미도 쓸데없는 노력 없이 그저 천 주머니로 알을 보호한다.

산왕거미 산이나 들은 물론 인가 근처에서도 저녁이면 크고 둥근 그물을 쳤다가 아침에는 떠나는데 이때 그물을 거둬 버리기도 한다.
강릉, 1. Ⅶ. 07, 강태화

5시부터 9시까지, 아침 내내 실잣기와 뜯어내기가 계속되었다. 지친 어미가 귀중한 구슬을 다리에 꼭 껴안고 꼼짝 않는다.

오늘은 더 볼 게 없을 것 같다. 다음 날 거미를 다시 보니 알주머니를 꽁무니에 매달았다.

어미는 이제부터 부화할 때까지 귀중한 알집을 떼놓지 않는다. 짧은 힘줄로 출사돌기에 매달려 흔들리면서 땅바닥에 끌려 다닌다. 짐이 뒤꿈치를 쳐도 어미는 제 볼일을 다 본다. 쉬거나 먹이를 찾아다니며, 사냥감을 공격해 잡아먹기도 한다. 불의의 사고로 짐이 떨어지면 곧 제자리에 다시 붙인다. 어디든 그 뭉치에 출사돌기가 닿기만 하면 충분해서 당장 달라붙는다.

집 안에 틀어박혀 있기를 좋아하는 독거미이나 때로는 일대의 제 사냥 구역을 통과하는 사냥감을 잡으러 나오기도 한다. 8월 말에는 짐을 이리저리 무턱대고 끌고 다니는 녀석을 곧잘 만난다. 이렇게 방황하는 것은 잠깐 버린 집을 되찾기가 어려워서 그런 것 같다.

왜 그렇게 돌아다닐까? 동기는 우선 짝짓기였고, 다음은 구슬 만들기였다. 공간이 넓지 못한 굴속에는 긴 명상에 잠기는 거미가 겨우 은신할 자리밖에 없다. 알주머니를 제작하려면 방금 철망뚜껑 밑의 포로가 보여 준 것처럼 넓은 마룻바닥이, 또한 손바닥 넓이의 대접이 될 그물이 필요하다. 굴속에는 이만한 공간이 없기 때문에 밖에서 짤 수밖에 없어 외출할 필요가 생긴 것이다. 아마도 조용한 밤 시간에 짤 것이다.

수컷과의 만남도 외출을 요구할 것 같다. 수컷이 잡아먹히는 위험을 감수하면서도 감히 도망칠 수 없는 암컷 소굴로 들어갈까? 의심된다. 이런 신중함이 집 밖에서의 혼례를 요구할 것이다. 밖이라면 적어도 무모한 수컷이 잔인한 암컷에게 붙잡히지 않고 도망칠 기회가 얼마만큼은 있다.

밖에서의 만남이 위험을 줄여 주긴 해도 완전히 배제된 것은 아니다. 땅바닥에서 짝짓기 상대를 잡아먹다 들킨 독거미가 증거를 보여 주었으니 말이다. 울타리 안은 채소를 심으려고 땅을 갈아엎어서 거미가 자리 잡기에는 적당치 못하다. 땅굴은 근처에 있었을 것이고, 암수가 만난 곳은 비극적 결말로 끝난 바로 그 자리였다. 자유롭고 넓은 공간임에도 불구하고 재빨리 도망치지 못한 수컷이 잡아먹힌 것이다.

독거미가 푸짐한 동족을 잡아먹은 뒤, 제집으로 다시 들어갈까? 아마도 얼마 동안은 아닐 것 같다. 들어간다면 환약 빚기에 충분한 넓은 공간을 찾아 다시 나와야 할 것이다.

어떤 녀석은 일이 끝나 자유롭게 해방되었으나 결정적으로 틀어박히기 전에 세상 구경을 좀 하려는가 보다. 주머니를 끌고 정처 없이 돌아다니는 녀석을 어쩌다 만나는데, 아마도 바로 그런 녀석일 것이다. 그러나 떠돌던 녀석도 조만간 집으로 들어간다. 그래서 8월이 끝나기 전에 이삭으로 땅굴을 살살 후비면 꽁무니에 짐을 매단 어미가 올라온다. 이런 녀석을 얼마든지 수집해서 대단히 흥미 있는 실험을 마음 놓고 할 수 있었다.

제 보물을 밤낮 꽁무니에 매달고 끌고 다닌다. 깨었을 때나 잘 때나 결코 떼어 놓지 않으며, 강요된 대담성을 가지고 보호하는 모습이 참으로 볼 만하다. 주머니를 빼앗아 보면 필사적으로 가슴에 꼭 껴안고 핀셋에 달라붙어 독니로 깨문다. 쇠붙이에 단검 부딪히는 삐걱 소리가 들린다. 그렇다. 손에 만일 연장이 없었다면 짐을 무사히 빼앗지 못했을 것이다.

핀셋으로 잡아끌고 흔들어서 구슬을 빼앗았더니 화가 잔뜩 나서 항의한다. 대신 다른 독거미의 구슬을 던져 준다. 독니로 덥석 집어 다리로 돌돌 감아서 출사돌기에 갖다 붙인다. 남의 재산이든 제 재산이든, 거미에게는 같은 것이다. 녀석은 남의 알집을 짊어지고 자랑스럽게 떠났다. 바뀐 구슬도 같은 것이니 이 행동은 예측할 수 있는 일이다.

다른 물건으로 두 번째 거미에게 실행한 실험은 착각이 훨씬 뚜렷했다. 방금 빼앗은 주머니 대신 누에왕거미(*Argiope lobata*)의 작품을 주었다. 색깔과 천의 유연성은 서로 같아도 형태는 아주 다르다. 빼앗은 것은 공 모양인데, 대용품은 반원보다 낮은 원뿔 모양이며 그 기초 둘레에 모난 돌기가 방사상으로 뻗었다. 녀석은 이렇게 다름은 생각도 않고, 이상한 주머니를 급히 출사돌기에 붙이고는 진짜 제 구슬을 차지한 것처럼 만족해한다. 고약한 이 실험자가 즉시 가져간 짓거리 말고는 어떤 결과도 얻지 못했다. 부화 시간이 철 이른 독거미든, 늦은 왕거미든, 부화 때가 된 거미는 버려진 남의 주머니라도 속아 넘어가고, 더 주의를 기울이지도 않았다.

알집을 가진 독거미의 어리석음을 더 찾아보자. 방금 알집을 빼앗긴 거미에게 줄로 거칠게 다듬은 같은 크기의 코르크 덩이를 던져 주었다. 비단주머니와 크게 다른 코르크질도 거리낌 없이 접수된다. 보석광채처럼 반짝이는 눈 8개가 착각을 알아차릴 법도 한데, 그 바보 녀석은 주의하지 않았다. 코르크 구슬도 애정으로 껴안아 촉수로 쓰다듬고, 출사돌기에 고정시켜, 그때부터는 진짜 제 주머니처럼 끌고 다닌다.

코르크 구슬

코르크 접수!

이번에는 가짜와 진짜 중에서 고르게 해보자. 진짜 구슬과 코르
크 구슬을 함께 표본병 모래바닥에 놓았다. 거미가 제 것을 알아
볼까? 어리석은 녀석이 그럴 능력도 없다. 급히 달려든 녀석이 때
에 따라 제 물건도, 내가 만든 가짜도, 닥치는 대로 잡는다. 첫 뜀
질에서 잡힌 것이 제 것이 되며 즉시 꽁무니에 매단다.

흠…

구슬 코르크 구슬 진짜(알)

아무거나 접수!

코르크 구슬을 4~5개로 늘리고 그 가운데다 진짜 구슬을 놓으
면 제 것을 잡는 일이 드물다. 알아보거나 고르는 일이 없고, 좋은

것이든 나쁜 것이든 무턱대고 덥석 문 것을 그대로 간직한다. 코르크 구슬이 훨씬 많았으니 가장 자주 잡히는 것도 그것이다.

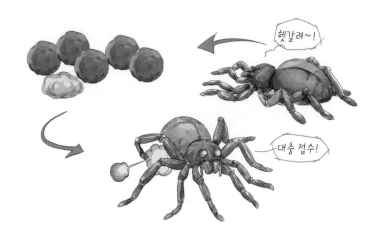

독거미의 우둔함에 나는 얼떨떨해졌다. 녀석은 코르크의 부드러운 촉감에 속았을까? 이번에는 솜이나 종이 뭉치를 실로 둥글게 묶어서 주어 본다. 이것이든 저것이든, 빼앗긴 진짜 주머니 대신 모두 잘 접수된다.

코르크는 노란색이라 흙이 조금 묻어 더러워진 구슬 색깔과 비교되고, 종이와 솜은 흰색이라 깨끗해서 속았을까? 이번에는 가장 화려한 빛깔인 빨간색 예쁜 명주실 뭉치를 주었다. 이렇게 이상한 구슬 역시 다른 것처럼 받아서 정성스럽게 간직한다.[3]

이제 녀석의 빈약한 지능을 충분히 알았으니 알집을 짊어진 독거미를 놔두자. 어린 거미 200마리가량이 구슬에서 솟아나는 족족 어미 등으로 기어 올라가, 서로 꼭 기대서 꼼짝 않는다. 그래서 둥근 배와 서로 뒤섞인 다리들이 일종의 껍질처럼 되었다. 어

3 사람을 기준으로 삼아 생각한 시각이나 색각 감지 실험은 의미가 없다.

미는 이런 반외투를 입어서 알아볼 수가 없다. 부화가 끝나서 빈 누더기는 출사돌기에서 떨어져 버려진다.

새끼들은 얌전하다. 움직이는 녀석이 전혀 없고, 이웃을 쫓아내고 자리를 더 차지하려고 하지도 않는다. 그렇게 주머니쥐(Sarigue: *Didelphys opossum*) 새끼처럼 조용히 실려 다니면서 무엇을 할까? 어미는 굴속에서 오랫동안 명상하거나, 날씨가 따뜻할 때 햇볕을 쬐러 입구로 나온다. 그렇지만 따뜻한 계절이 돌아올 때까지 새끼들 망토를 벗지 않는다.

1, 2월의 한겨울에 비와 눈, 서리의 습격으로 입구의 망루가 부서진 들판의 굴을 파본다. 거기서 여전히 활기차고, 여전히 가족을 짊어진 독거미를 만난다. 적어도 6~7개월 동안 업고 다니는 보살핌이 끊임없이 계속된 것이다. 몇 주 뒤 새끼를 방출시킨 독거미를 역시 새끼 업고 다니기로 유명한 아메리카 짐승, 주머니쥐와 비교하면 참으로 초라하다.

새끼는 어미의 등에서 무엇을 먹을까? 내가 보기엔 아무것도 안 먹는다. 녀석이 크는 것도 보지 못했다. 주머니에서 나올 때나 해방되는 계절이나 같은 크기였다.

겨울에는 어미도 극도로 절제한다. 해가 가장 잘 들고 아늑한 곳에 있는 표본병에서 가끔씩 내가 잡아 준 지각생(철 늦은) 메뚜기를 받아먹는다. 겨울에 파냈을 때 활기찼듯이, 가끔은 기운을 유지하려고 금식을 깨고 먹이를 찾아 나올 것이다. 물론 살아 있는 망토는 입고 나온다.

여행에는 위험이 따른다. 풀에 스친 새끼가 떨어질 수도 있다. 땅에 떨어진 녀석은 어떻게 될까? 어미가 녀석 걱정을 할까? 등으로 다시 올라가게 도와줄까? 몇 백 마리에게 나누어 줄 몫으로는 거미의 마음이 너무 빈약할 테니, 그런 일은 없을 것이다. 떨어진 새끼가 한 마리든, 여러 마리든, 전체든, 독거미는 걱정하지 않는다. 시련당하는 녀석이 침착하게, 직접 곤란한 처지에서 빠져나오길 기다린다. 실제로 어린것이 그렇게, 그것도 아주 재빨리 한다.

하숙생 중 한 마리에서 가족 전체를 붓으로 쓸어 내렸다. 어미 쪽에서는 전혀 동요가 없다. 가족을 찾으려는 기색도 없다. 쫓겨난 새끼들이 모래 위에서 종종걸음을 치다가 여기저기에 펼쳐진 어미의 다리를 타고 기어오른다. 그래서 즉시 등 위의 집단이 다시 형성된다. 집합에 빠진 녀석은 하나도 없다. 독거미 새끼는 곡예사로서의 솜씨를 기막히게 알고 있으니 어미는 녀석들이 떨어지는 것을 걱정할 필요가 없다.

가족을 거느린 거미 근처에서 다른 거미의 새끼를 붓으로 쓸어 냈다. 쫓겨난 녀석들이 재빨리 새 어미의 다리를 타고 등으로 올라갔다. 새 어미는 제 새끼인양 녀석들에게도 관대하다.

임시 휴게소인 새 어미의 등은 진짜 새끼들이 이미 차지해서 빈 자리가 없자 그 앞쪽으로 가서 자리 잡고 가슴도 둘러싸, 그 어미는 둥글게 소름 끼치는 덩어리가 된다. 짓눌린 어미는 윤곽조차 알아볼 수 없어도, 지나치게 많은 가족을 아무런 항변 없이 평온하게 모두 받아들여 짊어지고 다닌다.

새끼는 허락된 것과 금지된 것을 구별할 줄 모른다. 뛰어난 곡예사 녀석이 처음 만나는 거미가 몸집만 적당하면 다른 종류라

와글러늑대거미

늑대거미류 우리나라에서는 40종에 가까운 늑대거미가 살고 있는데 주로 땅바닥을 기어 다니며 생활한다. 알주머니는 실젖에 매달고 다니며, 새끼는 등에 업고 다니는 종류가 많다.
우이도, 22. V. 08, 강태화

도 기어오른다. 녀석들 앞에 엷은 주황색 바탕에 흰 십자가가 그려진 대형 와글러늑대거미(Épeire pâle: *Epeira pallida→ Pardosa wagleri*)를 놓았다. 어미 등에서 쫓겨난 새끼가 즉시 이 거미에게 기어오른다.

이런 허물없는 태도를 참지 못하는 늑대거미는 침략당한 다리를 흔들어 성가신 녀석을 떨쳐 낸다. 끈질긴 재공격에 결국은 10여 마리가 올라갔다. 이런 짐과의 접촉에 익숙지 않은 늑대거미는 가려운 당나귀처럼 자빠져서 뒹군다. 절름발이에서부터 깔려 죽는 녀석까지 생기지만, 그래도 낙담하지 않고 늑대거미가 일어나자마자 다시 등반한다. 늑대거미가 조용해질 때까지, 다시 곤두박질과 등 비비기로 상해를 입는 경솔한 새끼들의 등반이 계속된다.

찾아보기

곤충명
종 · 속명/기타 분류명

ㅅ

기타
전문용어/인명/지명/동식물

413

417

도판

곤충 학명 및 불어명

421

기타
동식물 학명 및 불어명/전문용어

A

『파브르 곤충기』 등장 곤충

숫자는 해당 권을 뜻합니다. 절지동물도 포함합니다.

432

435

438

ㅅ

442

444

445

446

447